"十二五"普通高等教育本科国家级规划教材

★ 全国优秀畅销书（科技类）
★ 中国石油和化学工业优秀图书奖
★ 中国石油和化学工业优秀出版物奖（教材奖）一等奖

化学化工信息
及网络资源的检索与利用

第5版

王荣民 主编

Information Retrieval
and Utilization
in Chemistry
and Related Fields

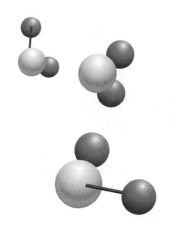

U0359510

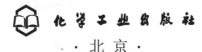

化学工业出版社

·北京·

内 容 简 介

本书的编著是基于作者在研究工作中检索与利用化学化工信息的经历，以及为本科生、研究生讲授"化学化工信息检索"课程的经验。本书为读者检索和利用化学化工信息提供一种方便快捷的途径；提供可供普通上网用户免费检索的大量网络资源和网站导航。

本书将化学化工信息源分为 6 大类，并从浅到深依次阐述。首先，详细介绍科技图书（教材、著作、参考工具书）、科技论文（期刊论文、会议论文、学位论文）、专利等重要的化学化工信息源及检索途径。其次，逐步深入介绍标准与产品资料、机构组织科技信息、借助 Internet 快速发展的化学化工、材料、生物医药信息资源，并重点介绍中国知网（CNKI）、WoS、SciFinder 等重要检索工具与数据库。然后，总结化学化工信息检索与利用的策略与技巧；介绍学术论文撰写与投稿、化学化工软件与在线课堂。最后，提供便于实践的综合练习题及特别实用的附录等。此外，各章节介绍了如何巧妙地利用免费网站下载专业知识与文献。为了便于查阅，在有关章节中提供了大量相关网络资源的地址，以便读者快速、准确地获得化学化工信息。

本书可作为高等院校化学化工及相关专业本科生、研究生教材，也可供化学化工科技工作者及爱好者参阅。同时，本书对从事材料、环境、生物、医药等与化学相关领域研究的科技工作者也很有帮助。

图书在版编目（CIP）数据

化学化工信息及网络资源的检索与利用/王荣民主编. —5 版. —北京：化学工业出版社，2021.9（2025.7 重印）
"十二五"普通高等教育本科国家级规划教材
ISBN 978-7-122-39407-1

Ⅰ.①化… Ⅱ.①王… Ⅲ.①化学-互联网络-情报检索-高等学校-教材②化学工业-互联网络-情报检索-高等学校-教材 Ⅳ.①G354.4

中国版本图书馆 CIP 数据核字（2021）第 130427 号

责任编辑：窦 臻 林 媛　　　　　　　文字编辑：于潘芬 陈小滔
责任校对：李雨晴　　　　　　　　　　装帧设计：史利平

出版发行：化学工业出版社（北京市东城区青年湖南街 13 号　邮政编码 100011）
印　　装：河北鑫兆源印刷有限公司
787mm×1092mm　1/16　印张 17　字数 405 千字　　2025 年 7 月北京第 5 版第 4 次印刷

购书咨询：010-64518888　　　　　　　　售后服务：010-64518899
网　　址：http://www.cip.com.cn
凡购买本书，如有缺损质量问题，本社销售中心负责调换。

定　　价：49.00 元

第 5 版　编写人员名单

主　　编　王荣民
编写成员　王荣民　曾　巍　宋鹏飞　徐维霞
　　　　　张文凯　于　锋　杨晓慧　刘玉梅
　　　　　马　龙　何玉凤

第 4 版　编写人员名单

主　　编　王荣民
编写成员　王荣民　宋鹏飞　杨志旺　杨彩霞
　　　　　杜正银　何玉凤　王坤杰　吴翠娇
　　　　　姚小强

第 3 版　编写人员名单

主　　编　王荣民　杜正银
编写成员　王荣民　杜正银　宋鹏飞　何玉凤
　　　　　孙丽萍　高　非　杨玉英

第 2 版　编写人员名单

主　　编　王荣民
编写成员　王荣民　何玉凤　冯　华　孙丽萍　吴翠娇　宋鹏飞

第 1 版　编写人员名单

主　　编　王荣民
副 主 编　何玉凤　徐　敏　王君玲
编写成员　王荣民　何玉凤　徐　敏　王君玲　陈汝芬
　　　　　周建峰　刘　蒲　冯　华　王云普

前　　言

《化学化工信息及网络资源的检索与利用》自出版以来，受到了读者的青睐，入选"十二五"普通高等教育本科国家级规划教材；获得了全国优秀畅销书（科技类）奖、中国石油和化学工业优秀图书奖、中国石油和化学工业优秀出版物奖（教材奖）一等奖、省（部）级教学成果二等奖等诸多奖项；相应课程为省级精品资源共享课，并开发了在线课程"科技信息检索与论文写作"。

迅猛发展的"互联网＋"正在改变人们的学习、工作及生活方式，化学化工相关信息源及其检索方式正在发生革命性变革。为了贴近学生、贴近网络资源的实际情况，并引领发展趋势，编者在第 5 版中，将化学化工领域传统文献资源和 Internet 信息资源进行融合，创新框架体系。当然，仍继续保持本书宗旨：着重培养三种能力，即信息获取能力、化学化工信息处理能力及论文写作能力。

与前几版相比，第 5 版有如下特点：

① 基于科技信息源新变化，创新构建化学化工信息源与检索新体系；

② 优化知识体系，调整章节布局，将传统资源与网络资源进行融合；

③ 重点介绍文献数据库的使用方法，CA 更新为 SciFinder；

④ 使用通俗易懂的语言表述，贴近学生；

⑤ 制作演示视频，以二维码方式链接在相应的内容介绍中，便于初学者快速入门。

由于当前 Internet 信息还在迅猛发展，有些网站地址也在发生变化，敬请读者注意。书中不免有疏漏之处，恳请读者见谅。

参加第 5 版编写的人员中，王荣民教授修订了第 1 章、第 9 章部分内容，并负责全书的策划和审定。曾巍副教授编写了第 6 章，宋鹏飞教授修订了第 9 章，徐维霞副教授编写了第 5 章，张文凯副教授修订了第 7 章，于锋教授修订了第 8 章、第 11 章，杨晓慧教授修订了第 3 章、第 10 章，刘玉梅教授修订了第 4 章，马龙博士修订了第 2 章，何玉凤教授参与了全书的审核与校对。李雪梅、张苗、白静、戴锋利、王泽军、王斌等同学参与了演示视频录制；另外，杜正银教授、杨志旺教授、杨云霞副教授、关晓琳副教授、何晓燕副教授、余义开教授、李彩霞副教授等参与了在线课程制作或提出了宝贵意见，在此一并致谢。

与本书相关的更多内容请参见拓展内容（演示视频、在线课程）。

王荣民

2021 年 5 月

第 1 版 前 言

当今时代是一个信息时代，信息对于经济和社会的发展、科技文化的进步都起着重要的作用。谁掌握了最新信息，谁就掌握了主动性。

随着科学技术突飞猛进地发展，新的科技文献迅速增加。化学因与其他众多学科交叉，而成为中心学科，化学文献数量在 20 世纪后半叶得到迅猛增加，如：美国化学文摘（CA）当前每卷收录文摘已达到 37 万多条。要从如此巨大的化学化工信息源中获取所需信息，必须借助适当的工具才有可能实现。

计算机的普及，特别是自 20 世纪 90 年代以来，Internet 在我国的迅猛发展，使化学信息的查阅日趋方便、快捷。以往的化学文献教材已难以满足广大化学工作者对信息查阅的要求。但是，Internet 所提供的信息主要集中在近十余年，因此，它并不能完全取代传统的检索手段。为此，编者在多年科研中查阅化学信息和讲授《化学文献》课的基础上，编撰了本书。

本书既兼顾传统化学文献知识和 Internet 网络资源，又有助于加强三种能力——查阅文献能力、化学信息处理能力、论文写作能力的训练与提高。主要特色如下：

（1）介绍各类网络化学信息资源的检索途径与方法。其中网络资源绝大多数是免费资源，特别适合于普通上网用户。

（2）详细介绍美国"化学文摘"收录的主要内容与使用方法（包括"化学文摘"80 类分类的英、汉对照简介），使初学者能够较快入门。

（3）提供了各类化学化工大型工具书及新书简介。介绍专利知识及免费专利文献查阅方法。

（4）介绍了化学论文撰写的要求与方法，并配有实例供参考。

（5）提供化学软件的免费下载地址、完全版购买途径，介绍了使用方法，使读者可以自己绘制一些分子结构图和进行数据处理。

（6）在各章节中提供了大量相关网络资源地址，以便读者迅速通过网络获得化学化工信息。将一些专业术语以中英文对照的形式给出，为查阅英文资源提供便利条件。

全书共分 10 章，其中，何玉凤编写了第 2、第 7、第 9 章及第 4、第 5 章部分内容，徐敏编写了第 8 章，王君玲编写了第 4、第 6 章部分内容，陈汝芬编写了第 10 章，周建峰编写了第 6 章部分内容，刘蒲编写了第 3 章部分内容，冯华编写了第 3、第 5 章部分内容。何玉凤、徐敏、王君玲、王云普参与了本书的审定。王荣民编写了第 1 章并负责全书内容的策划与审定。

由于当前 Internet 处于迅速发展和不断完善的时期，个别网站也在发生变化，因此本书中所介绍的有些网址可能会发生变动，读者如果发现网站无法登录，可以通过大型搜索引擎（如"百度""Google"等）键入网站名称，查询新的网址，敬请读者注意。另外，书中不免有疏漏之处，恳请读者见谅。

编　者
2003 年 1 月

第 2 版 前 言

在《化学化工信息及网络资源的检索与利用》出版至今的几年时间里，互联网在我国迅速普及，网络资源极大丰富，几乎渗透到科学技术的方方面面。在化学化工的各个领域中，网络资源除了能够部分替代传统文献资源外，还出现了基于网络的许多新功能。目前，化学科技工作者不但可以通过网络获取文献资源，而且可以检索网络数据库、下载化学课件，也可以进行网络投稿与审稿、查询和订购试剂及仪器等。鉴于此，我们编写了《化学化工信息及网络资源的检索与利用》第 2 版。

本书自出版后，受到了广大读者的普遍欢迎与好评，多次重印，被中国书刊发行业协会评为"2003 年度全国优秀畅销书（科技类）"并荣获第八届中国石油和化学工业优秀图书奖。第 2 版保持了第 1 版原有宗旨：兼顾传统化学文献知识和 Internet 网络资源，又有助于提高三种能力，即查阅文献能力、化学信息处理能力、论文写作能力。在编写中，力求突出以下主要特色：

（1）介绍了各类网络化学化工信息资源的检索途径与方法。其中网络资源绝大多数是免费资源，特别适合于普通上网用户。

（2）在各部分增加了一些专业网站的使用方法，介绍如何巧妙地利用免费网站查阅专业知识，如在第 3 章增加了"如何使用试剂仪器网站查询参数"。

（3）提供了在化学化工信息检索时必要的术语和工具，使本书可作为手册使用，如将一些专业术语以中英文对照的形式给出，为查阅英文资源提供便利，使初学者能够较快入门；提供了国际、国内核心刊物中英文名称和网址，以及各类化学化工大型工具书简介；介绍了专利基本知识及专利文献术语；介绍了化学论文撰写的要求与方法以及网络投稿等知识，并配有实例供参考。

（4）介绍了生物医学信息，为跨学科查阅文献的读者提供便捷途径。

（5）提供了化学软件的免费下载地址、完全版购买途径，并介绍了它们的使用方法，使初学者可以自己绘制分子结构图和进行数据处理。

（6）在各章节中提供了大量相关网络资源地址，以便读者迅速通过网络获得化学化工信息。

为方便教学，本书配有内容丰富的电子课件，使用本教材的学校可以与化学工业出版社联系（cipedu@163.com），免费索取。

本书的编写分工为：何玉凤教授编写了第 2 章、第 7 章、第 9 章及第 4 章、第 5 章部分内容，孙丽萍博士编写了第 3 章、第 4 章、第 6 章部分内容，宋鹏飞博士编写了第 5 章、第 6 章部分内容，吴翠娇博士编写了第 8 章内容，冯华编写了第 3 章、第 10 章部分内容。王荣民编写了第 1 章并负责全书内容的策划与审定。另外，王彦斌教授、白林教授、蔡邦宏副教授、杨宝芸博士提出了宝贵意见，李岩、毛娟娟、贾如琰、李芳蓉、唐丽华、赵明、郝二霞、王燕、张慧芳等同学参与了网址的校对。

由于当前 Internet 还处于完善时期，有些网站地址也在发生变化，敬请读者注意。限于编者水平，书中不免有疏漏之处，恳请读者见谅。

编者

2007 年 1 月

第 3 版 前 言

《化学化工信息及网络资源的检索与利用》自出版以来因其详尽的内容、宽广的读者群而受到了读者的肯定，第 1、2 版分别获得了中国石油和化学工业优秀科技图书奖与优秀教材奖，以及中国书刊发行业协会评选的"2003 年度全国优秀畅销书（科技类）"。另外，自第 2 版出版至今的几年时间里，Internet 资源几乎渗透到与化学化工相关的各个领域，与此同时，网络资源的检索工具的多元化、网络数据库的增容与扩充、原有资源网络地址的变动等使得化学化工网络资源有了大幅度更新和完善。

同时，我们在教学实践过程中发现第 2 版有些章节的内容还可以调整和优化，有些内容需要增删。同时，我们也征求了本教材的部分高校主讲教师、使用本教材的部分本科生和研究生的意见和建议，在广泛吸纳各方意见后，编写了《化学化工信息及网络资源的检索与利用》第 3 版。

第 3 版保持本书原有宗旨，即兼顾传统化学化工资源和 Internet 网络资源，着重培养三种能力——信息获取能力、化学化工信息处理能力及论文写作能力。考虑到现今化学化工信息检索对传统资源的依赖性降低和信息资源的网络化程度增强，第 3 版内容做了如下调整：把工具书与网上图书信息、期刊检索与全文下载、专利信息检索与专利申请和美国《化学文摘》4 章内容提前至第 3～6 章，将 Internet 化学化工资源放在第 7 章；新增加化学化工信息检索与利用的策略与技巧作为第 11 章；各章后增加练习题与实践练习题。在第 1 章中增加了化学化工信息的阅读与管理；把 SCI、EI 放到第 2 章的检索工具中介绍；第 3 章增加了免费电子图书检索与下载网址；第 4 章增加 SCIE 收录化学化工期刊分区情况介绍；第 6 章增加利用 SciFinder 平台检索 CA 数据库的内容；第 7 章增加电子会议、网络讨论班等新内容。另外，对所有网址重新进行了仔细核对。

与前两版相比，第 3 版有如下特点：①章节内容布局更合理，实现了从传统资源向网络资源检索的逐步过渡，有利于教学；②增加了化学化工信息的阅读与管理、检索策略与技巧等内容，方便读者快速检索信息、高效利用信息；③每章后增加练习题与实践练习题，有助于读者通过实践消化本章内容，熟悉检索途径与方法；④更新了相关资源和网址，进一步优化、补充了大量新的网络资源与相应网址；⑤增加了检索技巧的介绍。

由于本书篇幅所限，而当前 Internet 还处于不断发展之中，编者正在建设"化学信息检索"精品课程网站，为读者提供"知识拓展内容""重要资源链接"等内容，为任课教师提供"多媒体课件""练习与实践题""历年试题""电子教案""教学进度"等信息。相关内容也可参阅化学工业出版社教学资源网（http://www.cipedu.com.cn）。

参加第 3 版编写的人员中，王荣民教授编写了第 11 章，杜正银副教授编写审核了第 2、第 3、第 4、第 7 章，何玉凤教授编写了第 5、第 9 章，宋鹏飞副教授编写了第 1、第 6、第 10 章，孙丽萍教授编写了第 8 章。全书由王荣民和杜正银负责统稿和审定。

在本书编写过程中，高非博士、杨玉英博士参与了部分章节内容的审核，研究生李晓晓、张玲、孙文静、刘世磊、朱永峰、张雯雯、张源民、赵婷婷、李琛、李春花、刘发锐、纪小青、毛旭东、郭娜、何文娟、王燕等同学参与了网址和文字的校对。另外，白林教授、王彦斌教授、冯辉霞教授、王世亮教授、魏东斌研究员、金星龙副教授、程学礼副教授提出了宝贵意见，在此一并致谢。

　　书中不免有疏漏之处，恳请读者见谅。

王荣民　杜正银
2012 年 5 月

第 4 版 前 言

《化学化工信息及网络资源的检索与利用》自出版以来，受到了读者的青睐，第1～3版分别获得了全国优秀畅销书（科技类）奖、中国石油和化学工业优秀出版物奖等奖项；同时第3版入选"十二五"普通高等教育本科国家级规划教材。

新型网络技术正在迅猛发展，Internet资源已经渗透到与化学化工相关的各个领域，"互联网＋"正在改变我们的学习、教学、科研及生活方式。这促使我们在第3版的基础上，提出打造经典教材的目标，大幅调整框架与内容，从而更加贴近学生、贴近网络资源的实际情况，并引领发展趋势。

第4版继续保持本书原宗旨：兼顾传统化学化工资源和Internet网络资源，着重培养三种能力——信息获取能力、化学化工信息处理能力及论文写作能力。与前三版相比，第4版有如下特点：

（1）将传统的化学文献与现代网络资源的内涵进行融合，打造化学化工信息检索新体系。

（2）调整章节布局，从图书、论文、专利逐步展开，实现了从传统资源向网络资源检索的逐步过渡，有利于教学。

（3）从学生角度出发，安排章节内容，引入现代大学生喜闻乐见的形式。

（4）每章前加入"导语"与"关键词"。

（5）突出免费资源，加强"化工信息"。

（6）注意章节之间内容的互动。

参加第4版编写的人员中，王荣民教授修订第1、第10章及编写了第9章部分内容，并负责全书的策划和审定，宋鹏飞副教授修订第4、第6章及编写了第9章部分内容，杨志旺副教授修订第5、第7章内容，杨彩霞副教授修订第3、第11章内容，杜正银教授修订第2章内容，王坤杰副教授修订第12章内容，吴翠娇教授修订第8章内容，何玉凤教授参与了全书的审核与校对，姚小强副教授参与了第10章的修订。另外，王彦斌教授、白林教授、王世亮教授、李健副教授、何晓燕副教授、谢艳副教授、曹成副教授、孙看军副教授、王庆涛博士及冯瑞丽老师提出了宝贵的意见，在此一并致谢。

由于本书篇幅所限，与本书相关的拓展内容将陆续上传到相关网站，请关注编者正在建设的精品课程"化学信息检索"网站与化学工业出版社教学资源网（http://www.cipedu.com.cn）。

当然，由于当前Internet还在迅猛发展，有些网站地址也在发生变化，敬请读者注意。书中难免有疏漏之处，恳请读者见谅。

王荣民
2016 年 7 月

目　录

第1章　从文献查阅到信息检索 ……………………………………………… 1

1.1　文献与信息概念的发展 ………… 1
1.1.1　信息与知识 …………………… 1
1.1.2　文献情报和资料 ……………… 2
1.1.3　文献查阅与信息检索 ………… 3
1.1.4　培养"搜商"素养与提高效率 … 3
1.2　化学化工信息特点与分类 ……… 3
1.2.1　科技文献发展历史 …………… 3
1.2.2　化学化工文献与信息 ………… 4
1.2.3　化学信息学简介 ……………… 4
1.2.4　当代化学化工信息的特点 …… 4
1.2.5　Internet 与化学化工信息 …… 5
1.2.6　化学化工文献的分类方式 …… 6
1.2.7　当代化学化工信息的分类 …… 7
1.3　化学化工信息的检索 …………… 8
1.3.1　信息（文献）检索的基础知识 … 8
1.3.2　信息检索的目的和意义 ……… 9
1.3.3　化学化工信息检索的途径与方法 … 9
1.3.4　化学化工信息检索的主要步骤 …… 11
1.3.5　问题导向——带着目标去检索 …… 12

1.3.6　充分利用现有条件开展信息
　　　　检索 …………………………… 12
1.3.7　原始文献的搜集与信息内容的
　　　　记录整理 …………………… 12
1.4　化学化工信息的管理与知识
　　　利用 ……………………………… 13
1.4.1　信息的完整记录格式 ………… 13
1.4.2　所获文献的管理与鉴别筛选 … 13
1.4.3　印刷版文献、电子信息与文件的
　　　　管理 …………………………… 14
1.4.4　化学化工信息阅读策略 ……… 14
1.5　互联网与电子媒介的有效利用 … 14
1.5.1　免费邮箱与云盘申请及其功能 … 14
1.5.2　基于 Internet 的个人空间与社交
　　　　平台 …………………………… 15
1.5.3　基于 Internet 快速获得更新
　　　　信息 …………………………… 15
练习题 …………………………………… 15
实践练习题 ……………………………… 16

第2章　科技图书资源检索与利用 ……………………………………………… 17

2.1　科技图书范畴与类型 …………… 17
2.1.1　图书分类法与图书编号 ……… 18
2.1.2　图书的主要载体 ……………… 19
2.1.3　在线图书的发展 ……………… 19
2.2　科技图书的阅读与有效利用 …… 20
2.2.1　教科书的阅读及其利用 ……… 20
2.2.2　科技著作的阅读及其利用 …… 20
2.2.3　参考工具书的阅读及其利用 … 21
2.2.4　获取最新研究成果与理化参数的
　　　　其他途径 …………………… 22

2.3　检索与获取图书信息的途径 …… 23
2.3.1　图书题录及其获取途径 ……… 23
2.3.2　通过图书馆查找与借阅图书 … 24
2.3.3　通过图书出版、销售机构网站
　　　　在线查找或购买图书 ……… 24
2.3.4　免费获取图书正文的主要途径 … 25
2.3.5　免费阅读与下载电子版图书的
　　　　网站 …………………………… 26
2.4　化学化工类工具书简介 ………… 27
2.4.1　化学类工具书 ………………… 27

2.4.2 化工类工具书 ·········· 29

2.4.3 化学化工相关工具书 ·········· 30

2.5 图书馆及数字资源的使用实例 ··· 31

2.5.1 国内著名图书馆及数字图书馆 ····· 31

2.5.2 国外知名网上图书馆 ········ 33

2.5.3 中国国家图书馆检索实例 ······· 33

2.5.4 超星发现的图书检索与全文浏览
实例 ·········· 34

2.6 重要在线图书资源的检索与利用
实例 ·········· 36

2.6.1 免费在线百科全书 ········· 36

2.6.2 免费专业在线工具书 ········ 37

2.6.3 手机图书馆客户端 ········· 39

练习题 ·········· 40

实践练习题 ·········· 40

第3章 科技论文检索与下载 ·········· 41

3.1 科技论文的类型与特点 ·········· 41

3.1.1 科技期刊与期刊论文 ········ 42

3.1.2 会议文献（信息）与会议论文 ····· 44

3.1.3 学位论文 ·········· 45

3.2 科技论文的构成与知识获取 ······ 45

3.2.1 期刊研究论文的构成与知识
获取 ·········· 46

3.2.2 期刊综述论文的构成与知识
获取 ·········· 48

3.2.3 会议论文的构成与知识获取 ····· 50

3.2.4 学位论文的构成与知识获取 ····· 51

3.3 国际国内核心期刊及影响力 ······ 52

3.3.1 期刊水平的评判与高质量论文
的筛选 ·········· 52

3.3.2 国际核心期刊SCI与EI索引体系 ··· 53

3.3.3 SCI期刊影响因子（IF）与
SCI期刊分区 ·········· 54

3.3.4 国内核心期刊 ·········· 56

3.4 科技论文的检索与全文下载途径 ··· 58

3.4.1 通过检索工具网站查找论文
题录 ·········· 58

3.4.2 通过图书馆与全文数据库网站检索
与下载全文 ·········· 60

3.4.3 通过出版机构网站检索与下载期
刊论文 ·········· 61

3.4.4 会议论文的检索与下载 ······· 61

3.4.5 学位论文的检索与下载 ······· 62

3.4.6 免费获取全文的途径 ········ 62

3.5 中国知网及其检索科技论文
实例 ·········· 63

3.5.1 中国知网简介 ·········· 63

3.5.2 中国知网检索与下载全文实例 ····· 64

3.6 WoS（Web of Science）及检索
论文实例 ·········· 65

3.6.1 SCI与WoS简介 ·········· 65

3.6.2 利用WoS检索期刊论文与会议论文
实例 ·········· 66

3.7 科技论文检索与利用小结 ········ 68

3.7.1 科技论文的检索侧重点 ······· 68

3.7.2 免费获得科技论文的途径 ······ 68

练习题 ·········· 69

实践练习题 ·········· 69

第4章 专利知识与专利信息检索 ·········· 70

4.1 知识产权与专利知识 ·········· 71

4.1.1 知识产权 ·········· 71

4.1.2 专利、专利权与专利法 ······· 72

4.1.3 专利制度——科技进步的推
进器 ·········· 73

4.1.4 专利文献的特点、内容构成及
作用 ·········· 74

4.1.5 专利组织机构 ·········· 75

4.1.6 专利相关概念与知识网站 ······ 75

4.2 创造发明与专利申请知识 ········ 76

4.2.1 授予专利权的条件（专利的
要素） ·········· 77

4.2.2 中国专利类型及其特点 ……… 77
4.2.3 中国专利申请程序 ………… 78
4.2.4 专利申请书的撰写 ………… 78
4.2.5 不授予专利权的情况 ……… 78
4.2.6 申请外国专利 …………… 79
4.3 专利信息检索与全文免费获取
途径 ……………………… 79
4.3.1 专利信息与专利信息检索 … 79
4.3.2 专利信息检索与下载途径 … 79
4.3.3 专利信息检索基本方法 …… 81
4.3.4 专利一站式全文下载
(Drugfuture) ……… 81
4.4 中国专利及检索实例 ………… 82
4.4.1 认识中国专利的申请号与公
布号 …………………… 82
4.4.2 中国专利的检索途径 ……… 83
4.4.3 从国家知识产权局网站检索与
下载专利的方法 ……… 84
4.5 美国（英文）专利检索实例 …… 86

4.5.1 通过美国专利商标局（USPTO）
免费检索美国专利 ……… 86
4.5.2 检索因未付年费而提前失效的
美国专利的方法 ……… 87
4.5.3 阅读美国专利的方法 ……… 88
4.6 欧洲及其他各国专利信息检索 … 89
4.6.1 欧洲专利信息检索与在线翻译功能
的利用 ………………… 89
4.6.2 日本专利信息检索 ………… 89
4.6.3 世界范围的专利信息检索 … 90
4.7 认识专利知识的重要性 ……… 91
4.7.1 通过申请专利来保护知识产权 … 91
4.7.2 专利信息的有效检索与便捷
下载 …………………… 91
4.7.3 非英语或汉语专利信息的在线
翻译 …………………… 92
4.7.4 专利信息的有效利用 ……… 92
练习题 ………………………… 93
实践练习题 …………………… 93

第5章 标准信息与产品资料 ……………………………………………… 94

5.1 标准信息的类型与作用 ……… 94
5.1.1 标准信息的涵义与特点 …… 94
5.1.2 中国标准类型与机构 ……… 95
5.1.3 国际标准组织及其网站 …… 96
5.1.4 标准的作用 ………………… 97
5.2 标准信息的检索与下载 ……… 97
5.2.1 检索标准信息的主要途径 … 97
5.2.2 国际、国内标准的检索与下载
途径 …………………… 98
5.2.3 标准信息的检索与全文免费下
载实例 ………………… 99
5.3 产品资料特点、用途 ………… 101
5.3.1 产品资料涵义及其特点 …… 101
5.3.2 产品资料的用途 …………… 101
5.4 收集产品资料的典型途径 …… 102

5.5 免费获取产品资料的主要途径与
方法 …………………… 103
5.5.1 国际、国内仪器、试剂公司
网站 …………………… 103
5.5.2 提供化学相关产品及其资料检索
的网站 ………………… 104
5.5.3 提供产品资料的一些检索工具
网站 …………………… 105
5.5.4 通过手机 APP 查找产品资料 … 106
5.5.5 利用产品网站免费获得原材料
参数的实例 …………… 106
5.6 标准与产品资料的检索利用
策略 …………………… 108
练习题 ………………………… 108
实践练习题 …………………… 108

第6章 机构组织及 Internet 信息 ………………………………………… 109

6.1 机构组织与 Internet 信息
概述 …………………… 110

   6.1.1　机构组织及其科技信息分类 ······ 110

   6.1.2　Internet 化学化工信息资源的主要

       类型 ·········· 110

6.2　科技报告与技术档案 ········ 111

   6.2.1　科技报告类型与作用 ········ 111

   6.2.2　中国科技报告的检索及在线

       浏览 ·········· 112

   6.2.3　美国科技报告的检索与免费

       下载 ·········· 112

   6.2.4　科技报告的其他检索途径 ····· 115

   6.2.5　技术档案及相关网站 ········ 115

6.3　政府文件科技信息 ·········· 117

   6.3.1　政府文件类型与作用 ········ 117

   6.3.2　公开政府文件的重要网站 ····· 117

   6.3.3　大数据时代政府网站的有效

       利用 ·········· 118

6.4　机构组织的科技信息 ········ 119

   6.4.1　机构组织公开的基本信息 ····· 119

   6.4.2　机构组织动态信息 ·········· 120

   6.4.3　机构组织开发的"互联网＋"

       信息 ·········· 122

6.5　化学化工 Internet 信息资源 ····· 125

   6.5.1　机构组织信息 ·········· 125

   6.5.2　化学化工专业网站 ·········· 126

6.6　材料相关 Internet 信息资源 ····· 126

   6.6.1　材料相关机构组织网站 ······ 127

   6.6.2　材料相关检索工具与数据库 ··· 127

   6.6.3　材料相关软件资源 ·········· 129

   6.6.4　材料相关期刊网站 ·········· 130

6.7　生物医药 Internet 信息资源 ····· 130

   6.7.1　生物医药相关机构组织 ······ 130

   6.7.2　生物医药相关检索工具与数

       据库 ·········· 132

   6.7.3　生物医药期刊网站 ·········· 135

练习题 ·········· 135

实践练习题 ·········· 135

第7章　化学化工相关在线检索工具与数据库 ·········· *137*

7.1　在线检索工具与数据库简介 ····· 137

   7.1.1　从印刷版索引到搜索引擎的检索

       工具 ·········· 137

   7.1.2　在线数据库的发展与分类 ····· 138

   7.1.3　重要在线检索工具与数据库 ··· 139

7.2　搜索引擎与免费检索工具 ····· 140

   7.2.1　免费搜索引擎与学术检索工具 ··· 140

   7.2.2　搜索引擎的使用技术 ········ 141

   7.2.3　百度学术搜索及其检索实例 ··· 141

   7.2.4　Google（谷歌）学术搜索 ····· 143

   7.2.5　其他免费检索工具 ·········· 144

7.3　重要检索工具数据库 ········ 145

   7.3.1　WoS（Web of Science）数

       据库 ·········· 145

   7.3.2　EV（Engineering Village）数据库

       及其检索实例 ·········· 148

   7.3.3　SciFinder 检索工具数据库 ····· 150

   7.3.4　PubMed、PubChem 及其检索

       实例 ·········· 151

   7.3.5　PDB（蛋白质数据银行）及其检

       索实例 ·········· 153

   7.3.6　ChemSpider 数据库及其检索

       实例 ·········· 155

   7.3.7　Chemistry Index 数据库 ·········· 155

7.4　重要全文数据库 ·········· 156

   7.4.1　中国知网（CNKI）数据库 ····· 156

   7.4.2　万方、维普数据库 ·········· 157

   7.4.3　ScienceDirect（SD）全文数

       据库 ·········· 158

   7.4.4　Wiley、Springer 数据库 ····· 159

   7.4.5　各国化学会出版社的全文数

       据库 ·········· 159

7.5　特色在线工具数据库 ········ 162

   7.5.1　NIST Chemistry WebBook ······ 162

   7.5.2　Reaxys 数据库 ·········· 162

   7.5.3　SWISS-MODEL 数据库 ······ 162

   7.5.4　Organic Chemistry Portal ······ 162

   7.5.5　氨基酸数据库 ·········· 162

7.6　在线检索工具与数据库的使用

   策略 ·········· 163

7.6.1 在线检索工具及数据库的选择 ··· 163
7.6.2 检索方法选择 ·············· 163
7.6.3 检索结果总结与利用 ······· 163

练习题 ························· 164
实践练习题 ····················· 164

第8章 SciFinder 数据库 ·· 165

8.1 从 CA 到 SciFinder ·········· 165
8.1.1 CAS 开发的重要检索工具与数
据库 ······················ 166
8.1.2 CA 与 SciFinder 的特点 ··· 166
8.1.3 CA 主题内容的分类 ········ 167
8.1.4 CA 著录格式 ············· 169
8.1.5 CA 索引类型与检索途径 ··· 170
8.1.6 CAS 登录号与来源索引（免费在线
资源） ···················· 173
8.2 SciFinder 数据库及其检索
方式 ························ 174
8.2.1 SciFinder 数据库简介 ····· 174
8.2.2 SciFinder 数据库注册与使用
教程 ······················ 175
8.2.3 SciFinder 检索的途径与方式 ······ 175
8.3 SciFinder 文献检索方法与
实例 ························ 176
8.3.1 Research Topic（研究主题）
检索 ······················ 176

8.3.2 AuthorName（作者姓名）
检索 ······················ 178
8.4 SciFinder 物质检索方法与
实例 ························ 179
8.4.1 Chemical Structure（化学
结构式）检索 ············· 179
8.4.2 Markush（马库什通式结构）
检索 ······················ 180
8.4.3 Molecular Formula（分子式）
检索 ······················ 182
8.4.4 Property（理化性质）检索 ··· 182
8.4.5 Substance Identifier（物质标
识符）检索 ··············· 182
8.5 SciFinder 反应检索方法与
实例 ························ 183
8.6 用 SciFinder 快速准确获得所需
结果的方法 ················· 185
练习题 ························· 185
实践练习题 ····················· 185

第9章 化学化工信息检索与利用——策略与技巧 ································· 186

9.1 化学化工信息检索与收集
策略 ························ 186
9.1.1 检索科技信息的主要步骤 ······· 187
9.1.2 检索目标内容（找什么）的
分类 ······················ 188
9.1.3 科技信息源（哪里找）的类型特点
与检索途径（怎么找） ····· 188
9.1.4 根据目标选择科技信息源 ··· 189
9.1.5 在线检索工具与数据库的有效
利用 ······················ 190
9.1.6 免费资源的充分利用 ······· 191
9.2 科技信息源的记录与引用 ··· 193
9.2.1 科技信息的题录与引用关系 ······ 193

9.2.2 科技图书的著录格式 ········· 194
9.2.3 科技论文的著录格式 ········· 194
9.2.4 专利的著录格式 ············· 194
9.2.5 网络科技信息的著录格式 ····· 195
9.3 文件管理与重要信息的筛选 ··· 195
9.3.1 文件的分类与命名 ········· 195
9.3.2 利用软件管理文件 ········· 196
9.3.3 重要信息的鉴别与筛选 ····· 196
9.4 化学化工信息的阅读与利用 ··· 198
9.4.1 科技信息的利用过程 ······· 198
9.4.2 期刊论文的阅读策略与步骤 ····· 199
9.4.3 不同类型文献的利用 ········· 200
9.4.4 广泛浏览与专业精读 ········· 201

9.4.5　充分利用免费在线工具书 ……… 201

9.4.6　阅读文献的方式与经验 ………… 202

9.5　论文写作——基于文献的创新 …… 202

9.5.1　学习从文献中提炼精华 ………… 202

9.5.2　研究论文写作的题材 …………… 203

9.5.3　文献追踪与创新思想 …………… 203

9.6　化学化工信息的检索与利用实例 …… 204

9.6.1　选择与确立检索主题的方法 …… 204

9.6.2　检索实例——以日常用品为检索目标 …… 204

9.6.3　检索实例——前沿领域的检索目标 …… 205

9.7　小结 ……………………………… 206

练习题 ………………………………………… 206

实践练习题 ………………………………… 206

第10章　学术论文撰写与投稿 …………………………………………………………… 208

10.1　学术论文与科技论文 ………… 209

10.1.1　学术论文的主要类型 ………… 209

10.1.2　科学发现与论文发表 ………… 209

10.2　科技论文的写作 ……………… 210

10.2.1　科技论文的"汉堡包"式结构 …… 211

10.2.2　科技论文的前置部分 ………… 211

10.2.3　科技论文的正文部分 ………… 213

10.2.4　科技论文的支撑部分 ………… 214

10.2.5　科技论文撰写知识网站 ……… 216

10.3　综述论文与课程论文的写作 … 216

10.3.1　综述论文的写作 ……………… 216

10.3.2　课程论文的写作 ……………… 216

10.4　研究论文与创新创业总结论文的写作 …… 217

10.4.1　研究论文的写作 ……………… 217

10.4.2　创新创业实践活动与双创总结论文的写作 …… 218

10.5　学位论文与学年论文的写作 … 222

10.5.1　学位论文（毕业设计）的写作特点 …… 222

10.5.2　完成毕业论文（学年论文）工作的五步骤 …… 223

10.6　教学论文的写作 ……………… 224

10.6.1　教学研究论文类型 …………… 224

10.6.2　教学方法与教学技术研究论文 …… 225

10.6.3　知识介绍论文 ………………… 225

10.7　期刊论文的投稿 ……………… 226

10.7.1　期刊论文投稿过程 …………… 227

10.7.2　科技期刊的在线投稿 ………… 228

练习题 ………………………………………… 229

实践练习题 ………………………………… 229

第11章　化学化工软件与在线课堂 …………………………………………………… 230

11.1　科技软件的发展 ……………… 231

11.2　化学化工软件类型与用途 …… 231

11.2.1　化学结构绘制软件 …………… 231

11.2.2　数据处理软件 ………………… 232

11.2.3　谱图解析软件 ………………… 232

11.2.4　理论计算软件 ………………… 232

11.2.5　化学实验软件 ………………… 233

11.2.6　化学工程软件 ………………… 234

11.2.7　文献管理软件 ………………… 234

11.3　ChemOffice 及其使用实例 …… 235

11.3.1　ChemOffice 在线工具 ……… 236

11.3.2　利用 ChemDraw 绘制结构式与反应历程 …… 236

11.3.3　利用 Chem3D 优化结构及预测光谱图 …… 238

11.3.4　ChemDraw 使用方法与试用版下载 …… 239

11.4　三维制作软件 3D Max 及其使

用实例 ……………… 239

11.5 文献管理与分析软件 EndNote 及其使用 …… 239

11.5.1 EndNote 的主要功能 ……… 240

11.5.2 EndNote 的文献导入 ……… 240

11.5.3 EndNote 的文献编排 ……… 240

11.6 在线教学软件与在线课堂 …… 241

11.6.1 在线化学软件简介 ……… 241

11.6.2 在线课堂 ……………… 241

11.6.3 虚拟仿真教学 …………… 244

11.7 化学软件的有效利用 ………… 245

练习题 ………………………… 245

实践练习题 …………………… 245

综合实践练习题 ……………………………………… 246

拓展内容 ………………………………………………… 248

附录 ……………………………………………………… 249

附录 1 希腊字母 ……………… 249

附录 2 罗马数字表 …………… 249

附录 3 国际单位制中米制采用的字首 …………………… 249

附录 4 化学名称常用数字字首 … 250

附录 5 有机物系统命名中常见基团的词头、词尾名称对照表 …… 250

参考文献 ………………………………………………… 252

编者简介 ………………………………………………… 253

第1章　从文献查阅到信息检索

导语

在当今飞速发展的信息时代，获得最新信息是掌握主动性的前提。通过本章学习，可以使我们认识到：①"搜商"需要培养；②化学化工"文献"已经拓展到"信息"；③化学信息源有不同的类型与载体；④信息检索方法需要学习。

关键词

化学化工；文献；信息；文献查阅；信息检索

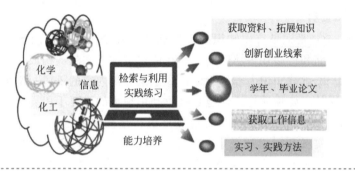

信息（Information）、材料（Material）和能源（Energy）被称为当代文明三大支柱，同时，新材料、信息技术和生物技术成为新技术革命的重要标志。信息对于经济和社会的发展、科技文化的进步都起着非常重要的作用，信息已经成为推动世界经济高速发展的新的源动力，信息无处不在，广泛渗透到各个领域，联系着世间万物，信息是继物资、能源之后的"第三级资源"。

在当今飞速发展的信息时代，谁掌握了最新信息，谁就掌握了主动性！

1.1　文献与信息概念的发展

人们常说的"站在巨人的肩膀上"实际上是指以前人积累的知识为基础，开发新的成果。而对前人知识的获取，经历了"口耳相传""文献查阅与阅读"，现在正在走向"信息的检索与利用"。计算机与网络技术的高速发展，为普通科技工作者乃至学生获取信息提供了捷径。

1.1.1　信息与知识

信息是客观事物状态和运动特征的一种普遍形式，客观世界中大量地存在、产生和传递着以这些方式表示出来的各种各样的信息。信息是物质、能量及其属性的标识，是事物现象及其属性标识的集合，反映了物质的存在，不同的物质各自发出不同的信息。

　　从字面意思理解，信即"信号"，息即"消息"，通过信号带来消息就是"信息"。无形的信息是以物质介质（如文字、声波、电磁波等）为载体。根据发生源的不同，信息可分为自然信息、生物信息、机器信息和人类信息四大类。化学化工信息则属于人类信息的范畴。

　　信息和与人类智能活动有关的知识、技术、科学、文化、社会等密切联系在一起，人们进行一切社会活动时必然伴随信息的收集与利用。信息由意义和符号组成，一般以声音、语言、文字、图像、动画、气味等方式表示实际内容，通常有数据、文本、声音、图像四种形态。

　　信息具有差异和传递两要素。没有差异便不是信息，如两端加相同电压的导线没有电流通过，即不产生信息；同样，即使有差异但不经过传递，也不形成信息。

　　知识（Knowledge）是通过信息传递，并对信息进行加工、重新组合的系统化信息。知识来源于信息，知识是信息的一部分，是人类在社会实践中积累起来的经验，是对客观世界物质形态和运动规律的概括与总结。人们在社会实践中不断接收客观事物发出的信号，经过人脑的思维加工，逐步认识客观事物的本质，这是一个由表及里、由浅入深、由感性到理性的认识过程。

1.1.2　文献情报和资料

　　文献（Document）是记录有用知识的一种载体。凡是用文字、图形、符号、音频、视频记录下来，具有存储和传递知识功能的一切载体都被称为文献。构成文献的三大要素：①被记录的知识内容；②承载知识内容的载体；③记录知识内容的手段。文献是情报的一种载体，不仅是情报传递的主要物质形式，也是吸收利用情报的主要手段。

　　情报（Information，Intelligence）指情况报道，是被传递的知识。它是针对需要传递的特定对象，在生产实践和科学研究中起继承、借鉴或参考作用的知识。知识要转化为情报，必须经过传递，并为使用者所接受，发挥其使用价值。情报具有知识性、传递性和效用性。

　　资料（Means）一般是指生产、生活中必需的用品，如生产资料。对于学生与科研人员而言，资料常指可供参考作为根据的材料等，如参考资料（Reference Materials）、复习资料、补充资料等。

图1-1　信息、知识、情报和文献
之间的关系

　　西方学者习惯于把文献情报与自然信息（Information）等同，而把有关国家安全之类的情报中心叫作Intelligence（常指智力、聪明）。中文"情报"一词则把文献信息与有关敌情的信息混淆，尽管同时存在着现成的"谍报"一词。

　　信息、知识、情报和文献之间的关系如图1-1表示。物质的运动产生信息，各类信息经过人们系统化加工处理，转变成知识；有用知识的记录载体是文献，知识经加工处理，转化为情报。情报用于社会实践，用于解决实践中所存在的问题，创造物质、精神财富，即情报转化为生产力，产生新的信息，形成一个循环的转化过程。

　　基于文献载体的信息包含知识，知识包含情报。它们不仅是包含关系，而且可以互相转化。

　　近二三十年来，随着信息技术的飞速发展，电子、在线出版物大量涌现，使文献、情报、信息这三者之间趋向统一，逐渐淡化了三者在概念上的差别，尤其在国际交往中情报与信息是同一概念。目前，"文献"与"信息"词汇的涵义还在变化。不同学科、不同人群的用法会有所差异。有些地方仍然叫"文献"，例如，参考文献。有些学科则称为"信息"或"文献"。也有教材与课程中称为"文献信息"。当然，在国内科技界，"科技信息"一词替代了科技"情报""文献"。

1.1.3　文献查阅与信息检索

信息需要传播，人类从广泛传播的信息中获取知识，从而指导社会实践，促进人类进步。信息存储与检索（Information Storage and Retrieval）是信息传播的必备条件。

信息存储与检索是指将信息按一定的方式组织起来，并根据信息用户需要找出有用信息的过程和技术，简称为"信息检索"（Information Retrieval）。信息存储主要包括在对信息选择的基础上进行信息特征描述、加工并使其有序化。检索是指借助一定的设备和工具，采用一系列方法和策略查找出所需要的信息。存储是检索的基础，检索是存储的目的。

在印刷技术为主的时代，人们将从纸质载体（文献）中通过手工或机械方法检索信息称为文献查阅。如今，网络技术高速发展，我们不但可以用手工、机械方法查阅文献，还可以通过计算机（联机、光盘和网络）检索信息，极大满足了人类对信息利用的需要。

以前我们常说"查阅科技文献"，是指查阅科技知识的载体。现在，载体已经发生了巨大变化，为了适应这个新变化，我们需要更换说法为"科技信息检索"。

1.1.4　培养"搜商"素养与提高效率

随着科技的迅猛发展以及互联网的普及，我们突然面对网络世界庞大的"信息量"，感觉到"信息爆炸"与"资讯泛滥"。因此，信息的检索与利用能力已经成为我们应该必备的基本能力！

有学者将这种通过工具获取知识的能力或者通过搜索技能解决问题的能力称为"搜商"，并将其归为与"智商""情商"相并列的人类智力因素。不同于情商和智商，搜商强调的是所获得知识与所花费时间的比值，是智商和情商悬而未决的问题——效率问题。

对于即将进入科学研究、工程技术或教育领域的学生（本科生、研究生）而言，通过专业文献（信息）课程的训练与实践，不但能够快速准确地找到专业知识，而且有利于科学素养与能力的培养。换言之，培养"搜商"，就能够轻松获得包括专业知识在内的信息，从而提高学习、研究效率。

1.2　化学化工信息特点与分类

1.2.1　科技文献发展历史

信息的传递主要靠口授、传抄或通信联系来进行。17 世纪末科学协会相继成立，为了促进会员之间的学术交流、推广新的发明创造，人们开始创办科技期刊。1665 年创刊的 *Philosophical Transaction of the Royal Society*（英国皇家学会哲学汇刊）是世界上最早出版的科技期刊。1778 年出版了第一种化学期刊 *Crell's Chemisches Journal*。17 世纪后半期和 18 世纪各资本主义国家相继成立了专利局，审理创造发明，于是出现了专利文献。

自 1960 年以来，科学技术高速发展，科技文献急剧增加。其中，化学文献是科技文献的重要组成部分，其数量的递增速度在各门学科中始终占据着领先地位。

化学（Chemistry）常称为中心科学（The Central Science），因为它有连接基础科学和应用科学的作用，深刻影响着化学工程、生命科学、医学、材料、环境、航空航天等诸多学科。

1.2.2　化学化工文献与信息

化学化工信息内容十分广泛，狭义的化学化工信息指化学化工文献。

化学化工文献是人们从事与化学有关的生产、科学实验及社会实践的记录，它汇集着科技工作者的劳动结晶，积累着大量有价值的事实、数据、理论、定义、方法、科学构思和假设，记载着成功的经验和失败的教训。

化学化工信息不但包括传统化学化工文献所承载的信息，还包括基于网络与化学化工相关的大量信息，如商务信息、远程教学、远程会议、博客（微博）、论坛，以及个人主页（包括 QQ、微信等）信息。

1.2.3　化学信息学简介

化学信息学（Cheminformatics）是为完成化学领域中大量数据处理和信息提取任务而结合其他相关学科所形成的一门新学科，也是目前正在发展的学科。其是在化学计量学（Chemometrics）和计算化学（Computational Chemistry）的基础上演化和发展起来的，吸收与融合了许多学科的精华。其利用计算机技术和计算机网络技术，对化学信息进行表示、管理、分析、模拟和传播，以实现化学信息的提取、转化与共享，揭示化学信息的实质与内在联系，促进化学学科的知识创新。

化学信息学的研究主要包括如下内容：①化合物登记（Compound Registration）；②构效关系的研究工具和技术；③虚拟数据库组装技术（Virtual Database Assembly）；④数据库挖掘技术（Database Mining）；⑤统计方法和技术；⑥大型数据的可视化表达。

广义的化学信息学还应该包括以下内容：①化学、化工文献学；②化学知识体系的计算机表示及推演；③化学图形学；④化学信息的解析与处理；⑤化学教育与教学的现代技术与远程信息资源。

要注意：化学信息与化学信息学概念的侧重点不同；化学信息应该包含与化学、化工相关的文献、信息。本书使用化学化工信息这一术语，目的是突出化学信息中含有化工信息，其主要内涵为化学化工文献。

1.2.4　当代化学化工信息的特点

科技文献是全人类认识自然、改造自然、利用自然的知识结晶，科技工作者不仅可以汲取蕴藏于其中极其丰富的营养，而且可以促进思维活动的积极开展。为了有效地利用化学化工文献信息，我们应该了解当代化学化工信息的一些特点。

（1）数量庞大且增长迅速　自 1960 年以来，全世界出现了"知识爆炸"和"文献激增"的情况，各国的科技出版物在种类、数量、出版速度、出版形式等各方面都以飞跃的速度向前推进。尖端科学文献的增加速度更快。图 1-2 为美国《化学文摘》（CA）100 多年来收录文摘数量的数据（注：每篇文摘对应一篇原始文

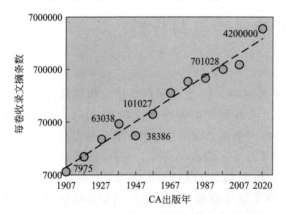

图 1-2　美国《化学文摘》（CA）各年
（1907—2020 年）收录文摘数量

献），从最初收录 7975 条文摘（1907 年），到 2020 年达到 420 万条，此说明 CA 文摘以指数速度增长。近十年来，网络技术的发展，促进了化学化工信息的高速增长，目前，CA 收录超过 3.01 亿种物质、6700 万个基因序列、76 亿条物质属性值、1 亿多条反应信息、1 亿多个商用化学品信息。

（2）种类繁多　传统科技文献按内容分为图书、期刊论文、专利、学位论文、会议文献、科技报告、技术标准、技术档案、政府出版物、产品样本资料和说明书 10 大类，基于网络的科技信息内容大幅度增加。按载体，除了传统的印刷品以外，还有直感资料（录音带、录像带、缩微出版品、磁带、科技电影、幻灯片、唱片等）。基于 Internet 的网络文献信息发展异常迅速，已经超过印刷品文献信息。

（3）语种扩大，译文增多　随着科学技术交流程度的不断加深，世界各国的科学技术得到普遍发展，科技文献的语种也在扩大。为了克服语言障碍，便于科技文献的利用，世界各国进行了大量的翻译工作，全世界翻译书的种数占图书出版种数的 10% 以上。大量的著作还拥有不同的译本；同一件专利在不同国家（不同语言）申请专利，这为掌握专利技术提供了便利条件。

（4）内容重复交叉、分布分散　从成果公开的形式看，一件成果可以以专利形式公开，可以在科技会议上宣读，也可以论文、专著的形式发表。这些内容会重复交叉，因此，读者可根据需要，查阅相应的文献。从科学研究领域看，学科界限不断被打破，化学作为中心科学，正在与其他学科相互渗透。因此，一方面研究领域不断深化，另一方面，课题涉及面越来越广，从而要求文献的类型与数量日益广泛。

（5）内容的新陈代谢、自然淘汰速度快　现代科学技术的发展日新月异，大量、丰富的文献给社会带来巨大的效益，同时也给我们利用文献带来较多的困难。一个明显的问题就是知识老化速度加快，文献时效缩短，新陈代谢频繁，随着时间的推移，旧的技术与材料被新的所代替，不成熟的理论逐渐成熟。这种情况在科技文献的新旧更替、自然淘汰中更加明显，其中技术标准最为典型。

知识老化速度加快，文献时效缩短，反映了科学技术发展迅速，说明了我们利用文献的迫切性和重要性。同时，文献数量庞大、增长迅速、种类繁多、更新速度快、文种繁多、分布分散、形式多样，使得我们难以迅速、准确、全面地收集到所需的文献，这就要求我们熟练掌握查阅、利用文献的方法，准确掌握最新文献。

1.2.5　Internet 与化学化工信息

Internet 正以当初人们始料不及的惊人速度发展，今天的 Internet 已经改变了人们的思想观念和生产生活方式，推动了各行各业的发展，并且成为知识经济时代的一个重要标志。当然，Internet 也极大地影响着化学化工信息的检索与利用，主要体现如下特点。

（1）化学化工信息来源丰富、内容多样　Internet 是开放的信息传播平台，任何机构与个人都可以将自己拥有且愿意让他人共享的信息上网公开。在这个庞大的信息供应源中，不但有化学化工文献的基本来源（如公共图书馆、媒体、高校、科研机构、商业公司），还有基于网络的电子图书馆、网上书店、专利服务平台、化学相关试剂与用品厂商，大幅度提高了信息源。

Internet 是一个集声音、图像、文字、照片、图形、动画、电影、音乐为一体的包罗万象的综合性信息系统。因此，Internet 上化学化工文献信息内容也呈现明显的多样性，包括电子版文献、电子版图书、视频资料、实物图像等。

另外，Internet 提供讨论、交流的渠道，我们也可以在网上发布信息，在网络上找到提供各种信息的人或一些专题讨论小组，通过交流、咨询获得相关化学化工文献信息。当前，在线数据库文献检索、在线交流、远程学习和远程计算都已经成为现实。

（2）化学化工信息检索方便快捷　与手工进行文献查阅相比，通过计算机、网络技术检索化学化工信息，甚至通过网购试剂仪器，极大地减少了文献查阅时间与科学研究的成本。

但需要注意的是：网络化学资源发展并不完善，有些信息源费用较高。因此，不能忽视传统的化学信息资源与检索方法。

（3）为欠发达地区化学工作者提供机遇　在网络时代，欠发达地区的化学工作者检索化学信息的时间与代价大幅度降低。

1.2.6　化学化工文献的分类方式

化学化工文献作为收藏的一类重要学科分支，因此基于图书馆学、文献学、目录学，对化学化工文献有多种分类方式，典型分类方式如下。

（1）按出版形式分类　按出版形式分类，传统文献分为 10 种（表 1-1），基本上包括了主要的文献类型，是我们获得科技情报的主要来源。当然，这种分类在当今 Internet 普及的时代，已丢失了一些重要的资源，有待重新分类。

表 1-1　按出版形式分类的 10 类化学化工文献源

出版形式	内容特征
科技图书（Books）	是对已发表的科研成果、生产技术或经验，或者某一知识领域的系统论述或概括
期刊（Periodicals）	一般是指具有固定题名、定期或不定期出版的连续出版物，也称为杂志（Journal，Magazine）
专利文献（Patents）	主要指专利说明书，它是专利申请人向政府递送的说明新发明创造的书面文件
学位论文	是指作者为取得专业资格的学位而撰写的介绍自己研究结果的文献，Dissertation（美国）、Thesis（英国）
科技报告（Reports）	是关于某项研究成果的正式报告，或者是对研究过程中每个阶段进展情况的实际记录
会议资料（Conference Proceedings）	有学术会议的报告、记录、论文集及其他文献
标准文献（Standards）	指技术标准、技术规范和技术法规等
技术档案（Technical Archives）	指具体工程建设及科学技术部门在技术活动中形成的技术文件、图纸、图片、原始技术记录等资料
政府出版物（Government Publications）	是各国政府部门及其所属的专门机构发表、出版的文件
产品资料（Product Information）	通常指产品说明书，是对定型产品的构造原理、规格、性能用途、使用方法和操作规程等所作的具体说明

（2）按加工层次分类　根据加工层次，已经公开的文献分为一次、二次、三次文献，未公开的是零次文献（表 1-2）。一般说来，一次文献发表在前，二次文献发表在后。但由于文献越来越多，近来有些出版物首先以文摘形式予以报道，或者只刊登文摘，不刊登全文。

对于文献检索来说，查找一次文献是主要目的。二次文献是检索一次文献的手段和工具。三次文献可以让我们对某个课题有一个广泛的、综合的了解。

（3）按载体分类　随着电子技术的发展，出版物的形式已经"走出铅与火，走进光与电"，更多地采用声像型和数字存储型。化学化工信息按载体的分类见表 1-3。其中，网络信息信息量大，周期短，而且可节省纸张和投递费用。为了减轻对地球有限资源的损耗，全世界正在倡导无纸化办公。因此，许多传统载体有被网络信息替代的趋势。

表 1-2　按加工层次分类

加工层次	内容特征	出版形式
零次文献	形成一次文献之前的文献，大部分是保密级	原始实验数据、手稿等（不出版）
一次文献	即原始文献，以作者本人的研究成果为依据写作的，未经情报加工的论文、专利或报告；是文献的主体，是最基本的情报源，是文献检索最终查找的对象	期刊与论文会议、专利、学位论文、科技报告等，以及网络版原始信息
二次文献	即检索工具，将分散而无组织的原始资料（一次文献）经过加工整理，介绍文献特征、摘要，成为系统文献，以便读者查找与利用一次文献	书目、索引、文摘等检索工具；网络搜索引擎、在线检索工具
三次文献	通过二次文献，选用一次文献内容编写出来的成果。一般附有大量参考文献，是查找一次文献的途径	综述论文、科技专著、数据手册、百科全书等印刷或电子版文件

表 1-3　按载体分类

载体分类	内容特征
印刷型	包括铅印、油印、胶印等，有书本式、卡片式
缩微型	主要包括缩微胶卷等高倍率的复制文献
声像型	主要包括唱片、录音带、录像带、电影片、幻灯片，多媒体光盘等
机读型	采用数字光盘的存储方式，如 CD、DVD、U 盘
网络信息	储存在计算机服务器，可通过网络检索

此外，化学化工信息按流通范围可分为公开发行、内部发行和秘密三种。

1.2.7　当代化学化工信息的分类

随着计算机、网络技术的普及，以 Internet 为基础的信息源大量出现，最为典型的是数据库，其不但包括传统 10 大文献源，还包含化学物质的结构、谱图、性质等诸多信息；同时，彻底改变了传统文献的检索方式。因此，化学化工信息出现了新的分类方式。

（1）按照内容特征与用途分类　根据主要内容特征与用途的不同，科技信息源可以分为 6 大类（表 1-4）：科技图书、科技论文、专利信息、标准与产品资料、机构组织科技信息、专业数据库。

表 1-4　当代化学化工信息源的主要类型、内容特征及用途

信息源	内容特征	主要用途
科技图书	是对已发表的科研成果、生产技术或经验，或者某一知识领域的系统论述或概括	了解学科领域基础知识
科技论文	主要指科技期刊论文、会议论文、学位论文。读者可以获得科学研究前沿与进展、可参考的系统性研究方法	获得最新进展、方法
专利信息	专利申请人向政府部门递送的说明新发明创造的书面文件	实用技术发明
标准与产品资料	生产与使用某种定型产品的规范性文件，以及构造原理、性能用途、使用方法和操作规程等的具体说明	定型产品检验、认识原理与使用方法
机构组织科技信息	主要包括科技报告、技术档案、政府部门公开的文件，以及各类机构组织公开的基本信息、动态信息及开发信息	发现新领域、成熟方案；了解社会需求与政府导向
专业数据库	从用户的角度，把现有的信息进行有规律的存储，并提供、方便快捷的检索工具	快速定向找到所需科技信息

将传统科技文献中的一些类型进行创新归类，称为机构组织科技信息，其是指政府部门

在一定范围内公开的印刷或电子版文件，各类机构组织公开的基本信息、动态信息及开发的科技信息。其中，科技报告（Reports）是关于某项研究成果的正式报告，或者是对研究过程中每个阶段进展情况的实际记录。技术档案（Technical Archives）指具体工程建设及科学技术部门在技术活动中形成的技术文件、图纸、图片等原始技术记录。政府出版物（Government Publications）是各国政府部门及其所属的专门机构发表、出版的文件。目前，不但各级政府通过网站公开政策、法规及各类指导性文件，而且越来越多的机构组织会公开本单位的基本信息、动态信息，并开发了多种类型的科技信息。

专业数据库（Database）从用户角度将现有信息进行有规律的存储，并提供方便、快捷的检索工具。科技信息用专业数据库不但包括上述五大科技信息源，还包括它们难以收录的一些科技信息，例如，物质的结构、谱图、性质等信息。

各种类型的文献各有特点，各有所用。例如，了解学科领域的背景资料，宜以图书资料作为入门指导。掌握科技动态，进行科学研究，主要利用科技论文。开展技术革新及新产品试制，往往参考专利文献。探讨最新的研究领域，则多半参考科技报告。定型产品的设计和检验，侧重于技术标准与产品资料。

（2）数字资源类型　数字资料按收藏的级别分为如下几类。①链接级：通过 Internet 网站的链接，不受控制地获取和保存，如学科导航，免费网络信息。②服务器或镜像级：利用其他站点服务器上的资源，或将主站点的资料复制到本馆或某地服务器上，向读者提供服务。如本单位购买了使用权的网站信息（如 Elsevier），在本单位可以免费使用。③永久保存级：具有保存价值的资料存储在本图书馆硬盘或高等存储装置上，可以作教参。

（3）基于多学科交叉的学科分类　化学化工信息，不但包括化学（无机、分析、有机、高分子、物理化学）学科与化工（化学工程、化学工艺、应用化学）学科信息，而且包含其他学科信息。这是因为化学作为中心科学（The Central Science），与其他学科密切联系与交叉，并诞生了诸多前沿或边缘学科，如与生物医学交叉的生物化学、医药化学、分子生物学、化学生物学、分子遗传学和免疫化学；与物理、材料、能源、环境、地球交叉的材料化学、能源化学、环境化学、绿色化学、化学纳米工程学、地球化学等。因此，在美国《化学文摘》中，将化学化工信息划分为 80 类。

1.3　化学化工信息的检索

1.3.1　信息（文献）检索的基础知识

信息检索是指将信息（文献）按一定的方式组织、存储起来，并针对用户需要查找出所需信息的过程。信息检索根据其检索对象的不同，可分为文献检索、数据检索、事实检索。其中，文献检索是三者中最基本、最主要的方式。一般来说，文献检索是信息检索的基本检索，它要比数据检索和事实检索困难，主要通过检索工具达到检索目的；数据检索和事实检索是信息检索的派生检索，主要通过工具书达到检索目的。文献检索的基本原理就是用检索标识与文献的存储标识相比，如果结果一致，就叫"匹配"，就可得到"命中文献"。图 1-3 提示了文献检索系统的一般构成和系统原理。

在实际工作中，人们往往把信息检索与文献检索混同使用，这主要是针对不同侧面而言的。当强调检索目的时用信息检索，即通过各种检索系统查找出所需的信息；当强调检索手段时叫作文献检索，即从文献型检索系统中查找出所需的文献型信息。信息检索包含了文献

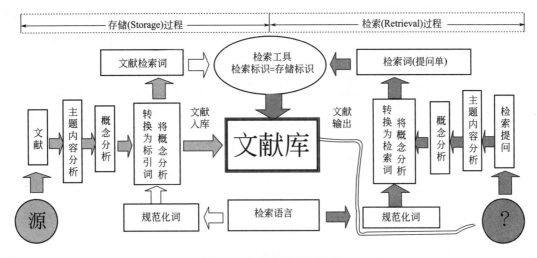

图 1-3　文献检索系统模型

检索，文献检索是信息检索中最重要的类型。

1.3.2　信息检索的目的和意义

现代科学史的大量事实证明，没有科学上的继承和借鉴，就没有提高；没有科学上的交流和综合，就没有发展。科学上的继承和借鉴、交流和综合，在当代的物质条件下，主要通过文献信息检索来实现。从许多实践经验看，科学研究中出现的各种问题，包括基础研究、应用开发研究，几乎 95%～99%需要而且可以通过科技文献检索获得启发、帮助和解决。而完全靠自己创造性劳动解决的问题，仅占 1%～5%。随着计算机和网络技术的发展，用 Internet 检索可以节省大量的时间，检索的范围和检索的成功率大大提高。

对于科技工作者而言，信息检索的重要意义在于：①通过自主学习，拓宽知识面，更新知识结构；②通过查阅文献进行调查研究，激发创新灵感，开启创新研究之路；③通过吸取前人成功与失败的经验，减少重复劳动，减少科研投入，节省时间，加快科研步伐。

对于大学生来说，通过该课程的训练与实践，不但能够找到"文献宝库的钥匙"，而且有利于科学素养与能力的培养，即：培养信息获取能力、知识综合能力与动手能力。

总之，通过本书（课程）训练，培训个人的信息分析归纳综合能力，这种能力，不仅在课程学习、知识拓展、科学研究、学位论文、发表论文中十分重要，而且有助于其一生中各种能力的培养与提高。

1.3.3　化学化工信息检索的途径与方法

化学化工信息检索的途径有多种分类方法，典型的如表 1-5 所示。

（1）按检索设备　可分为手工检索、缩微文献检索、计算机（网络）检索。目前，计算机（网络）检索是化学化工信息检索中最主要方式。

（2）按文献外表特征　主要有文献名称、作者姓名、文献序号三种，该途径在网络信息查阅中十分便捷。其中，作者姓名途径可以从作者目录或作者索引查寻。作者姓名途径的优点是：专业科技人员一般是各有所专的，尤其是某些专业领域里的知名学者或专家，他们的文章一般都具有一定的水平和代表一定的动向，通过作者姓名线索，可以连续发现和掌握他们研究的情况。在同一作者姓名下，集中内容相近或内容间有逻辑关系的文献，可以查寻某作者最新的论著。一定程度上，可以引导查找同类或相关的文献。缺点是作者姓名受所在国别、使用文种、风俗习惯等方面的影响而变化多样，如姓有单姓、复姓、婚姻改姓、父母姓连写等；名有单名、多名、教名、父名等；有的姓在前，有的名在前，还有用不同文字书写的姓名有"转译"的问题（如英、俄对译，日语罗马字母化等）。

表1-5 化学化工信息的检索途径

检索途径	主要检索类型	检索特点
检索设备	手工检索	即传统的利用卡片式或书本式的目录、文摘等检索工具检索情报
	缩微文献检索	即把缩微胶卷或缩微平片作为情报存储的载体,使用相应的光学阅读装置或电子技术设备进行检索
	计算机(网络)检索	是将存储有数据库信息的磁盘或光盘、软盘,通过检索软件系统进行检索。主要指以个人计算机为终端的网络检索
文献外表特征	文献名称	从书名、刊名、篇名等文献名称入手可以查到具体文献
	作者姓名	可以从作者目录或作者索引查寻
	文献序号	从文献有固定注册的编号检索
内容特征	分类途径	目前一般采用图书分类法
	主题、关键词	是指表示文献内容主题旨意的、经过规范化的名词或词组
	分子式	按化合物分子式排列方式查阅。是化学特有的检索方式

许多文献有固定注册的编号（即唯一的身份证编号），如：期刊论文有 DOI 号（数字对象标识 Digital Object Identifier），专利说明书有专利号，技术标准有标准号，科技报告有报告号，文献收藏单位有馆藏号、索取号、排架号，等等。如果已知某一篇文献的这种编号，就可以快速得到原始文献。当然，须先借助其他途径了解有关号码。

（3）按内容特征 最典型的是图书分类法（图书分类词表），是按照一定的观点和法则，以科学分类为基础运用概念划分的方法，将知识分门别类划分列表。每一大类又按一定标准分为若干类，每一类又划分为若干小类，子目、细目等，逐级以扇面式展开，构成一个许多概念项目在上下、左右、前后之间有一定逻辑联系的类属体系，用以组织文献检索系统。能把同一学科的文献信息集中在一起检索出来，缺点是边缘学科、前沿学科在分类时往往难于处理，查找不便。

分子式检索是化学学科特有的检索方式，即按化合物分子式排列方式查阅，方便、快捷。

常见查阅方法主要有直检法、引文法（追溯法）、工具法、循环法，如表 1-6 所示。直检法（直接检索法）是从浏览查阅原始文献中直接获取所需文献的方法。

表1-6 化学化工信息的常见检索方法

检索方法		检索特点
直检法		即直接检索法,是从浏览查阅原始文献中直接获取所需文献的方法
引文法(追溯法)		利用文献末尾所附的"参考文献"进行追溯查找
工具法	顺查法	从课题研究的起始年代开始,由远而近,逐年查找,一直查到最近期为止。
	倒查法	从最近起,由近而远,逐年推早查找
	抽查法	针对本学科发展特点,可以抓着该学科文献发表的核心刊物和发展的重要年代,抽出一段时间(几年或几十年),再进行逐年检索
循环法		又称分段法或交替法,是以上几种方法相互交替的使用过程

引文法（追溯法）利用文献末尾所附的"参考文献"进行追溯查找。在没有成套检索工

具，或检索工具很不齐全的条件下，通过引文法（图1-4）可以查得一批有关文献。其缺点是原文引用的参考文献是很有限的，不可能列出全部有用文献，而且有的文献参考价值不大。

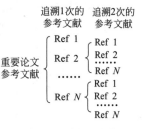

图 1-4　引文法追溯查找文献示意图

工具法（常用法）是查找文献的主要方法。①顺查法优点：检出率较高，漏检较少。缺点：检索费时费力，尤其检索年代较长的课题时，工作量很大；早期的许多文献早已过期，除了极少数经典著作或论文至今还在被引用外，绝大多数文献已被后来的研究成果所取代。②倒查法优点：可以节省大量的查找时间。由于近期文献在论述现代科学技术成就的同时，一般都要利用、论述和概述早期的有关文献，从而可以了解该课题的早期研究情况。因此，检索文献只要能从这些文献中基本掌握所需情报。缺点：检索比较费时费力。③抽查法优点：能很快了解该学科的发展情况。缺点：可能会漏掉重要线索和有用文献。

循环法是先用检索工具查出一批文献，然后利用这些文献内所附的参考引用文献追溯查找，扩大线索；或者先掌握一篇文献后的参考引用文献线索，从中发现这些文献所具备的检索途径，如作者、序号、分类、主题等，然后利用相应的检索工具扩大线索获取文献。

各种检索方法各有优缺点，采用什么检索方法，要视检索条件和要求而定。检索的基本要求是："广、快、精、准"。但是，由于各种课题的检索目的不同，要求也不完全相同。例如，若收集课题的系统性文献，则可以采用顺查法，用检索工具进行检索；如果是要解决某一课题有关的关键性技术问题，要求既快又准地提供关键性情报，解决急需，时间又比较紧迫，这种情况下，宜用倒查法，以迅速查得最新技术文献。

1.3.4　化学化工信息检索的主要步骤

对于科技工作者，当研究课题确定后，课题信息检索过程主要包括如下几个重要步骤：分析研究课题；选择检索系统，确定检索标识；确定检索途径和检索方法；查找文献线索；查找和获取原始文献；阅读原始文献，根据获得的知识调整检索途径与检索方法，精确查找文献，总结方法，设计研究方案。

作为一名大学生，检索科技信息时建议采用如下步骤：

① 确定检索目标与课题领域：首先，根据自己的兴趣（源于学习与生活）或教师的安排，确定检索目标及其课题领域。然后，分析研究课题，期间要注意：认识课题领域的实用性或前沿性，掌握相关专业知识，明确检索范围及目标要求。

② 选择检索系统：尝试不同的检索工具或检索系统。例如，利用一类图书馆（本校或数字图书馆）或一种搜索引擎或数据库；选择一种文献源（图书、期刊论文或专利等）。

③ 确定检索途径和方法：选择有效的检索系统或检索工具，筛选检索词与检索方式。

④ 查找有价值的信息源线索：找到题录＋摘要等科技信息源线索，筛选出有价值的线索。

⑤ 查找和获取原始文献：基于有价值的信息源线索，获取必要的原始信息，如图书、论文、专利、网页等一次文献。

⑥ 阅读原始文献，根据获得的知识，调整拟综述的课题范围，调整检索方法，准确获得所需原始信息源。

⑦ 整理总结课题内容，撰写综述或设计研究方案。

1.3.5　问题导向——带着目标去检索

科技信息检索具有很强的实践性，就像练习赛跑、骑车一样，其当然也需要一定的基础知识，但实践练习至关重要。对于初次学习该课程的同学来说，需要先浏览教材目录或者根据教师的讲解与要求，认识课程中提供了不同类型的信息。

在开始检索实践之前，要设定好检索目标，该检索目标可源于生活、学习中发现的一些问题，亦可以从教师或教材所提供的主题中选择。只有带着目标（问题）去检索，我们才能认识到需要哪些信息检索与学科专业领域的基础知识；才能锻炼与提高自己的"搜商"。

1.3.6　充分利用现有条件开展信息检索

（1）现有条件的充分利用　尽量利用各种有利条件，从最简单途径着手检索。如已知化合物分子式，即可以从分子式索引着手。已知专利号，就从专利号索引着手。已知某个作者，就可先用作者索引。具体项目，针对性的问题，可从主题索引、关键词索引去查。广泛性、系统性的问题，可从分类体系中查找。了解最新的文献动向，可从近期文摘刊物的分类目次中选择适用的范畴，进行一般性的浏览，以加深印象。

根据检索条件确定检索方法。没有检索工具时，采用追溯法比较实际。虽然它效率不高，费时费力，但也比逐本、逐期、逐年翻查原始文献快得多。但是在有成套检索工具可供利用的情况下，以采用工具法为佳。它的检出率和检准率都比追溯法高，是最常用的检索方法。

（2）通过交叉补充与原文转换获得所需信息　除了利用检索工具开展文献检索之外，还要利用各种本单位、本地最新资源补充查找。检索工具报道的"时差"因素，使得有些最新文献线索可能尚未编入检索工具中。另外，检索工具收录的文献也有一定的限制，尤其是一些不公开发表的文献。这些文献在某个图书情报部门的馆藏目录中可能有，需补充查找一下。如果有条件，最好能利用几种文摘交叉进行检索，这样就能起到文献线索的核对作用。尽管会出现重复，但一定会得到不少补充，减少漏检。

在获得文献线索以后，要设法去寻找原文。若原文一时难以找到，可以考虑从文献交叉重复发表的范围中查找另一种类型的文献来替代。如：某国某号专利没有原件，可查别国的相同专利；某份科技报告查不到时，可到政府出版物中去寻找；某会议文献一时找不到时，可到学术性期刊、学会刊物、学报中去找；看不懂某种文字的文献时，可查其译文资料。如果实在找不到原文，可用它的文摘来代替（最好是较详细的报道性文摘，常用美国《化学文摘》）。

1.3.7　原始文献的搜集与信息内容的记录整理

（1）获取原始文献的主要方法　各类文献的产生和流通渠道不同，搜集方法也就不同，概括起来有选购、索取与交流、现场搜集、委托搜集、复制拷贝、网络订购六种。其中，复制方式主要有静电复制、缩微复制及照相复制等。拷贝是指电子版的复制，有时也指从本单位数据库的下载。网络订购指可以通过互联网付费订购一些国内没有的文献资料的电子版。

对于普通用户来说，获取原始文献的主要方法是网络免费下载、图书馆复制、网络求助或购买3种。

（2）免费获取原始文献的方法　目前，基于各国的政策，专利文献可以免费获得，即从专利网站直接下载。而图书、期刊等大部分原始文献是收费的。如果所在学校或单位已经订购了相应的数据库，则可以直接下载。

对于无授权的文献，有几种途径可以免费获得：①通过 Email 向作者索取；②通过网站互助；③通过免费网站。具体方法将在第 9 章进行总结。

（3）信息内容的记录整理　搜集来的文献资料，来源不一，类型各异，内容十分分散，欲以利用还需进一步有效地积累，将其转换成便于存储与利用的记录形式。文献资料的记录形式，按其内容加工层次划分为索引式、摘录式、提要式、心得式和全录式。按其所使用的记录载体划分为复印式、笔记式、卡片式、活页式、剪报式，它们具有方便、迅速、规范的特点。对于电子版的化学化工信息，阅读后要学会使用电子版的记录本。

1.4　化学化工信息的管理与知识利用

1.4.1　信息的完整记录格式

查阅文献必须要做好记录。可使用笔记本、卡片或活页本。每次记录时，注明查获文献的各项内容和外表特征，如作者姓名，期刊名称、卷、期、页次、年份，文摘的杂志卷号、页码或文摘号、题目名称、内容摘要等等。记录在卡片上较好，事后可以编排分类，成为"专题性"的积累，为需要时查找创造条件。

（1）印刷版文献记录格式　[序号]作者姓名（通信地址），题目，期刊名称，年份，卷（期），起-止页码（文摘的杂志卷号、页码或文摘号），以及内容摘要。

【例 1-1】　[1] 尤长城，张雯，刘育（南开大学化学系），"超分子体系中的分子识别研究"，化学学报，2000，58（3），253-257（《全国报刊索引》自然科学技术版：010101290）。

【例 1-2】　[2] Charlwood, Joanne; Birreil, Helen; Gribble, Andy; Burdes, Vincent; Toison, David; Camilleri, Patrick（New Frontiers Science Park, SmithKline Beecham Pharmaceuticals, Hariow Essex, UK CMl9 5AW）. "A Probe for the Versatile Analysis and Characterization of N-Linked Oligosaccharides", Anal. Chem. 2000，72（7），1453-1461（CA：133：308569h）

（2）网络化学信息记录格式　[序号]作者，"标题"，网站名称或出版者（公开时间或浏览时间）[网址]。

【例 1-3】　[1] 方晓玲，"缓释、控释药用高分子材料的研究和应用"，纤维素醚（2007. 09. 27）[http://hopetop66. hz2. 2d. net. cn/bbs/thread-5-1-1. html]。

需要注意的是，网站中的所有信息不一定都会出现，因此，记录"标题、网址"最为关键。如果网址无法访问，在免费搜索引擎中使用"作者+标题"，能很容易地找到有该内容的新网址，如：上述网址已经无法打开，这时使用"缓释、控释药用高分子材料的研究和应用"在"百度"中搜索，就能找到相关内容的新网址：医源世界（2021.02.08）[http://www. 39kf. com/medicine/pro/zy/yaoji/2005-04-20-58726. shtml]

其他种类的化学信息著录方式参见第 9 章内容。

1.4.2　所获文献的管理与鉴别筛选

文献信息的管理可分为外部整理与内容整理两个阶段，外部整理通常指文献资料的记录、分类与建档。内容整理多指文献资料的情报研究。

在利用所获的文献之前，需要鉴别与筛选，主要是分析判断文献的可靠性、先进性和适用性。具体方法见第 9 章。筛选则是在鉴别的基础上，对文献资料及其情报内容进行取舍，将陈旧的、重复的、无关的资料与部分内容剔除出去，保留或提炼出有价值的文献和知识内容。

搜集与积累的文献资料，经过鉴别与筛选后，还需进一步加工整理，使之系统化与条理化，便于检索使用，这就是文献信息管理。文献信息管理很重要，有利于文献信息的有效利用，特别是在当今电子资源丰富的情况下，更加凸显其重要性。

1.4.3 印刷版文献、电子信息与文件的管理

过去，使用纸质的印刷版文献。作为用户，文献管理需要按照研究内容的不同，进行分类、标记和装订。分类的标准是利于自己查阅和使用；标记是为了显现文献的主要信息内容，特别是自己感兴趣的部分，从而在以后查阅使用时能更方便、快捷；装订有利于印刷版文献的保护与再利用。

目前，我们能随时获得大量电子文献。因此，电子文献的管理就成为能否真正高效使用已获得文献的关键。工欲善其事，必先利其器，因而总结适合本人进行专业文献管理的方法或工具也就成为一个现代科技工作者应该具备的技能。对电子文献进行管理时较为常见的方法包括以下两种：①利用操作系统的资源管理器并结合 Word 或 Excel 表格的传统文献管理方法；②利用专业的文献管理软件。具体方法参加第 9 章。

1.4.4 化学化工信息阅读策略

通过检索工具检索、下载信息后，要充分利用文献，主要是文献的阅读与理解，化学化工文献信息阅读基本策略如下。

① 期刊论文的阅读内容主要包括背景和研究意义、方法、结论。

② 文献阅读时一般要经过粗读、通读、精读三个阶段，这三个阶段取决于读者的需要。粗读是对文献进行简单了解；如果文献对自己很有意义，那就应该通读全文了；当然，精读自己最感兴趣的文献部分也是特别重要的。

③ 文献阅读过程中要做记录，记录有利于文献的理解和使用；阅读记录要有重点。

有关化学化工信息的管理与阅读策略与技巧将在第 9 章中详细介绍。

1.5 互联网与电子媒介的有效利用

Internet 上的信息资源非常丰富，信息服务的种类或功能也是多种多样。其可以分为两大类，即信息下载（Download，浏览、检索）与信息上传（Upload，交流、共享、存储）。

近年来，无线网络普及，互联网的终端从计算机向智能手机发展。因此，我们不但要学会使用计算机网络，也必须要学会使用手机网络。

对普通用户来说，既可以通过网络检索与获取信息，也可以传递、保存、共享信息。接下来简单介绍可用于保存与传递信息的载体功能。

1.5.1 免费邮箱与云盘申请及其功能

随着 Internet 技术、多媒体技术和网络的快速发展，各种多媒体信息可以以不同的形式在网络上方便、快捷地传输。

电子邮件（Email）是在 Internet 上传递的信件，又叫电子信箱。电子邮件地址格式为：用户名 @ 域名，例如：zhangsanzglz @ 163.com。目前，一些门户网站如网易（www.163.com）及免费电子邮件服务网站如 Hotmail、Gmail 等都可以免费申请和使用电子邮箱（Email）。当然，容量从 100M 到 5G 不等。Email 的首要功能是传输数据，还可以存储数据。由于大型网站的安全设置较高，所以，通过 Email 传输数据要比直接拷贝数据安全，可降低计算机病毒传播的风险。

近年来，云盘使用也很普遍。云盘是一种专业的互联网存储工具，是互联网云技术的产物，它通过互联网为企业和个人提供信息的储存、读取、下载等服务。

1.5.2　基于 Internet 的个人空间与社交平台

基于 Internet 的个人空间与社交平台为普通用户公开与交流信息提供了便捷的途径。国内目前流行的微博、QQ 日志、微信朋友圈等，与国际上流行的博客、Facebook（脸书）、Twitter（推特）的形式相似。Blog（博客）是 Weblog（Web＋Log）的简称，是以网络作为载体，简易、迅速、便捷地发布自己的心得，及时、有效、轻松地与他人进行交流，再集丰富多彩的个性化展示于一体的综合性平台。Blog 是继 Email、BBS、IM 之后出现的第四种全新的网络交流方式。Blog 绝不仅仅是一种单向的发布系统，它有着极其出色的交流功能。你在 Blog 上发布的言论，会得到持相同观点者的支持，也有可能得到持相反观点者的反驳，这些支持或者反驳的言论，会使得你在思维上有更好的提升。微博（微型博客）是分享简短、实时信息的社交网络平台。

腾讯 QQ 是一款基于互联网的即时通信软件。腾讯 QQ 支持在线聊天、视频通话、点对点断点续传文件、共享文件、网络硬盘、自定义面板、QQ 邮箱等多种功能，并可与多种通信终端相连。对于一个班级或者学习小组而言，建立一个 QQ 群，并在群里共享一些文件，能得到事半功倍的效果。

微信（WeChat）是 2011 年腾讯公司推出的一个为智能终端提供即时通信服务的免费应用程序，可快速发送免费语音、视频、图片和文字，可将内容分享给好友，是亚洲地区最大用户群体的移动即时通信软件。

因此，微博、QQ、微信等社交平台也是公开与获取科技信息的重要平台，也是化学信息相关的重要检索源。

1.5.3　基于 Internet 快速获得更新信息

在网络时代，我们没有时间和条件像以前一样去逐一浏览现刊，如何快速获得最新成果信息呢？

RSS（Really Simple Syndication，即简易信息聚合）在线阅读器解决了这个问题，我们可以通过图书馆已购买的数据库资源，用 RSS 订阅最新学术文献资源。RSS 会根据您的订阅情况时时更新最新的文献信息，我们在浏览前沿文献的过程中，遇到比较感兴趣的文章时，可以再回头去找全文。

总之，互联网正在改变着人们的生活、学习方式，大家已经适应网络购物，在线课堂也在迅速发展。无线网的普及将加速"互联网＋"时代的发展。

▶▶ 练 习 题 ◀◀

1. 什么是信息？信息包含哪两个要素？
2. 说明信息、知识、文献、情报、资料之间的关系。
3. 什么是化学信息学？主要包括哪些内容？
4. 传统化学化工文献按出版形式分为几种类型？各自有何特征？
5. 当代化学化工信息有哪些类型？各自有哪些特点？
6. 简述化学化工信息检索方法。
7. 简述进行化学化工信息检索的主要步骤。

8. 进行化学化工信息检索应注意什么事项？

9. 文献的著录格式主要包括哪些方面？请举例说明。

10. 分析化学化工信息检索在日常学习中的重要作用。

▶▶ 实践练习题 ◀◀

1. 调查本单位（学校、院、系）图书馆（资料室）中收藏的化学化工文献类型，了解借阅手续。

2. 了解本单位图书馆（资料室）有哪些可用的网络资源。

3. 注册一个免费的个人电子邮箱（要求名称便于记忆），并练习通过附件传递电子文件。练习使用云（网）盘储存电子文档。

4. 建立用于信息交流的 QQ 群，练习上传共享文件。

5. 寻找有关"科技信息检索与论文写作"的在线课程，了解如何在线学习。

第2章 科技图书资源检索与利用

导语

从教科书、科技著作、工具书等科技图书中，我们可以获得基础知识、学科前沿及实用的方法与理化参数。目前，我们不但可以从本地图书馆借阅图书，还可以在线检索、购买或浏览图书，也能用手机APP查阅与在线浏览图书。因此，学会科技图书资源的检索与利用方法，能够方便、快捷地获得所需信息与知识。

关键词

科技著作；工具书；教材；在线图书手册；数字图书

图书是人们最熟悉的一种知识载体，也是一类重要的科技文献源。科技图书是对已发表的科技成果、生产技术知识和经验的概括论述，是经过总结和重新组织的三次文献。我们如果想了解或者系统地掌握一种方法、一门学科、一个专业及各种数据，往往可利用图书达到上述目的，这要比从分散的期刊中获取知识方便得多。

从公开的时间角度来说，科技图书所报道的知识比其他类型的科技文献要晚，通常反映不出最新的科技情报。但是，图书所提供的资料相对更系统、更全面，通常都是经过著者对原始材料的选择、核对、鉴别和融会贯通后完成的，因而是一种知识相对成熟的科技信息源。

进入大学前，教科书（教材）是我们获得科技领域基本概念、基础知识与原理，以及具体方法的最重要渠道。进入大学后，所学的科技知识更加专业与深入。因此，认识科技图书的类型，掌握检索与下载、阅读原文的方法，将有助于我们快速、准确地获得所需知识。

2.1 科技图书范畴与类型

狭义的"图书"（联合国教科文组织定义）指由出版社（商）出版的不包括封面和封底

在内的 49 页以上的印刷品，具有特定的书名和著者名，编有国际标准图书编号，有定价并取得版权保护的出版物。这表明它与期刊、专利、标准、科技报告、缩微制品等有所区别。

从甲骨文、手抄卷轴到印刷出版，再到在线图书，图书的载体随着人类科技文明的发展而不断创新。因此，我们既要了解传统图书分类方法，也要认识当代新型图书载体与阅读方式。

2.1.1　图书分类法与图书编号

一个开架阅览的图书馆，通常通过分类组织其图书。我国图书馆大多使用《中国图书馆图书分类法》（简称《中图法》）对图书进行分类。中国科学院及其下属单位的图书馆基本上使用《中国科学院图书馆图书分类法》（简称《科图法》）。另外国际上还有《美国国会图书馆分类法》、《杜威十进分类法》和《国际十进分类法》等。

《中图法》分为 5 个基本部类和 22 个基本大类；《科图法》分为 5 大部分和 25 个基本大类。表 2-1 罗列了化学相关学科在《中图法》和《科图法》中的对应类号，以及本书对化学化工图书的分类方式。

表 2-1　化学相关图书常见分类方法

学科名称	《中图法》分类号	《科图法》分类号	按内容特征分类(本书)
化学	O6	54	教科书
天体化学	P148	55.38	
药物化学	R914	63.32	科技著作
农业化学	S13	65.24	
林业化学	S713	68.22	
化学工业	TQ	81	参考工具书
环境化学	X13	/	

ISBN（International Standard Book Number，国际标准书号）是专门为识别图书等文献而设计的国际编号。ISBN 具有唯一性和标准性，许多图书馆通过其实现数据检索、信息查询以及图书编号。2007 年实施的新版 ISBN，由 13 位数字组成，并以五个连接号或四个空格加以分割，每组数字都有固定的含义。接下来，以图 2-1 的相关示例加以说明，第一组号码段是 978 或 979，代表图书产品；第二组号码段是国家、语言或区位代码，7 为中国大陆出版物使用的代码；第三组号码段（122）是出版社代码；第四组号码段为书序码（27500），该出版物代码由出版社具体给出；第五组号码段（4）是校验码。

化学化工信息及网络资源的检索与利用/王荣民主编. —4版. —北京：化学工业出版社, 2016.8(2019.1重印)

"十二五"普通高等教育本科国家级规划教材

ISBN 978-7-122-27500-4

Ⅰ.①化··· Ⅱ.①王··· Ⅲ.①化学-互联网络-情报检索-高等学校-教材②化学工业-互联网络-情报检索-高等学校-教材 Ⅳ.①G354.4

中国版本图书馆CIP数据核字（2016）第148083号

图 2-1　图书在版编目（CIP）数据示例

为了推行目录著录标准化，图书出版时也提供图书在版编目（Cataloguing In Publication，简称 CIP）数据，如图 2-1 中的 G354.4，G 分类号代表文化、科学、教育、体育，G3 代表科学、科学研究，G35 代表情报学、情报工作，G354 代表情报检索，G354.4 代表计算机情报检索系统。

为使读者能够准确、迅速地获得图书文献，传统图书馆会提供线索性指引，即索引（Index），包括索引词、说明或注释语、出处三项内容。索引的作用相当于图书的目录，我们可以根据目录中的页码快速找到所需内容。常见的索引主要有报刊论文资料索引、文集篇目索引、关键词索引、专名索引、主题索引等。当前，随着计算机与网络技术的发展，索引已经革命性地变革为搜索引擎（Search Engine）。搜索引擎是指自动从因特网搜集信息，经过一定整理以后，提供给用户进行查询的系统。

2.1.2 图书的主要载体

随着人类科技文明的进步，图书的载体材料逐步发展。载体材料可以简单地分为天然载体材料、加工载体材料、合成载体材料三大类（表 2-2）。这里电子书是指将文字、图片、声音、影像等科技信息数字化，并且可以在电子设备上进行阅读的文件。其通过数码方式记录在以光、电、磁为介质的设备中，必须借助于设备来读取、复制和传输。电子书的特点是容量大、便携、容易使用，但是长时间阅读会引起视觉疲劳。

表 2-2　图书载体与特点

载体材料类型	载体名称（书写特点）	特点
天然载体材料	竹木简、石碑、器物（甲骨、青铜器、玉器）、羊皮纸、纸莎草纸（雕刻、手写）	成本高，保存久
加工载体材料	绢帛、纸张、缩微胶片（手书、雕刻印刷、活字印刷）	操作方便，易流传
合成载体材料	磁盘、光盘、电子书（机打录入） 在线图书与数据库（录入、智能识别）	数据密度大，方便易用 传播速度极快

科技类电子书的主要格式有 PDF、PDG、TXT、CAJ、EPUB 等，常用阅读软件有 Adobe Reader、SSReader、Microsoft Reader、CAJViewer、Neat Reader 等。电纸书 Kindle 是 Amazon（亚马逊）开发的电子阅读器，支持多种格式阅读，包括 DOC、HTML、RTF、TXT、JPEG、PDF，及 Kindle（.MOBI、.AZW）等 10 种格式的文档。电纸书显示效果、书写体验非常接近纸质印刷品，保护视力的同时更易让人专注。

另外，有声图书（听书）是传统书的一种衍生形式，是一种带有音频播放功能的用声音来表达内容的音频文件。有声图书依靠讲者的声音而存在，讲者是听者和文稿的媒介。有声书的内容可以是朗读、广播剧，或是与科技相关的专题报道。

2.1.3 在线图书的发展

随着互联网的普及与发展，电子书借助网络与手机或电脑终端，无须下载即可实现随时随地极速连接，成为读者随时随地就能阅读的在线图书（Online Book）。

在线图书以数字化形式通过 Internet 来实现，从早期的台式电脑（PC）发展到现在的手机、平板电脑等移动设备支持，通过访问手机 APP 或在线网站进行阅读。在线图书可以支持图文、视频、音频、基于位置服务、电话、3D、重力感应、智能数据分析识别等交互体验，令用户拥有更好的体验。在线网站可以通过大数据分析读者喜好来进行个性化内容推荐，读者随时随地通过眼、耳、口等感官器官从汇集图、文、声、像的在线图书中获取更加全面立体的信息。不仅如此，读者可以在线记录读后感，与读者之间、与作者之间进行线上交流，发表自己的见解。

通过在线电子手册查阅物质、材料的各种参数、制备与反应原理等。在线百科全书就是一类内容开放自由、可免费阅读的网络百科全书，知识体系相对准确，而且内容越来越丰富。如：百度百科（baike. baidu. com）是国内知名的中文知识性百科全书。国际知名的维基百科（www. wikipedia. org）是全球最大的网络参考工具书，有200多种语言版本。

在线图书的未来发展趋势：①更加个性化贴近不同读者的阅读习惯；②在图书馆中占据更主要的地位；③构建更加有效的版权管理机制；④整合众多的在线图书格式。

2.2　科技图书的阅读与有效利用

科技图书的内容范围十分广泛，可以看成是"汇集知识的江河"。它是一种比较成熟的科技信息源，所提供的知识较为系统、全面，但是它所报道的信息比论文、专利等科技信息要晚一些。它具有如下作用：可以从科技图书中系统地掌握一门学科、一个专业或一种方法的知识；与分散的科技论文或专利信息相比，从科技图书中获取知识要方便得多。

科技图书有多种分类方式，按其内容的系统性与完善性，主要有教科书、科技著作、参考工具书三大类（表2-3）。如果能够有效地使用教科书、科技著作与参考工具书，就能使科学研究工作事半功倍。

表 2-3　科技图书类别与特点

类别	内容特点	用途及优缺点
教科书	是按教学大纲要求编写的教学用书，又称课本、教材。一般是对某学科现有知识和成果进行综合归纳和系统阐述，具有全面、系统、准确的特征	可以获得学科的基础知识和基本原理；信息较旧
科技著作	是对科学技术领域内某个学科、专业的文献总结。主要有科技专著、基础理论著作、应用技术著作、译著、论文集、科普读物等	内容更新，更精深；知识面较窄
参考工具书	是广泛收集某一领域的知识材料，以特定形式组织编排，并提供一定检索方法的图书。其包括百科全书、字典、辞典、手册、年鉴、数据集、谱图集等	查阅可靠、系统的理化参数；属于相对较晚的科技情报

2.2.1　教科书的阅读及其利用

教科书，又称课本或教材，是一门课程的核心教学材料，是按照教学大纲要求编写的教学用书。教科书一般是对某一学科现有知识和成果进行全面归纳和系统、准确的阐述。教科书的主要作用是：是学生获取系统知识、进行学习的主要材料；辅助学生掌握教师讲授的内容；同时，也便于学生预习、复习和完成作业。

教科书具有全面、系统、准确的特征。从教科书中，我们可以获得相关学科基础而系统的知识，这是开展科学研究的基石。在不同级别的教科书中，大学教科书内容较为专深，有较高的学术参考价值。

【例 2-1】　针对导电高分子材料这一研究前沿课题，可从《高分子化学》《普通物理》《导电高分子材料》等教材中获得相关基础或系统知识。

需要指出的是：①根据研究课题的需要，可选择性阅读相关教科书的部分章节，而无需阅读全书；②教科书一般是对某学科现有知识和成果进行综合归纳和系统阐述，较少作新的探索，因此，要获得前沿知识，需要阅读最新的科技著作、综述论文或研究论文。

2.2.2　科技著作的阅读及其利用

科技著作属于学术著作。学术著作是指论述某个学科、专业和专题的著作。学术著作主要有学术专著、基础理论著作、应用技术著作、译著、论文集、科普读物等。学术专著指作者在某一学科领域内从事多年系统深入的研究，撰写的在理论上有重要意义或在实验上有重大发现的学术著作。基础理论著作指作者在某一学科领域基础理论方面从事多年深入探索研究，借鉴国内外已有资料和前人成果，经过分析论证，撰写的具有独到见解或新颖体系，对科学发展或培养科技人才有重要作用的系统性理论著作。应用技术著作指作者根据把已有科学理论应用于生产实践的先进技术和经验，撰写的给社会带来较大经济效益的著作。学术著作及相关知识的介绍，可参见《国家科学技术学术著作出版基金项目资助申报指南（2019年度）》（www.most.gov.cn/tztg/201807/W020180705307924847655.doc）。

科技著作是指科学技术领域的学术著作，是对科学技术领域内某个学科、专业或专题的文献总结。与学术著作一样，科技著作主要有科技专著、基础理论著作、应用技术著作、译著、论文集、科普读物等。科技专著指国内外学者所撰写的学术著作，是对科技成果进行理论分析和实践的总结。

从内容来说，专著是对某一知识领域所做的探索，是新的学术研究成果。它属于一（学）派、一家之言，并以本专业的研究人员及专家学者为主要读者对象。

【例 2-2】　离子液体是指熔点在 100℃ 下由有机阳离子和有机或无机阴离子构成的离子型化合物，它是一类重要的绿色溶剂。如果拟开展离子液体方面的研究工作，可以查阅近年来出版的有关专著，如《等离子液体与绿色化学》（张锁江等编著，科学出版社，2018 年），《功能化离子液体》（夏春谷等编著，化学工业出版社，2018 年）及《离子液体——从基础研究到工业应用》（张锁江等编著，科学出版社，2017 年）。

需要指出的是：科技著作涵盖的知识面较窄，但更精深，对开展研究前了解该领域的专业知识很有帮助。

2.2.3　参考工具书的阅读及其利用

参考工具书是指广泛收集某一领域或某一方面知识材料，以特定形式组织编排，并提供一定检索方法，以便读者查找该领域或方面基本知识或解决疑难问题的图书。参考工具书属于三次文献，编写目的在于便于查阅资料，是数据或事实检索工具，是一类重在应用的图书。工具书是用特定的编制方法，将大量分散在原始文献中的知识、理论、数据和图表等，以简明扼要的形式全面、系统地组织起来，供读者迅速查找资料和解决疑难问题。

还有一些图书，被称为"边缘工具书"，也可作为工具书来使用，既可供人们通读以获得信息，又汇集了各种准确的资料，而且索引完备，如资料汇编、学术论文集等。

参考工具书正文一般按照字序、分类、时间地点三种排列形式编排，其还提供索引、参照系统，也会根据新成果出补编或新版。

参考工具书按内容可分为综合性和专科性两大类。按功用可分为字典与词典、百科全书、年鉴、手册、数据集、谱图集、书目、名录、指南、表谱、地图集、传记辞典等。

查阅化学化工类工具书通常可以获得化合物的理化参数、反应类型、反应条件、产物结构组成、生物生理毒性、环境影响等内容。其中，手册是一类实用性很强的参考工具书，有数据手册、图表手册、条目型手册与总结型手册四大类，汇集了某一范围的基本知识和数据。

【例 2-3】　如果要合成一种已知有机或无机化合物，我们可以查找相关的合成手册，以查阅到最成熟的合成路线、反应条件、纯化方法，从而迅速合成所需的化合物；也可通过理化参数或光谱图类手册，检索该化合物的熔点、沸点、折射率，检验其纯度，以及对照红外光谱、紫外光谱、核磁共振谱图等数据。

熟练使用参考工具书，必须做到以下两个方面。首先要熟悉工具书，既要熟悉著名的综合性工具书，又要熟悉本专业常用的工具书，特别要熟悉那些权威性工具书，它们取材系统完整，数据精确可靠，内容不断更新。只有熟悉了工具书，才能根据不同问题，选择使用合适的工具书。其次要掌握各种工具书的编排方式和使用方法。确定正确的检索途径，达到迅速查检的目的。

化学化工类参考工具书品种繁多，并且在不断更新。为方便化学工作者了解某一专业领域的进展，由权威学者主编的大全类工具书不断涌现，它们收录的文献齐全、水平高、篇幅大，但价格也高。因此，不断跟踪工具书的出版对于全面了解化学文献是非常重要的。

一方面，随着网络技术的发展，越来越多的参考工具书可以通过网络阅读与下载。例如，通过数字图书馆就能阅读或下载各类电子图书，当然包括参考工具书。这些可以通过网络检索与阅读的图书资源，可以归类为数据库资源。

另一方面，基于工具书的"查找"特点，一些机构组织开发出了越来越多的"在线工具书"，我们常称之为"在线工具""手机 APP"，如：百度百科、维基百科等在线工具，超星学习通、有道词典、百度地图、高德地图等手机 APP。这些工具和 APP 正在逐渐改变着我们的生活和学习方式。

总之，从科技图书中获取较为系统的知识，比从分散的科技期刊中获取要方便得多。但也要注意，科技图书所反映的方法与技术都相对比较陈旧。如果想要得到最前沿的信息，还是需要借助科技论文（第 3 章）与专利信息（第 4 章）。

2.2.4　获取最新研究成果与理化参数的其他途径

如前所述，通过教科书可以获得相关学科的基础知识，通过科技著作可以获得某领域的专门知识，通过参考工具书可以获得化合物参数、反应数据等。然而，上述图书中并不包含最新的研究进展。那么，如何获得最新的研究成果呢？大家首先会想到上网查阅，虽然目前网络内容很多，但质量差别很大，存在一定量的错误信息。因此，接下来介绍两类重要的方法。

（1）在线工具书与电子手册　如果想获得特定数据，则首先应该查阅在线工具书。这是因为，目前一些知名在线工具书（如百度百科、维基百科）中，提供了常见化合物的理化参数，如：熔点、沸点、毒性、折射率等。当然，在研究工作中应该分层次地使用线上或线下工具书，每个实验室应该有 1~2 本最常用的手册，随时备查，当这些手册满足不了需求时，再到图书馆查大套工具书。

可在线查阅的各种电子手册很多，可以查阅化合物的理化参数、波谱数据、化学反应数据，也可以检索最新文献，它们对于化学化工研究工作很有帮助。例如化学品电子手册 V3.0 一个综合性的化学品电子手册。它收集了包括化学矿物、金属和非金属、无机化学品、有机化学品、基本有机原料、化肥、农药、树脂、塑料、化学纤维、胶黏剂、医药、染料、涂料、颜料、助剂、燃料、感光材料、炸药、纸、油脂、表面活性剂、皮革、香料等常用化学品的中文名称、英文名称、分子式或结构式、物理性质、用途和制备方法等。该软件采用全模糊检索技术，检索简便。

（2）在线数据库与检索工具　目前，部分在线工具书不断拓展内容，成为在线数据库或检索工具，例如物竞化学品数据库（www.basechem.org）是综合性公共化学品数据平台，收录化学品数据近 15 万条。

如果找不到最新出现的一些物质（尤其是化合物）的参数，应该考虑使用 SciFinder（化学相关检索工具数据库），检索这些参数所在的文献源，然后设法获得原始文献。SciFinder 是由美国化学文摘社基于《化学文摘》（CA）开发的。CA 作为一个综合性文摘检索工具（其详细信息参见第 8 章），收录了大部分新书条目，包括工具书。因此，在化学文献检索中，利用 CA 也可达到利用一些工具书获取各种数据的目的，尤其能获得尚未收录到参考工具书中的理化参数、制备方法等最新研究成果。但不能就此认为 CA 可以取代一切工具书，不能期望只需 SciFinder 就可以解决文献检索的所有问题，主要有以下原因：①在工具书中查常见化合物最省力，可以直接得到数据，而用 SciFinder 时有时要查几十年时间跨度的文献，并逐一阅读文摘，再找出原始文献并从中取得需要的数据；②工具书中提供的数据可靠性好，查到后可以直接参考、引用或以此作为实验参考，用 SciFinder 可能会查出一批文献，还得花时间查对比较，进行鉴别，以从中找出最可靠的数据；③工具书的编者本身是有一些经验的研究人员，他们在研究工作中清楚地体会到查找文献过程中有哪些不便之处，哪些是当时突出的、共同感兴趣的数据，研究人员希望从哪一角度来查阅当时被普遍关注的文献，因此，好的工具书更符合工作人员的需要；④也有一些工具书的数据直接从实验室获得，还没有见诸于原始文献，许多原始文献只是报道了测定的某些数据，或列举部分数据，文献中并不给出完整数据，如谱图、X 射线晶体结构数据等，而有些工具书收集的数据完整性好。

因此，在化学文献检索过程中应该有机地把 SciFinder 和各种检索工具结合起来使用。

鉴于图书不像期刊那样连续出版，要了解化学类的图书只能不断跟踪新图书的出版，同时还要掌握一些典型的多卷书和丛书。一些出版化学类图书的出版社历史悠久，所出版的图书是各国图书馆收藏购买的主要来源。知名出版社有：化学工业出版社、科学出版社、高等教育出版社、Elsevier、John Wiley、Springer Verlag、American Chemical Society（ACS）、Academic Press、Taylor & Francis、Chemical Rubber Co.（CRC）、Noyes Data Corporation、Derwent 等。其出版物各具特色，如：ACS 出版社的图书反映了当今化学领域的发展动向，特别是 ACS Symposium 系列。Elsevier 是规模很大的出版社，它的 Comprehensive 系列工具书是高价出版物，非常有用。CRC 有两个系列，一个是手册系列，另一个是 Critical Reviews 系列。Noyes Data Corporation 则从专利文献的述评方面出版专著，如 Chemical Technology Review 系列丛书。

2.3　检索与获取图书信息的途径

如果把知识比作海洋，那么科技图书中的知识就是汇聚成大海的条条大河。随着信息技术的发展，图书资源已经不再局限于人们常说的印刷版图书，更多的电子图书（在线图书）也如雨后春笋般跃入我们的视野，获取图书资源的渠道也越来越广，每天都会有大量新的图书涌现。

我们可以从图书馆、图书出版与销售机构获得图书。

2.3.1　图书题录及其获取途径

对于普通读者来说，图书是获得基础科技知识最重要的工具，获取图书资源可以先从检索图书的题录开始。虽然图书的题录与目录不能给我们提供完整的信息，但通过浏览上述内容，也可以窥见整本图书的全貌，同时也可帮助我们决定是否有必要获取整本图书。因此，首先认识一下图书的题录及其免费获得的途径。

题录指检索类刊物中描述文献外部特征（题名、著者、出处等）的条目，即将图书或期刊论文中的篇目按照一定的排检方法编样，供读者查找篇目的出处。题录的著录项通常包括：篇名、著者（单位）、来源出处、出版时间、页码等。将一系列题录有序排列，即构成目录或文献通报。

绝大多数图书发行、收藏或销售单位，都会免费提供图书的题录。①图书发行单位指各类出版社。②图书收藏单位指国内外各类传统图书馆与数字图书馆，例如，国家科技数字图书馆（www.nstl.gov.cn）、中国知网、超星数字图书等。③图书销售单位主要指在线购书网站，如当当网、亚马逊、京东网等，网上书店大部分提供内容简介（摘要）或目录。

对于已经购买了知网或数字图书资源的单位，读者可以免费在线阅读或直接下载图书的电子版。

2.3.2　通过图书馆查找与借阅图书

各高校、科研院所都拥有自己的图书馆，各省市也有图书馆，国内较大的图书馆是中国国家图书馆、中国科学院图书馆。这些图书馆都是免费开放的。

以中国国家图书馆为例，位居世界第三位的国家图书馆馆藏中文图书 500 余万册、外文图书 350 余万册。通过数字资源门户（www.nlc.cn）及馆藏目录可查看具体某本图书是否被国家图书馆收藏及具体馆藏信息，而且图书馆也提供网上预约、续借等服务。

通过本校或本地区图书馆，我们可以查询、检索并借阅印刷版图书，可以在线阅读电子版图书，也可以联系图书馆员通过馆际互借获得图书。大型图书馆的图书资源多、学科门类齐全。此外，通过图书馆获取图书资源的特点是免费或费用低。

作为图书资源的新兴载体，目前基于传统纸质版图书开发的电子图书发展得如火如荼。存放这些电子图书的图书馆，称为电子图书馆或数字图书馆，如中国国家数字图书馆所提供的图书中，一般有对图书内容的详细介绍，同时也具有较为完整的题录和目录信息。

阅读完这些题录和目录信息后，如果觉得有必要获得完整的电子图书，就可以通过文献互助、馆际互借或付费扫描的方式获得所需图书的正文内容。

2.3.3　通过图书出版、销售机构网站在线查找或购买图书

对出版社而言，出版发行包括图书在内的出版物，并销售获利是其生存与发展的主要任务。出版社会在其网站上对已出版图书的目录进行详细罗列，同时也会开放部分试读内容，以便于大家选购，而这也给我们提供了一个免费获取资源的途径。通过浏览目录，就可以了解整本书的基本内容，如果适合自己阅读，则可以再到图书馆借阅，也可以购买，从而获取完整的图书正文信息。

目前，国内外多数出版社都建有自己的网页，为读者提供图书目录或书目导航，而且大多出版社单独建有网上图书馆，提供图书检索、网上购买服务，读者可以看到图书简介和目录。接下来，罗列一些知名出版机构名称与网址，以便读者能够快速利用。

① 化学工业出版社（cip.com.cn）：出版科技图书、辞书、教材、电子出版物及专业期刊。其现已发展成为专业特色突出、品牌优势明显、图书市场覆盖面较宽、有较高知名度和信誉度的中央级综合科技出版社。

② 科学出版社（www.sciencep.com）：全国最大的综合性科技出版机构，以科学、技术、医学、教育为主要出版领域。

③ 高等教育出版社（www. hep. com. cn）：教育部直属的以出版高等教育、职业教育、成人及社会教育教学用书等教育类、专业类、科技类出版物为主的综合性大型出版社，在国内高等、职业教育教材领域的占有率处于行业首位。

④ 人民教育出版社（www. pep. com. cn）。

⑤ Elsevier Science 出版公司（www. elsevier. nl）。

⑥ John Wiley & Sons, Inc. 出版公司（www. wiley. com）。

⑦ Taylor & Francis 出版集团（www. tandfonline. com）。

⑧ American Chemical Society（ACS，美国化学会）（pubs. acs. org）。

⑨ Royal Society of Chemistry（RSC，英国皇家化学会）（pubs. rsc. org）。

当前，网购图书已经成为获得图书正本的最重要途径。书店（实体店、网店）是销售图书的重要渠道。线下书店提供样书供读者阅读，而线上大部分书店提供内容简介（摘要）或目录。从大型图书销售网站几乎可以检索到所有市面上见到的图书，以及一些进口图书的简介，包括图书的题录、目录，其还提供部分试读内容。同时，这些网站上一般也会附上一些读者的"评价"，而这些评价往往是影响人们是否购买这些图书的主要因素。一些知名图书销售网站如下。

① 当当网（book. dangdang. com）。

② 京东网（book. jd. com）。

③ 北京图书大厦网络书店（www. bjbb. com）。

④ 中国图书网（www. bookschina. com）。

⑤ 文轩网（www. winxuan. com）。

⑥ 天猫网（book. tmall. com）。

需要说明的是：上述网站多数都有手机版 APP、微信公众号或小程序，方便用户购买。

2.3.4　免费获取图书正文的主要途径

前面介绍了检索图书题录信息的途径，即通过数字图书馆、出版社网站、图书销售网站获得。当我们获得图书题录信息以后，可以筛选出最有价值的图书，此时，只有通过阅读图书正文，才能获得需要的知识。接下来，介绍免费获取图书正文的主要途径。

（1）本地（单位）图书馆　大多数高校都十分重视图书馆（资料室）的建设，收藏与本校专业相关的图书、期刊等印刷版文献与数字资源，这些资源对本校师生是免费的。因此，师生要充分利用本校图书馆（资料室）的免费图书资源。此外，全国有各级（包括省、市级）公共图书馆 3000 多个。这些公立图书馆都是免费开放的，只需要读者去管理部门办理一个账号，就可以借书阅读。当然，借助本校图书馆的馆际互借证，也可借阅本地区其他单位的图书。

（2）数字（在线）图书馆　越来越多的图书馆借助互联网开通了数字图书馆（电子图书馆），它们不但提供电脑端浏览器，还提供手机 APP 浏览器，可以通过在线图书服务平台实现图书的检索、借阅、全文复印、下载等服务，成为我们免费阅读图书正文的便捷途径。一些知名数字图书馆有：中国国家数字图书馆、中科院国家科学数字图书馆、超星数字图书馆等。

（3）新型 Internet 图书资源　除图书馆构建的数字图书服务平台外，部分机构组织也在开发数字图书资源，其可称为"新型 Internet 图书资源"或"网络图书资源"。例如，大型搜索引擎提供文库（如百度文库），虽然大部分需要下载券，但好处是可以在线阅读而不用付费。在一些大型论坛（小木虫论坛、果壳网、科学网论坛、科学松鼠会等），通过资源交换或者求助，同样也可以得到很多完整的图书资源。

在当今信息网络化、服务个性化、张扬个性、鼓励创新的时代，网络资源丰富多彩。通过合理的途径，我们也可以从网络上免费获得完整的图书信息。

当然，也不能忽视传统的图书销售机构书店。目前，书店提供包括销售图书在内的多样化服务，因此，在书店"蹭书"阅读，也是一个获得图书正文的途径，利用"书咖""书吧"等也可以阅读图书。发现全书都很重要时购买也不迟。

2.3.5　免费阅读与下载电子版图书的网站

一些网站，可以直接下载 PDF 电子书，部分网站可以在线阅读，具体网站如下。

① 科学文库（reading. sciencepress. cn）由科学出版社建设，可免费阅读图书馆下架的珍贵历史文献，涵盖所有学科，其中收录了众多院士的著作。

② 世界数字图书馆（WDL）（www. wdl. org/zh/）以多语种形式免费提供源于世界各地、各文化的重要原始材料。

③ Find pdf doc（www. findpdfdoc. com）可免费搜索与下载 pdf、doc、ppt 类型文档。

④ Free Book Centre. net（www. freebookcentre. net）包含数千种免费在线技术类图书供免费下载或在线浏览，图书涉及计算机科学、医学等相关学科。

⑤ 百度文库（wenku. baidu. com）是百度旗下的在线互动式文档分享平台，汇集了超 7 亿份文档资料，拥有 18 万认证作者和近 2 万家专业权威机构，已成为文档与知识服务平台。

⑥ 免费电子书图书馆：近年来，出现了可以免费下载图书正文的网站，如：Bookfi（en. bookfi. net）提供了 200 多万图书印刷版的电子版（图 2-2），类似网站还有：Booksee（en. booksee. org）；BookZZ（www. bookzz. ren）；BookSC。还有一个知名的可免费下载图书的网站是 Library Genesis（gen. lib. rus. ec）（图 2-3），类似网站还有 Sci-Hub（sci-hub. org. cn）、Libgen（libgen. is）等。这些网站还可以检索到大量期刊论文全文。需要提醒的是，要使用合法的网站下载图书。

图 2-2　Bookfi 检索图书的界面

还有许多网站能搜索各类图书，典型如：PDF search（www. pdfyes. com）；eBook Search Engine（www. ebook-searcher. com，www. ebooksearchengine. net，www. ebooks. com，www. ebookvilla. com）；EBOOKS PDF（ebookpdf. com）；Free-Ebooks（www. free-ebooks. net）；PDF Drive（www. pdfdrive. com）；EBOOKEE（www. ebookee. net）。

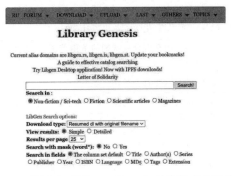

图 2-3　Library Genesis 检索图书的界面

2.4　化学化工类工具书简介

化学化工类工具书按学科可分为综合性工具书和专科性工具书。综合性工具书是指涉及许多学科，较完整地汇集了各个知识门类的资料，概括人类科学技术研究成果的工具书。与专科性工具书相比，其有如下特点：①面向普通读者；②收录范围广泛；③风格上兼顾学术性和通俗性；④采用简单、常见的结构组织内容，便于使用者掌握。

化学化工综合性工具书包括：文摘、索引和书目；专用词典；百科全书等。专科性工具书指按照化学、化工所属的各二级学科编著的工具书。

接下来按照化学（表 2-4）、化工（表 2-5）和化学化工相关（表 2-6）列出各学科重要的工具书。

2.4.1　化学类工具书

表 2-4　化学工具书简介

1	《化学大辞典》高松，科学出版社，2017
	综合性的化学辞典(1299 页)，涵盖无机化学、有机化学、分析化学、物理化学、理论与计算化学、高分子科学、化学生物学、放射化学与辐射化学、环境化学、能源化学等分支学科，以常用、基础和重要的名词术语为基本内容，提供简短扼要的定义或概念解释，并有适度展开。正文后设有便于检索的汉语拼音索引和外文索引
2	《化学辞典》(第二版)周公度主编，化学工业出版社，2019
	内容除包括无机、有机、分析、物化、高分子等化学分支外，还有生物化学、材料化学、环境化学、放射化学、矿物和地球化学等。条目的内容可分为两类：一类是概念性的名词，包括定理、理论、概念、化学反应和方法等；另一类是物质性名词，包括典型的和常用的化学物质，介绍它们的结构、性能、制法和应用
3	《溶剂手册》(第五版)，程能林，化学工业出版社，2020
	分总论与各论两大部分。总论共五章，概要地介绍了溶剂的概念、分类、各种性质、纯度与精制、安全使用、处理以及溶剂的综合利用。各论共十二章，995 种溶剂按官能团分类介绍，其中包括烃类(119)、卤代烃(128)、醇类(84)、酚类(10)、醚与缩醛类(69)、酮类(41)、酸与酸酐类(24)、酯类(181)、含氮化合物(116)、含硫化合物(18)、多官能团化合物(180)以及无机化合物(25)。重点介绍每种溶剂的理化性质、溶剂性能、精制方法、用途及使用注意事项等
4	《兰氏化学手册》(Lange's Handbook of Chemistry，16th ed.)；J. G. Speight；McGraw-Hill；2004
	一部资料齐全、数据翔实、使用方便，供化学及有关科学工作者使用的单卷式化学数据手册，分 11 部分：有机化学；通用数据、换算表和数学；无机化学；化学键的性质；物理性质；热力学性质；光谱法；电解质、电动势和化学平衡；物理化学关系式；聚合物、橡胶、脂肪、油和蜡；实用实验室资料等
5	《格梅林无机和有机金属化学手册》(Gmelin Handbook of Inorganic and Organometallic Chemistry，8th ed.)，原书名为《格梅林无机化学手册》
	是收集无机物资料最完全、系统、全面的手册。所涉及的范围还包括化学史、地球化学、矿物学、冶金学、分析化学、工艺学等领域，有大量的图表及物理化学数据，资料非常丰富

6	《有机合成常用试剂手册：制备与处理》晁建平主编，化学工业出版社，2010 按照有机合成单元反应类型介绍了130种常用有机合成试剂的适用范围、制备反应式、制备装置图、制备步骤、操作注释、试剂鉴别、试剂储存、制备装置的维护与保养等内容
7	《实用天然产物手册》系列丛书，化学工业出版社，2004—2010 本书第一批共八分册，分别是：《实用天然产物手册：生物碱》杨秀伟主编；《实用天然产物手册：皂苷》庾石山主编；《实用天然产物手册：萜类化合物》杨峻山主编；《实用天然产物手册：苯丙素》赵毅民主编；《实用天然产物手册：海洋天然产物》林文瀚主编；《实用天然产物手册：抗生素与微生物产生的生物活性物质》张致平等编；《实用天然产物手册：矿物与岩石》吴良士等编。《实用天然产物手册：天然色素》项斌等编
8	《分析化学手册》系列丛书（套装13册）（第三版），化学工业出版社，2016—2020 涵盖了日常分析化验过程中需要具备的基础实验知识和实验技能。共13册：1—《基础知识与安全知识》；2—《化学分析》；3A—《原子光谱分析》；3B—《分子光谱分析》；4—《电化学分析》；5—《气相色谱分析》；6—《液相色谱分析》；7A—《氢-1核磁共振波谱分析》；7B—《碳-13核磁共振波谱分析》；8—《热分析与量热学》；9A—《有机质谱分析》；9B—《无机质谱分析》；10—《化学计量学》
9	《萨德勒标准光谱图集》（Sadtler Standard Spectra Collection），美国费城萨德勒研究实验室连续出版的活页光谱图集 该图集收集的谱图数量庞大，品种繁多，是当今世界上相当完备的光谱文献。按类型分集出版，主要有：标准红外棱镜光谱、标准红外光栅光谱、标准紫外光谱、标准磁共振波谱、标准碳-13核磁共振波谱、标准红外蒸汽相光谱、考勃伦茨红外光谱、标准荧光光谱、标准喇曼光谱、红外高分辨定值定量光谱等
10	《有机合成》（Organic Synthesis），1921年开始编著，John Wiely & Sons出版社出版，到1998年已出至76卷，该书除单卷本外还出版合订本，1998年出版了第九合卷 收录介绍具有一定代表性的不同类型化合物的合成途径及详细操作步骤，每种方法在发表前都要经过两个不同实验室的有机合成专家进行核对验证，所以比较可靠。不仅可以作为合成某一具体化合物的实际指导，还可作为合成某一类型化合物的参考样板，是从事有机合成人员的最重要的参考书之一
11	《复合材料手册》系列丛书，（美）CMH-17协调委员会编，上海交通大学出版社，2014—2016 共6卷，包括：1—《聚合物基复合材料——结构材料的表征指南》；2—《聚合物基复合材料——材料性能》；3—《聚合物基复合材料——材料应用、设计和分析》；4—《聚合物基复合材料——金属基复合材料》；5—《聚合物基复合材料——陶瓷基复合材料》；6—《聚合物基复合材料——复合材料夹层结构》。其是有关复合材料性能表征、性能数据和在结构中应用指南的军用手册，它是对美国和欧洲过去30余年复合材料研究、设计和使用经验的全面总结，同时也是美国陆海空三军、NASA（美国国家航空航天局）、FAA（美国联邦航空管理局）及工业界应用复合材料及其结构最具权威的指导文件
12	《生物高分子》系列丛书，化学工业出版社，2004—2005 共11卷，全面综述和汇编了生物高分子的研究资料：1—《木质素、腐殖质和煤》；2—《类聚异戊二烯》；3a—《聚酯Ⅰ-（生物系统和生物工程法生产）》；3b—《聚酯Ⅱ（特性和化学合成）》；4—《聚酯Ⅲ（应用和商品）》；5—《多糖Ⅰ（原核生物多糖）》；6—《多糖Ⅱ（真核生物多糖）》；7—《聚酰胺和蛋白质材料Ⅰ》；8—《聚酰胺和蛋白质材料Ⅱ》；9—《生物高分子的多样性与合成高分子的可降解性》；10—《总论与功能应用》
13	《高分子材料手册》杨鸣波、唐志玉主编，化学工业出版社，2009 是反映当代高分子科学和高分子材料发展水平的大型专业工具书。内容包括高分子材料概论、塑料工程、有机纤维、橡胶工程、高分子胶黏剂、功能高分子和皮革材料
14	"中国化学科学丛书"国家自然科学基金委员会化学科学部组编，科学出版社，2011—2013 全方位地介绍了国内外化学科学的新进展、发展趋势和前沿热点，反映了政府在中长期发展战略规划中迫切需要提升并将重点资助的研究领域。作者为活跃在化学科学领域的数百位知名专家学者。丛书包括8个分册，分别对应于化学科学的二级学科：无机化学、有机化学、分析化学、物理化学、高分子化学、环境化学、化学工程、化学生物学等。如《有机化学学科前沿与展望》，杜灿屏等编；《分析化学学科前沿与展望》，庄乾坤等编；《无机化学学科前沿与展望》，陈荣等编；《化学生物学学科前沿与展望》，蒋华良等编；《环境化学学科前沿与展望》，王春霞等编；《高分子科学前沿与展望》，董建华等编
15	《无机非金属材料学科发展战略研究报告（2016—2020）》国家自然科学基金委工程与材料科学部编，科学出版社，2019 论述无机非金属学科的总体发展战略，提出10个优先发展领域：新能源材料、功能晶体、低维碳及二维材料、新型功能材料、先进结构材料、无机非金属材料制备科学与技术、无机非金属材料科学基础、传统无机非金属材料的节能环保与可持续发展、信息功能材料与器件、生物医用材料

续表

16	《硅酸盐矿物功能材料》杨华明主编,科学出版社,2019
	主要介绍硅酸盐矿物功能材料,内容涉及硅酸盐矿物功能材料的制备、结构、性能及应用开发,主要包括硅酸盐矿物简介、硅酸盐矿物制备介孔材料、硅酸盐矿物基复合导电材料、硅酸盐矿物表面组装制备催化材料、硅酸盐矿物固定二氧化碳、硅酸盐矿物基复合储热材料、硅酸盐矿物制备储氢材料、硅酸盐矿物杂化材料和蒙脱石基矿物功能材料等

2.4.2 化工类工具书

表 2-5 化工工具书简介

1	《化工辞典》(第五版),姚虎卿主编,化学工业出版社,2014
	被称为"化工界的新华字典",主要解释化学工业中的原料、材料、中间体、产品、生产方法、化工过程、化工机械和化工仪表自动化等方面词目以及有关的化学基本术语词目
2	《实用化工辞典》朱洪法主编,金盾出版社,2004
	收录 3600 余种常用化工原料及产品。所选词目包括无机化工、有机化工、石油化工、精细化工、合成树脂、合成橡胶、合成纤维、涂料、染料、颜料、原料药、农药、表面活性剂、日用化工、胶黏剂、造纸、皮革、化妆品及助剂等专业。每条词目按中文名、英文名、分子式、分子量、结构式、理化性质、主要用途、简要制法予以说明
3	《Perry's Chemical Engineers' Handbook(佩里化学工程师手册)》(8th edition),Robert H. perry,McGraw-Hill Education,2007
	提供最新的覆盖从基础知识到计算机应用与控制的化学工程各方面的详细内容。包括有关行业的最新进展、成就和方法;有关工艺流程、设备、性能及原理;有关解决手头难题合适的计算方法以及表现在优化设计,应用技术及解决专业之外难题的方法。新版增加了蒸馏、液液萃取、反应器模型、生物过程、生化和膜分离过程以及化工厂安全实践等最新内容
4	《化学工程手册》(第三版)系列丛书,袁渭康等编,化学工业出版社,2019
	作为化学工程领域标志性的工具书,分 5 卷,共 30 篇,全面阐述了当前化学工程学科领域的基础理论、单元操作、反应器与反应工程、相关交叉学科及其所体现的发展与研究新成果、新技术。在前版的基础上,各篇在内容上均有较大幅度的更新,特别是加强了信息技术、多尺度理论、微化工技术、离子液体、新材料、催化工程、新能源等方面的介绍。本手册立足学科基础,着眼学术前沿,紧密关联工程应用,全面反映了化工领域在新世纪以来的理论创新与技术应用成果
5	《化工产品手册》(第六版)系列丛书,化学工业出版社,2016
	是一套全面介绍化工产品的综合性工具书,包括 14 个分册:1—《清洗化学品》;2—《溶剂》;3—《胶黏剂》;4—《无机化工原料》;5—《涂料》;6—《化工助剂》;7—《有机化工原料》;8—《树脂与塑料》;9—《表面活性剂》;10—《染整助剂》;11—《颜料》;12—《食品添加剂》;13—《橡胶助剂》;14—《混凝土外加剂》
6	《精细化学品辞典》朱洪法主编,中国石化出版社有限公司,2016
	收集了精细化学品约 4500 种。所选词目包括医药、农药、胶黏剂、涂料、染料、颜料、表面活性剂、催化剂、皮革化学品、造纸化学品、油田化学品、预处理化学品、食品及饲料添加剂、功能高分子材料、电子化学品及各种工业助剂等,每条词目按中文名、英文名、化学式或结构式、理化性质、主要用途及简要制法等予以说明
7	《现代化妆品科学与技术》裘炳毅等编,中国轻工业出版社,2016
	分上中下三册,内容包括三部分:化妆品科学相关的皮肤科学,毒理学和物理化学等的科学原理;化妆品原料综述;各类现代化妆品工艺技术和设备
8	《橡胶工业原材料与装备简明手册》(原材料与工艺耗材分册),橡胶工业原材料与装备简明手册编审委员会编,北京理工大学出版社,2019
	本手册分为橡胶工业原材料、橡胶工厂装备、工艺耗材与外购件三部分,涉及与橡胶工业有关的化学物质,化学物质国际通行的管控方法是化学品注册、评估、授权与限制
9	《塑料制品配方与制备手册》张玉龙主编,机械工业出版社,2015
	重点介绍了塑料管材、塑料板(片)材、塑料型材与异型材、塑料薄膜、塑料电子电气制品、塑料汽车制品与塑料密封制品、塑料建材与革制品、塑料日用品与中空制品、阻燃塑料与制品、泡沫塑料与制品的经典配方与制备实例,还介绍了塑料的基础知识和塑料制品配方设计的原则、方法、内容与程序等

10	《石油化工设计手册》系列丛书，王子宗主编，化学工业出版社，2015
	全套包括 1～4 卷 5 个分册：1—《石油化工基础数据》、2—《标准规范》、3—《化工单元过程（上、下）》、4—《工艺和系统设计》。全面收集了石油化工设计工作中所需要的具体技术资料、图表、数据、计算公式和方法，工程设计的步骤和工程设计中应该考虑的问题
11	《化学纤维手册》沈新元主编，中国纺织出版社，2008
	关于化学纤维的综合性著作，全面介绍了化学纤维的基本知识，阐述了化学纤维的生产原理，重点介绍了黏胶、聚酰胺、聚酯、聚丙烯、聚丙烯腈、聚乙烯醇等化学纤维大品种的原料、生产工艺、性能、改性及应用，并对高性能纤维、功能纤维、智能纤维和生态纤维等化纤新产品进行了论述
12	《无机盐工艺学》宁延生主编，化学工业出版社，2013
	共分四篇：总论、基本原料、过程与装备、产品篇。总论中包括了无机盐产品的命名与分类，对我国无机盐产品的发展史及无机盐工艺发展史作了总结，表述了无机盐在我国国民经济中的地位和作用。基本原料篇介绍了无机盐生产所需原料来源的几种形式。过程与装备篇中主要列入无机盐生产中经常涉及的单元过程，如过滤、膜过滤（技术）、结晶、蒸发、干燥、粉碎等。产品篇是编写的重点，列入无机盐 18 类 150 余种主要品种的性质、规格、分析方法、生产工艺等内容
13	《实用工程材料手册》孙玉福主编，机械工业出版社，2014
	主要内容包括：金属材料基础资料、生铁和铁合金、铸铁和铸钢、结构钢、工具钢、不锈钢和耐热钢、铝及铝合金、铜及铜合金、镁及镁合金、锌及锌合金、钛及钛合金、镍及镍合金、稀有金属及其合金、贵金属及其合金、特殊合金、塑料及其制品、涂料、腻子和密封胶、润滑材料、橡胶及其制品、胶黏剂和胶黏带、陶瓷、玻璃、水泥、其他常用工程材料
14	《金属材料速查手册》李成栋等编，化学工业出版社，2018
	现行全新标准体系编写的金属材料品种、牌号、性能、应用的大型实用工具书。详解各种金属材料（铁及铁合金、结构钢、专用结构钢、工模具钢、不锈钢和耐热钢、粉末冶金材料、铝及铝合金、铜及铜合金和其他非铁金属材料）的品种、牌号、特性、力学性能、热处理工艺和用途等
15	《现代煤化工技术手册》(第三版)，贺永德主编，化学工业出版社，2020
	共分 9 篇 53 章，全面介绍了自 2011 年以来我国现代煤化工在技术创新驱动下，大型工程化示范、重大装备制造、新技术、新产品开发、生产安全、环境保护与"三废"治理、煤炭清洁高效转化多联产技术、系统优化设计、节能减排、降低生产成本等诸多方面取得的一批突破性的成果
16	《化工工艺设计手册》(第五版)，中石化上海工程有限公司编，化学工业出版社，2018
	分上、下两册出版，共含 6 篇 53 章。上册包括工厂设计、化工工艺流程设计、化工单元工艺设计 3 篇；下册包括化工系统设计、配管设计、相关专业设计和设备选型 3 篇
17	《化工物性数据简明手册》马沛生等编，化学工业出版社，2013
	本书选择在化学工业中的重要物质 1038 种，推荐出重要物性 20 余项的物性值或关联系数。全书按物性分类分章提供数据

2.4.3　化学化工相关工具书

表 2-6　化学化工相关工具书简介

1	《农业化学手册》，鲁如坤，史陶均编，科学出版社，1982
	用图表的形式简明地向读者提供了一些农业化学和施肥的基本理论概念和一些必需的数据。主要内容有：(1)植物营养，包括植物的营养元素及其功能，养分的吸收，作物营养元素失调症状，作物的养分含量和需要量，作物吸收养分的特点，作物与环境等；(2)土壤，包括母岩，黏土矿物，养分循环，土壤一般组成，土壤中的营养元素等；(3)肥料性质，包括世界肥源，有机肥料，各种化学肥料的种类、性质和作用等；(4)施肥，包括合理施肥的理论、原则和技术，需肥诊断技术等。本书可供有关土壤农化方面的科研、教学人员以及农业科技工作者参考
2	《常见日用和食用香料——制备、性质、用途》(原书第六版)蒋举兴等，科学出版社，2019
	根据原著 2016 年第六版翻译的。内容涵盖了可商业购买得到，且以相对较大规模生产和使用的日用和食用香料，包括单体香料和天然香料，介绍了它们的性质、生产方法和应用范围、分析方法及质量控制、安全性评估及监管

3	《环境监测方法标准实用手册》系列丛书,中国环境监测总站编,中国环境科学出版社,2013
	全套包括 5 卷:1—《水监测方法》、2—《气监测方法》、3—《土壤、固体废物和生物检测方法》、4—《辐射噪声监测方法》、5—《监测技术规范》。从环境监测方法的实用性和现行有效性的角度出发,结合我国环境监测的主要领域,汇编了当前我国现行有效的、常用的环境监测方法标准和监测技术规范,力求为读者提供一部具有较强实用性和较高便利性的工作手册
4	《危险化学品安全技术全书》(第三版),孙万付主编,化学工业出版社,2017—2018
	分通用卷、增补卷两卷,收录了 1008 种常用危险化学品。每种物质列大项目 16 项,分别为化学品标识、危险性概述、成分/组成信息、急救措施、消防措施、泄漏应急处理、操作处置与储存、接触控制/个体防护、理化特性、稳定性和反应性、毒理学信息、生态学信息、废弃处置、运输信息、法规信息和其他信息
5	《化学品风险与环境健康安全(EHS)管理丛书》,华东理工大学出版社,2017—2020
	全套包括 3 卷:1—《化学品风险管理法律制度》,丁晓阳等编,主要介绍化学品管理领域在国际层面已经制定的条约,国际组织和主要工业化国家、地区的化学品管理政策和方向,追踪全球化工业参与风险管理政策发展的动态,介绍前沿领域的政策法律进展。2—《化学品危害性分类与信息传递和危险货物安全法规》,梅庆慧等编,主要介绍危险货物法规起源、危险货物运输管理法规体系、化学品的危害性分类及信息传递要求、GHS 全球执行情况、工作场所化学品安全标识等内容。3—《化学物质管理法规》,暨荀鹤等编,主要介绍新化学物质和现有化学物质在世界各主要国家、地区和经济体的管理体系

2.5　图书馆及数字资源的使用实例

基于纸质阅读的传统图书馆,蕴藏着人类各民族、各历史时期知识精华的各种信息。我们可以从中获得相对成熟的方法。然而,对于科技工作者来说,常常需要查找最成熟或最先进的技术或知识,任何一个图书馆都难以收藏全面、详细的科技信息源。

为了充分挖掘自身所收藏的文献,并为各类读者提供力所能及的信息源,以国家图书馆为代表的各类图书馆持续建设其数字化平台,即数字图书馆。首先,将本馆收藏的纸质版图书、期刊等文献进行数字化处理,更新为电子文献;其次是征订数据库资源;最后是提供网络图书与其他种类资料的介绍与链接。因此,数字图书馆提供的服务不仅方便、快捷,而且灵活多样,资源覆盖全球。数字媒介阅读的优点在于快捷、信息丰富、可交互。另外,纯数字图书馆收藏不经出版的"原创"图书,这属于馆藏一大特色,吸引了不少青年人在线阅读或下载阅读。

在线图书馆是获取图书、杂志资料的重要途径之一。在线图书馆信息主要由两部分组成,一是各图书馆的主页,有图书、杂志的检索和查询工具;二是在其网站建立的虚拟图书馆或网上图书馆。现在,国内外图书馆大都提供了访问终端,其中有自由访问和限制访问两种。读者只要得到某一个图书馆的网址,就可以上网访问该图书馆,查找自己需要的资料。大多数公共图书馆和大学图书馆的访问终端都可以随时使用,也有些图书馆需要图书卡和口令才能访问,其主要目的是方便本单位的师生及员工。

清华大学图书馆网页(www.lib.tsinghua.edu.cn/find/find _ library.html)整理并列出了国内、国外上网图书馆,以及国内外图书馆组织与学会,感兴趣的话可以参阅。

2.5.1　国内著名图书馆及数字图书馆

(1) 中国国家图书馆(www.nlc.cn)　是国家总书库,详细使用说明见 2.5.3。

(2) 中国科学院文献情报中心(www.las.ac.cn)　立足中国科学院、面向全国,主要为自然科学、边缘交叉科学和高技术领域提供文献信息。总馆设在北京，下设兰州、成都、武汉三个分馆，并依托若干研究所（校）建立特色分馆。开通中外文的科技论文、专利、科学引文索引和网络信息导航等诸多类型的文献数据库，包括世界知名的化学化工外文全文数据库，以及外文文摘索引与事实数据库。

（3）国家科技图书文献中心（www. nstl. gov. cn）　也叫国家科技数字图书馆（NSTL），是一个虚拟的科技文献信息服务机构，成员单位包括中国科学院文献情报中心、中国科学技术信息研究所、机械工业信息研究院、冶金工业信息标准研究院、中国化工信息中心、中国农业科学院农业信息研究所、中国医学科学院医学信息研究所、中国标准化研究院标准馆和中国计量科学研究院文献馆。NSTL 可以提供文献检索与原文传递，联机公共目录查询、期刊目次浏览和专家咨询等服务，文献种类涵盖期刊、会议、学位论文、标准、专利和科技报告等。NSTL 部分数据库面向全国读者免费。

（4）中国高等教育文献保障服务系统（China Academic Library & Information System，简称 CALIS，www. calis. edu. cn）　教育部投资建设的面向所有高校图书馆的公共服务基础设施；以中国高等教育数字图书馆为核心的教育文献联合保障体系。截至 2021 年，CALIS 联合目录成员馆总数达 1800 家，成为全球最大的高校图书馆联盟，建有西文期刊篇名目次数据库、高校学位论文库、专题特色数据库等多个数据库资源。CALIS 成员馆的读者用户均可获得 e 得所提供的文献获取服务，其检索界面如图 2-4 所示。

图 2-4　CALIS 全文资源检索界面

（5）大学数字图书馆国际合作计划（http：//cadal. edu. cn/index/home）　即 CADAL（China Academic Digital Associative Library）数字图书馆，提供便捷的全球可访问的图书浏览服务，已完成数百万册图书的数字化。CADAL 与 CALIS 一起，共同构成中国高等教育数字化图书馆的框架。目前国内已有 600 多所大学成为共建或共享大学。

（6）工程科教图书知识服务体系（ebs. ckcest. cn/Engineering/index. jsp）　收集并免费开放了大量资源，其中，图书 49 多万本，收集整理了 CADAL 数字图书馆中的工程类图书，并采集了购书网站的图书元数据信息，全面覆盖各工程领域；从工程类图书中抽取插图，并采集了百科图像数据；收集整理了百度百科、互动百科以及维基百科的百科资料，目前总量已达千万量级；抽取了工程类图书中的问答数据，为用户提供问答知识服务；抽取了工程类图书中工具书的知识元信息，包括词典、百科、手册、图谱等类型的工具书；收集整理了国内外工程领域的开放课程信息，涵盖计算机、医学、信息、设计、管理等各领域课程，数据来源于 Coursera、edX、MIT OCW、网易公开课等开放课程网站。

还有一些高校或地方图书馆，如：清华大学图书馆（www. lib. tsinghua. edu. cn）；北京大学图书馆（www. lib. pku. edu. cn）；中国科学技术大学图书馆（lib. ustc. edu. cn）；上海图书馆（www. libnet. sh. cn）。

2.5.2　国外知名网上图书馆

国际上不同类型机构组织与高校下属知名的图书馆，其网站有化学化工专业图书资源，可以检索、浏览、在线阅读或下载。

① Association of Research Libraries（ARL）（www. arl. org）：图书馆研究协会，包括了美国和加拿大 125 家研究型图书馆，旨在资源共享、交换思想、促进发展。

② Online Computer Library Center（OCLC，联机计算机图书馆中心）（www. oclc. org/zhcn-asiapacific/about. html）：由全世界 100 多个国家的成千上万个成员图书馆组成，支持、推进前沿科学的发展和知识共享。

③ Library. Harvard（library. harvard. edu）哈佛大学图书馆；Massachusetts Institute of Technology Library（libraries. mit. edu）麻省理工学院图书馆；Stanford University Libraries（library. stanford. edu）斯坦福大学图书馆；Yale University Libraries（www. library.yale. edu）耶鲁大学图书馆；University of Washington Libraries（www. lib. washington. edu）美国华盛顿大学图书馆。

④ Cambridge University Library（www. lib. cam. ac. uk）英国剑桥大学图书馆；University of Oxford Libraries（www. ox. ac. uk/research/libraries）英国牛津大学图书馆。

⑤ NUS Libraries（新加坡国立大学图书馆）（libportal. nus. edu. sg/frontend/index）。

⑥ The British Library［英国不列颠（大英）图书馆］（www. bl. uk）；Library of Congress（美国国会图书馆）（www. congress. gov）；Library and Archives Canada（加拿大国家图书馆）（www. collectionscanada. gc. ca）；National Library of Australia（澳大利亚国家图书馆）（www. nla. gov. au）；National Diet Library of Japan（www. ndl. go. jp）日本国立国会图书馆。

2.5.3　中国国家图书馆检索实例

中国国家图书馆（www. nlc. cn）是综合性研究型图书馆，是国家总书库、国家书目中心，已建成了中国国家数字图书馆（NDLC）。现在馆藏居亚洲之首，是世界第 5 大国家图书馆。从中国国家图书馆主页可以检索不同类型的文献信息。

【例 2-4】　以"贵金属"为关键词，举例说明如何使用国家图书馆。检索图书资源的实例也可观看［演示视频 2-1　国家图书馆］。

首先，进入国家图书馆首页（www. nlc. cn），点击"馆藏目录检索"进入"联机公共目录查询系统"［图 2-5(a)］。

2-1　国家
图书馆

其次，在检索栏键入"贵金属"，并选定资料类型为"图书"，点击检索，发现有 265 条与其相关的书籍。点击"现代贵金属分析技术及应用［专著］/孙文军［等］著"查看［图 2-5(b)］，获得题录信息［图 2-5(c)］。进一步点击"文献索取"图标，就会发现获取文献原文的方法［图 2-5(d)］。

目前，国家数字图书馆已建有移动图书馆。进入国图首页后点击上面的"专题"栏，然后点击左下方的"移动图书馆"，就可以看到"掌上国图"，它为读者提供两种服务：短彩信手机报送服务和数字图书馆手机 APP 服务模式，读者可根据自身情况定制个性化、专业化图书服务。

图 2-5　中国国家图书馆检索实例

2.5.4　超星发现的图书检索与全文浏览实例

超星发现（www.chaoxing.com）是超星数字图书馆的升级版，可对期刊、图书、博硕论文、会议、报纸等网络资源进行综合检索。超星数字图书馆提供大量的电子图书资源（数百万册电子图书、500 多万篇论文），包含大量免费电子图书、超 16 万集的学术视频，拥有超过 35 万位授权作者、5300 位名师。

【例 2-5】　以"有机半导体"为关键词，举例说明如何使用超星发现检索超星数字图书馆中的图书信息。检索图书资源的实例也可观看［演示视频 2-2　超星数字图书馆］。

2-2　超星数字
图书馆

首先，通过本单位的图书馆进入超星发现（ss.zhizhen.com）页面，选择"专业检索"栏目［图 2-6(a)］，键入"可降解高分子"，并将文献类型选择为"图书"，然后在"主题"中进行检索。结果发现有 39 册相关图书［图 2-6(b)］。

其次，在检索结果页面［图 2-6(b)］，点击具有可下载标记"⬇"的图书标题，如"生物高分子　第 9 卷　生物高分子的多样性与合成高分子的生物可降解性"，就可以看到该图

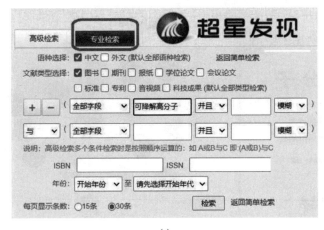

(a)

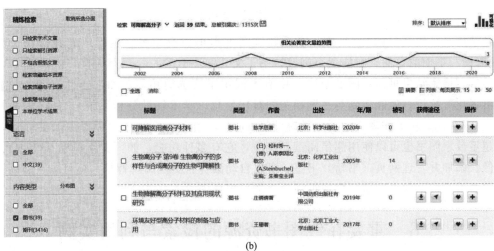

(b)

生物高分子 第9卷 生物高分子的多样性与合成高分子的生物可降解性 ♥ 收藏 ✚ 分享到

【图书】
☑ 阅读反馈

【获取途径】 本馆馆藏
【作者】 (日) 松村秀一，(德) A.斯泰因比歇尔 (A.Steinbuchel) 主编；朱春宝 主译
【出版日期】2005.03
【出版社】北京：化学工业出版社
【页码】568页
【ISBN】7-5025-6386-5
【主题词】高聚物 (学科.；生物化学)；高聚物 (学科.；生物降解)；高聚物；生物化学；生物降解
【中图分类号】Q5 (生物科学->生物化学)
【学科编号】071010 (理学 -> 生物学 -> 生物化学与分子生物学)
【摘要】本卷介绍了生物高分子学科的两个不同方面。内容包括无机聚磷酸酯、天然聚硫化合物的代谢、聚硫酯、模块聚酮化合物合酶、天然聚缩醛等。
【文献类型】图书

相关文献	⊞
1. 生物高分子 第10卷 总论与功能…	
2. 生物高分子 第5卷 多糖Ⅰ-原核…	
3. 生物高分子 第3b卷 聚酯Ⅱ-特性和…	

看过本文的还看了	⊞
1. 生物降解聚合物在工农业中的应用	
2. 生物高分子 第10卷 总论与功能…	
3. 生物高分子 第7卷 聚酰胺和蛋白…	

在线阅读	推荐图书馆购买	网络书店

书名页　　版权页　　前言页　　目录页　　封底页

(c)

图 2-6

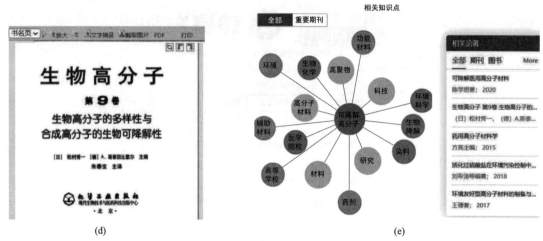

图 2-6　超星发现检索图书实例

书的题录信息［图 2-6（c）］。此外，能看到该图书本单位有馆藏，也可以在线阅读，点击"在线阅读"下面的页面，就能逐页浏览该书正文［图 2-6（d）］。

最后，检索结果页面［图 2-6（b）］中有不同用于筛选的功能，如，通过该页面右上角的"可视化"标记，就能看到与主题相关的对比信息（学术辅助分析系统），如：相关知识点［图 2-6（e）］、相关作者、学科分类统计等。

超星数字图书也可以使用超星阅读器浏览，它有多种功能，如：文字识别（OCR）、剪切图像、添加并管理网页（书籍）书签；可以自动滚屏、更换阅读背景；也可以在阅读图书时对需要重点标示的内容做标记或批注，并能导出导入。

2.6　重要在线图书资源的检索与利用实例

2.6.1　免费在线百科全书

如前所述，参考工具书是为查找特定资料而使用的工具。目前，参考工具书不但以数据库的形式成为"数字图书"，还借助网络技术正在向"在线工具"发展，而且其大部分都是免费的。其中，用途最大的是在线百科全书。接下来，介绍几个能够免费使用的在线百科全书及其用途。

（1）百度百科（baike.baidu.com）　是依托搜索引擎"百度"建设的一个中文百科全书平台，它的宣传语是"让人类平等地认知世界"。百度百科中有中国科协与百度公司共同建设的"科学百科"，是一部内容开放、自由，全球最大的中文网络百科全书。其已收录 2000 万个词条，参与词条编辑的网友超过 700 万人，几乎涵盖了所有已知的知识领域。因此，它是中文百科中是最权威、最强大的百科网站，因搜索引擎的支撑，其在中文类百科中的影响面最为广泛。

【例 2-6】　试以"食品防腐剂"作为关键词，看看能从百度百科中找到什么科技信息。

首先，进入百度百科（baike.baidu.com），键入"食品防腐剂"以后，点击"进入词条"进行搜索，就会找到相应词条。浏览该页面，就会发现"基本概念、中英文名称、作用机理、种类、使用注意事项，以及认识误区"等许多信息，此外，还列出了"参考资料"。其次，审视该词条词汇内容的可靠性，从网页上就能看到："本词条由'科普中国'科学百科词条编写与应用工作项目审核，本词条认证专家为李兴峰教授"。因此，百度百科中有关"食品防腐剂"百科知识的可靠性较高。最后，在百度百科检索界面点击"全站搜索"，就会发现更多与防腐剂相关的百度百科词条，如防腐剂、食品添加剂、天然防腐剂、防腐剂检测等。详细检索实例请参见［演示视频2-3　百度百科］。

2-3　百度百科

（2）维基百科（Wikipedia，www.wikipedia.org）　是一个自由、免费、内容开放的网上互动式百科全书。汇聚了 255 种语言的百科知识版本，总词条数目突破 1000 万个，其中，英文版最丰富。

（3）Encyclopedia Britannica（www.britannica.com）　是原来著名的印刷版《大不列颠大百科全书》的网络化服务。其中包含较大量的化学化工信息，并可以进行关键词搜索。

（4）Online Encyclopedia（www.encyclopedia.com）　在线百科全书，可免费访问和检索大英百科全书第十一版的 4000 余篇文章。另外该网站还给出了科学百科（Encyclopedia of Science）、美国工业百科（Encyclopedia of American Industries）等 12 个百科全书的链接网址，可登录相关网站进行百科知识检索。

2.6.2　免费专业在线工具书

一些化学化工相关专业的工具书已经通过网络公开，成为免费的在线工具书。接下来，介绍几个知名的专业在线工具书网站。

（1）NIST Chemistry WebBook（NIST 化学网络手册）（webbook.nist.gov/chemistry）NIST 是 National Institute of Standards and Technology（美国国家标准与技术研究院）的简称。涉及化学学科的是 CSTL（Chemical Science and Technology Laboratory，化学科学与技术实验室），它为化工制造、能源、保健、生物技术、食品加工和材料加工等方面的测试及为满足全球市场竞争的需要提供技术和服务。NIST 的 Internet 服务站点上具有非常丰富而有价值的资源，读者可以从它的化学学科—产品与服务—数据库（Subjects-Chemistry-Products/Services-Databases）进入免费的在线标准参考数据库（Standard Reference Data），该页面左侧相关链接栏就有化学网络手册（Chemistry WebBook）。

NIST Chemistry WebBook 是在标准参考数据项目（The Standard Reference Data Program）下由 NIST 编辑和发布的系列数据库中的一部分。提供的主要参考数据有：①5000 多个有机和小的无机化合物的热化学数据（Thermochemistry Data）；②8000 多个反应的反应热化学数据（Reaction Thermochemistry Data），包括反应焓、反应自由能；③7500 多个化合物的光谱数据；④10000 多个化合物的质谱数据；⑤400 多个化合物的紫外-可见光谱（UV-Vis）数据；⑥3000 多个化合物的电子和振动光谱数据（Vibrational and Electronic Spectra）；⑦600 多个化合物光谱数据的双原子分子常数（Constants of Diatomic Molecules）；⑧14000 多个化合物的离子能量数据（Ion Energetics Data）；⑨16 种流体的热物理数据。

NIST Chemistry WebBook 检索方法：在 NIST 的主页面（www.nist.gov）有 Search NIST 搜索栏，可以直接进行搜索。也可以进入网页（webbook.nist.gov/chemistry），直接搜索信息，可以不同方式进行检索，如物质名称检索（Name）、分子式检索（Formula）、IUPAC 编号检索（IUPAC identifier）、CAS 登录号检索（CAS registry number）、反应检索（Reaction）、作者检索（Author）、结构检索（Structure）等。搜索结果的显示：当选择显示的结果信息较多时，搜索结果页面会很长。

　　以上这些数据，可以通过多种方法进行检索，该手册指南（A Guide to the NIST Chemistry WebBook）（webbook. nist. gov/chemistry/guide）提供了详细的介绍和说明。此外，还有许多重要的参考数据被 NIST 安排在化学手册之外进行介绍，如化学与晶体结构数据、热力学和热化学数据程序（Thermodynamics and Thermochemistry Data Program）等，但这些数据库及其应用软件都不是免费的。

　　【例 2-7】　进入网页（webbook. nist. gov/chemistry）［图 2-7（a）］，使用 Name 名称搜索方式，在 Chemical Name 检索框中键入"Ethanol"，数据选择 IR spectrum（红外光谱）、Mass spectrum（质谱），点击 Search 后，得到 Ethanol（乙醇）的详细资料（包括物质名称、分子量、CAS 登录号、结构图）。然后点击 Ethanol 相关数据，即可显示详细的与乙醇有关的资料，例如，能看到 IR spectrum（红外光谱）［图 2-7（b）］、Mass spectrum（质谱）等信息。详细检索实例请参见［演示视频 2-4　NIST 化学网络手册］。

2-4　NIST 化学
网络手册

　　（2）ChemSynthesis（www. chemsynthesis. com）　Chemical Synthesis Database（化学品合成数据库）是免费化学品数据库［图 2-8（a）］，该网站包含 4 万多种化合物的 4.5 万多个合成文献，以及物理参数（如熔点、沸点、密度等）［图 2-8（b）］。

图 2-7　利用 NIST Chemistry WebBook 检索乙醇

　　（3）Organic Syntheses 网络版（www. orgsyn. org）　自 1921 年始，*Organic Syntheses*《有机合成》就为读者提供详细、可靠并经仔细核对的有机化合物合成方法，有些方法针对特殊化合物的制备，有些则具有普适性。每一方法都比期刊所述更详尽，而且每一个反应和所有表征数据都由一位该书编委会成员在其实验室进行仔细的核对以考察该方法的重复性。《有机合成》所述方法都可以从期刊的单卷目录查找，也可以通过在数据库中导入结构或关键词查找。

　　（4）CRC Handbook of Chemistry and Physics Online（www. hbcponline. com）　CRC化学与物理手册网络版，提供了最为准确、可靠和最新的化学、物理数据资源，此外还提供生物化学、环境、材料等领域的数据表。其可以为订购用户提供在线检索（有文本检索、结构检索和性质检索三种方式）。

　　（5）物竞化学品数据库（www. basechem. org）　免费的中文化学品信息库，完全突破了中英文在化学物质命名，化学品俗名、学名等方面的差异，所提供的数据全部中文化，更

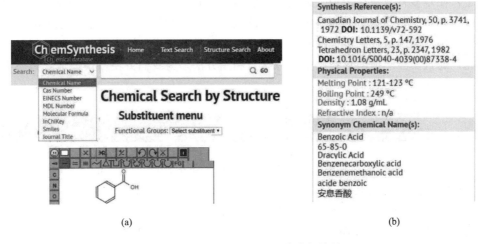

(a)　　　　　　　　　　　　　　　　　　　(b)

图 2-8　利用 ChemSynthesis 检索相关界面

方便国内从事化学、化工、材料、生物、环境等化学相关行业的工作人员查询使用。收录基础化学品 50000 多种，标准品及标准物质 2000 多种，检测试剂盒 500 多种，此外还收集了化学品基础信息、国际编码体系、物性、毒理学、生态学、分子结构、计算化学、化学特性、制备合成、应用、表征谱图、安全等方面的数据，是目前国内综合性最强、最全面的化学品数据平台。

2.6.3　手机图书馆客户端

　　近年来，基于手机应用的图书馆 APP（手机图书馆客户端）发展迅速。读者利用手机下载安装图书馆的客户端应用程序，可以更方便地获取图书资源。目前大多数高校、省市图书馆、网络图书馆都推出了自己的手机 APP，如，超星移动图书馆 APP（超星学习通）、手机知网 APP（图 2-9）。

图 2-9　手机知网 APP

　　使用电子图书馆时，我们只需下载相应软件或 APP（如移动图书馆 APP）就可以开始阅读，而不必再进入图书馆，这也可以大大节省时间，提高工作效率。

总之，在众多科技信息源中，以教科书、科技著作、参考工具书等为代表的科技图书，是我们最为熟悉的信息源，可从中获得基础知识、学科前沿及实用的方法与理化参数。然而，要想快速、准确地找到最佳的科技图书，也需要借助适当的检索工具，并进行必要的筛选。因此，通过实践掌握的科技图书的检索与利用方法，为我们方便、快捷地获得所需信息与知识提供了便利。

▶▶ 练习题 ◀◀

1. 教科书、科技著作、参考工具书各专注于哪类知识，有什么特点？
2. 我们从教科书、科技著作、参考工具书中，可获取哪些信息？
3. 举例说明可检索有机化合物制备和物性的重要工具书及网络检索平台。
4. 举例说明可检索无机和金属有机化合物制备和物性的工具书和检索平台。
5. 试列出国内三个化学化工图书出版商名称和网址。
6. 列出三个可查阅化学化工图书的国内数字图书馆的名称和网址。

▶▶ 实践练习题 ◀◀

1. 在二手书交易 APP 上购买或出售书籍。
2. 检索《有机化合物制备手册》一书的电子版，并下载免费的 PDF 版本。
3. 通过百科类图书或网站，检索汽车尾气的组成与危害。
4. 练习在 NIST 网站上查找化合物苯酚的生成焓、热容、相变热等物理化学数据。
5. 试在免费的电子书网站上查找并下载一本关于纳米材料的英文专著。
6. 在微信公众号物竞数据库上检索查找 2-苯甲醛的物理化学数据。
7. 通过工具书或网络检索，回答下列问题：①闪点（Flash point）是什么意思？②喹啉（Quinoline）在水、乙醇、乙醚中的溶解度分别有多大？③食用香兰素（Vanillin）的规格是什么？④罗谢尔盐（Rochelle Salt）的化学成分是什么？⑤聚四氟乙烯的 T_g 和 T_m？⑥丙烯腈-甲基丙烯腈的单体竞聚率是多少（提示：*Polymer Handbook*）。⑦KI 和 NaI 在丙酮中的溶解度分别是多少（提示：*Handbook of Chemistry and Physics*）。
8. 选用适当的工具书（如：*Organic Synthesis*），查"重氮甲烷"的合成方法、性能和主要用途（写出有关反应式和主要操作步骤）。

第3章 科技论文检索与下载

导语

　　科技论文是交流科学研究成果的最重要工具。通过阅读科技论文，人们可以获得当前研究的最新成果、具体方法及研究进展。当然，人们需要使用检索工具方可从众多的科技论文源中找到期望的成果。目前，中国知网是检索中文论文的主要工具，而WoS、EV是检索国际高水平期刊与会议论文的重要工具。另外，还有一些免费获得科技论文的途径。

关键词

　　科技论文；论文检索；全文下载

　　科技论文是对创造性的科研成果进行理论分析和总结的科技写作文体，是科学交流的一种重要工具，也是科研工作者获取科技信息的重要渠道之一。科技图书是人们获得基础自然科学知识、系统专业知识（包括物质、材料重要参数）的第一大类科技信息源。这些基础与专业知识，绝大多数来自对前沿成果的总结，而这些前沿成果则以科技论文与专利的形式公开。如果想要找到最新、最前沿的科学与技术知识，就需要从最近出版的科技论文，或者最近公开的专利中查找。因此，科技图书作为汇集科技知识的"江河"，其"源头"或"支流"则是科技论文与专利所公开的知识。本章接下来介绍科技论文的类型、特点、作用、知识获取及下载方法。

3.1　科技论文的类型与特点

　　科技论文是报道自然科学研究和技术开发创新工作成果的论述文章，是科技领域的学术论文。它是科学技术相关人员在科学实验或试验的基础上，通过运用概念、判断、推理、证明或反驳等逻辑思维手段，对自然科学、工程技术领域的现象或问题进行科学分析、综合研究和阐述，进一步总结和创新的结果和结论，并按照论文格式写作，形成的电子或印刷文件。

科技论文用于学术交流（发表、宣讲）或考核（取得学位、毕业、结业）。科技论文有期刊论文、会议论文、学位论文三大类（表 3-1）。论文在学术刊物上公开发表时就叫期刊论文，当用于学术会议交流时就称为会议论文，而当用于取得学士、硕士或博士学位时就称为学位论文。

表 3-1　几种科技论文的内容特点与检索用途

论文类型	写作目的	内容特点	检索用途
期刊论文	学术交流	前沿成果；知识点比较孤立、分散	能获取最新研究成果与进展
会议论文	学术交流	主要以摘要形式呈现最新成果，内容相对简单	可以了解到最新动态
学位论文	取得学位	用于取得学士、硕士或博士学位。内容系统、完整，但可能有错误	可找到详细的研究背景、方法与技术

当然，这三大类论文也有各自的优缺点，期刊论文反映前沿成果，但知识点比较孤立、分散；会议论文呈现最新成果，但内容相对简单；学位论文内容系统、完整，但错误相对比较多。正因为期刊论文、会议论文、学位论文的内容各具特色，因此，它们的用途也有所不同：从期刊论文中能获取科学研究领域最前沿的成果与最新进展；从会议论文中可以了解到最新动态；而从学位论文中可以找到详细的研究背景、研究方法与技术。

科技论文因专业领域、论文作用、研究内容、研究方法、学术要求和表达载体等不同，有多种类型。按照专业领域来说，有化学化工、生物工程、临床医学、物理、机械工程、计算机研究、经济管理等专业科技论文。按研究方式和论述的内容可分为实（试）验研究报告、理论推导、理论分析、设计计算、专题论述、综合论述等。

科技论文有如下特点。①科学性：以学术成果报道为主的科技论文，具有真实性、准确性、可重复性、逻辑性。②创新性或独创性：在理论、实验、设计、学术等方面有所创新。③学术性：论文是有一定专业或领域属性的学术研究。④规范性和可读性：论文需按一定格式的标准或规范要求写作。⑤实用性：以工程技术研究成果报道为主的科技论文，具有技术的先进性、实用性和科学性。⑥保密性：科技论文经审核，在一定范围内公开发行、宣读等。

3.1.1　科技期刊与期刊论文

期刊又称杂志（Periodical，Journal，Magazine），是指具有固定刊名、刊期、年卷或年月顺序编号，印刷成册的连续出版物。科技期刊则是以报道科学技术为主要内容的连续出版物。其主要特征有：连续性、时效性、创新性、渗透性等。据统计，目前全世界出版的科技期刊超过了 10 万种，每年发表的论文有 500 多万篇。期刊可按期刊内容、文章写作方式、载体形式、出版周期等多种方式分类（表 3-2）。

表 3-2　期刊主要类型

分类方式	按期刊内容分类	按文章写作方式分类	按载体形式分类	按出版周期分类	
主要类型	综合性期刊 学术性期刊 技术性期刊 检索性期刊 科普性期刊	著作类期刊 译文类期刊 文摘类期刊	印刷型期刊 缩微型期刊 电子期刊	定期期刊	周刊(Weekly)、双周刊(Biweekly) 月刊(Monthly)、双月刊(Bimonthly) 季刊(Quarterly) 半年刊(Biquarterly)、年刊(Annually)
				不定期期刊	有少数一年出版 5 期、20 期的期刊

科技期刊往往有年、卷（期）、页的标志，如：J. Am. Chem. Soc. 2005，127（45），159。其中，学术期刊（Academic Journal）是一种经过同行评审的期刊。发表在学术期刊上的文章通常涉及特定的学科，学术期刊展示了研究领域的成果，并起到了公示的作用，其内容主要以原创研究、综述、书评等形式为主。电子期刊包括机读型期刊、网络期刊等。目前，越来越多的科技期刊已经有了网络版。

传统印刷型科技期刊可以分为如下几种类型。

① 原始论文期刊（Primary Journal）：刊载原始研究成果的期刊，主要发表研究论文，如：Journal of American Chemical Society、高等学校化学学报等。

② 快报、简报类期刊（Letters and Communications）：为了使研究成果迅速与读者见面而出版的期刊，如：Chemical Communications、Chinese Chemical Letters、Tetrahedron Letters、Chemistry Letters、Analytical Letters、Chemical Physics Letters 等；也有些原始论文期刊增设"简报""快报"或"快讯"专栏（Letters，Notes and Communications）。

③ 文摘和检索性期刊（Abstracting and Indexing Journal）：用来报道、累积和查找文献线索的工具，包括文摘、题录、索引和目录等，是在原始文献的基础上编辑出版的二次文献。利用文摘和检索性期刊，既可以检索新的信息，也可以进行回溯检索。如美国《化学文摘》（CA）、我国《全国报刊索引》等。

④ 综述性期刊（Review Journal）：专门刊载综述或述评性文章的期刊。它针对某一学科、专业或课题，收集某一特定时期内有关的原始文献再加以分析、综合和浓缩，评论其成就和进展，并提出评价和建议，属于二次文献。阅读综述论文，可以用较少的时间和精力了解有关学科领域的近期进展情况，并可从引用的参考文献查到所需的原始文献。如：*Chemical Reviews*、*Chemical Society Reviews*、*Annual Reports on the Progress of Chemistry*、《化学进展》、《化工进展》等。此外，有些原始论文期刊上也刊载学术水平很高的综述性文章。

⑤ 新闻性期刊（News Journal）：主要报道工业、金融及商业方面的技术新闻和经济新闻，包括技术动态、生产管理、新产品、新技术以及商品价格、市场销售等。阅读这类期刊可以实时了解和掌握相关的技术经济动态。具有代表性的新闻性期刊如：*Chemistry and Industry*、*Chemical Week*、*Chemical & Engineering News*、*European Chemical News*、《科学时报》等。

电子期刊（Electronic Journal）是指连续出版并通过电子媒体发行的期刊。经过数十年的发展，电子期刊已从最初的软盘期刊、CD-ROM 期刊，发展到网络化电子期刊。电子期刊有如下优点：①传递迅速，获取信息快；②表现形式多样化；③检索方便，可操作性强；④真正实现资源共享。此外，电子期刊还具有成本低廉、出版周期短、更新及时等特点。电子期刊的诸多优点及其迅速发展，特别是一次文献信息检索范围的广泛性和文献资源的深入性，使得科技人员对信息资源的吸收和利用尤为方便。

网络电子期刊，从投稿、编辑出版、发行、订购、阅读乃至读者意见反馈的全过程都是在网络环境中进行的，任何阶段都不需要纸张。网络电子期刊是目前最重要的信息源，也是最有发展前景的电子期刊。愈来愈多的传统印刷版期刊都开始在网络上进行投稿、审稿与出版发行，即期刊网络版（Network Version）。

科技期刊论文是在科技期刊上发表的用于交流或公开的书面或电子版文件，是对科学技术某一领域新成果的科学记录，或对某一类知识的创新见解或新进展的科学总结，也属于科技论文。科技期刊论文是文献检索的最终目标之一。许多新的成果、新的观点、新的方法往往首先在期刊上刊登。需要检索的内容，最终都要通过查阅科技期刊获得。在可利用的全部科技情报中，70%左右由科技期刊提供。因此，在科学交流中，科技期刊是特别重要的工具。

期刊论文主要有两大类，一类是研究论文，另一类是综述论文。研究论文发表原始研究结果，内容最新颖，但主要展现的是一个知识点的研究结果。综述论文是对某领域中的一个知识点或阶段性研究结果的总结，比科技著作新颖，但没有科技著作内容系统。

3.1.2　会议文献（信息）与会议论文

会议是科技文化交流的重要形式，科技工作者参加各类学术会议，其主要目的是为了公开交流最新的研究成果，或者了解研究领域的最新进展，面对面地听取同行学者的意见和建议，以便进一步进行科学研究。会议的种类繁多，按照会议召开的区域可分为国际性、全国性、地区性会议；按照主题领域可分为行业大会、学术报告会、专题讨论会等。

目前，大部分国际学术会议的程序如下。①会议主办方，发出会议邀请（主要针对邀请报告、大会报告）并通过网站公开会议信息（主要针对普通参会者），主要涉及会议主题、主办者信息、参会方式、相关费用、会议时间及地点、论文格式等。②拟参加会议者，按照会议要求提交参会报名表、会议论文（摘要）。需要特别说明的是：所提交的学术会议论文应是最新成果，须反映先进性与创新性，这也是主办方审核的原则。③论文审核通过后缴纳相关费用或者现场缴费，并准备相关报告用的材料，按时参加会议。参会时，会议主办方会提供论文（摘要）集。

随着科技的发展与科技交流的需要，每年的会议数量都在增多，会议反映学科前沿的发展，而会议文献则是伴随这些会议的产物。会议文献又称会议资料（狭义）或会议信息（广义），是指在各类学术会议上形成的资料和出版物，包括会议论文（摘要）、会议文件（通知）、会议报告（讨论稿）等。

（1）会议文献（信息）　按出版时间的先后可分为会前、会间和会后三种类型。①会前文献：一般是指在会议进行之前预先印发给与会代表的会议论文预印本（Preprints）、会议论文摘要（Abstracts）或论文目录。②会间文献：部分论文预印本或摘要在开会期间发给参会者，这样就使得会前文献成了会间文献。此外，会议的开幕词、讲演词、闭幕词、讨论记录、会议决议、行政事务和情况报道性文献（信息），均属会间文献。③会后文献：主要指会议后正式出版的会议论文集。会后文献经过会议的讨论和作者的修改、补充，其内容会比会前文献更准确，更成熟。会后文献的名称形形色色，常见的如下：会议论文摘要（Abstracts）、会议录（Proceeding）、专题论文集（Symposium）、会议文集（Papers）、会议论文汇编（Transactions）、会议记录（Records）、会议报告集（Reports）、会议出版物（Publications）、会议辑要（Digest）等。

（2）会议论文有如下特点　①兼有直接与间接交流的优点：传递新产生但未必成熟的科研信息，对学科领域中最新发现、新成果等的首次报道率最高，是我们及时了解有关学科领域发展状况的重要渠道。②专业性较强：会议论文涉及的专业内容集中、针对性强。围绕同一会议主题撰写相关的研究论文。③内容新颖，即时性强：最能反映各个学科领域现阶段研究的新水平、新进展。④数量庞大，出版形式多样：会议专业领域繁多、会议举办时间的不确定性，使得会议论文出版的形式与载体较多，诸如会议论文集（会议录）、期刊、科技报告、预印本等。

　　大部分科技领域的会议论文是以摘要形成呈现的，称为会议论文或会议论文摘要，是最主要的会议文献。会议论文摘要一般只有 1~2 页，反映作者对某一个问题的研究结论。许多学科中的新发现、新进展、新成就以及所提出的新研究课题、新设想，都是以会议论文（摘要）的形式向公众首次发布的。

　　对于一名科技工作者而言，如果想让公众知道自己的研究成果（新发现或新技术），典型公开形式有期刊发表、会议交流和申请专利。需要说明的是：研究成果的公开具有一定的时间顺序，不能随意混淆。对于科学发现：会议论文公开在先，期刊发表在后。对于技术发明：申请专利在先，学术会议交流在后，否则将无法申请专利。

3.1.3　学位论文

　　学位论文（Thesis，Dissertation）是高等学校或研究机构的学生为获得专业资格、取得相关学位，在导师的指导下而撰写的学术性研究论文。大部分国家（包括我国）的学位论文主要有如下三类。

　　（1）学士（Bachelor）学位论文或毕业设计　指大学本科毕业生申请学士学位要提交的论文或设计。工科大学生提交的毕业设计格式与科技论文的目的相同、形式相似。论文或设计应反映出作者具有专门的知识和技能，具有从事科学技术研究或担负专门技术工作的初步能力。这种论文一般只涉及不太复杂的课题，论述的范围较窄，深度也较浅，因此，严格地说，学士论文一般难以在科技期刊上发表。

　　（2）硕士（Master）学位论文　指硕士研究生申请硕士学位时要提交的论文。其是在导师指导下完成的、必须具有一定程度的创新性，强调作者的独立思考能力。通过答辩的硕士论文，应该说其核心内容达到了在科技期刊上发表的水平。

　　（3）博士（Doctor）学位论文　指博士研究生申请博士学位时要提交的论文。博士论文应反映出作者具有的坚实、广博的基础理论知识和系统、深入的专门知识，反映出作者具有独立从事科学技术研究工作的能力，应反映出该学科技术领域最前沿的独创性成果。因此，博士论文被视为重要的科技文献。

　　学位论文中，硕士、博士学位论文，内容较多，具有较高的学术价值。如：硕士学位论文大部分都有 3~5 章，既有综述，也有系统的研究成果。从成果的公开时间看，会议论文内容的公开时间要早于期刊论文，而学位论文内容公开的时间与期刊论文公开时间会有交错。学位论文的部分章节内容可以在学位论文公开前就在期刊上发表，而有些章节内容则可在毕业答辩（提交论文以后）以后陆续发表，甚至一直不发表。

3.2　科技论文的构成与知识获取

　　三大类科技论文即期刊论文、会议论文、学位论文，构成基本相同。其中，期刊论文的影响力最大，也最为规范。期刊的论文从刊载内容可以简单分为两大类，即研究论文（包括原始研究论文、快报）和综述论文（述评论文）。会议论文和学位论文则与期刊论文有相似之处。

　　科技论文的编排格式是相对固定的，甚至有专门的国家标准来规范科技期刊论文的结构组成。也就是说，科技论文的基本框架大致相同，但内容各具特色。可以这样说，科技论文是用"相似的容器盛放不同的美味"。科技论文的基本框架包括"前置"和"主体"两大部分，也可以分为前置部分、正文部分、支撑（后置）部分（表 3-3）。具体如下。

表 3-3　科技论文的构成

构成	期刊研究论文	期刊综述论文	会议论文	学位论文
前置部分	论文标题 作者姓名 通讯地址（作者简介） 摘要、关键词、分类号	论文标题 作者姓名 通讯地址（作者简介） 摘要、关键词、分类号	论文标题 作者姓名 通讯地址	论文标题 作者姓名、导师姓名 毕业单位（作者信息） 摘要、关键词
正文部分	引言 实验方法；结果与讨论 结论	引言 正文 结论（展望）	详细摘要（包括 引言、方法、结论）	第 1 章 综述或绪论 第 2 章 研究成果（包括引言、实验部分、结果讨论、结论） 第 3 章、第 4 章…… 第 N 章 总结与展望
支撑部分	致谢 参考文献 附录（选项）	致谢 参考文献	致谢 参考文献	附录（选项） 参考文献 致谢

（1）前置部分　包括论文标题、作者姓名、通讯地址（作者简介），以及摘要、关键词、分类号等。说明如下：①通讯地址主要包括作者单位、地址、邮编、Email、电话等；部分期刊以脚注方式提供作者简介（主要包括职称和研究领域），学位论文常常提供作者信息；②国内期刊一般提供分类号，国际性期刊则给出 DOI 号（Digital Object Identifier：数字对象唯一标识符）；③前置部分的英文标题（Title）、作者（Authors）、摘要（Abstract）、关键词（Key Words）等信息，在部分期刊中放在论文最后；而致谢部分有时提前到首页。

（2）正文部分　包括引言（前言）（Introduction）、正文（包括图、表）、结论（Conclusions）。对于期刊研究论文、综述论文及会议论文而言，正文部分差异较大。其中，一般是将会议论文中的摘要拓展为详细摘要，与关键词一起组成正文部分。

（3）支撑部分（后置部分）　包括参考文献（References）、致谢（Acknowledgement）、附录等。致谢主要是感谢提供了经费支持的项目，或者提供了帮助的某人或单位。致谢有时在结论的后面，有时候前移到第 1 页的页脚，或在作者通讯地址之后。参考文献指作者阅读过的与论文课题相关的信息源，附在论文后，对这篇论文起支撑作用。近年来，在线公开的许多高水平期刊，为了节省版面，提供免费的在线附录 SI（全称为 Supplementary Information、Supplementary Materials 或 Supporting Information），论文正文中提供 SI 链接。

接下来通过具体实例剖析期刊研究论文、期刊综述论文、会议论文、学位论文的构成，认识科技论文的构成、特点及作用，并了解如何获取知识。

3.2.1　期刊研究论文的构成与知识获取

【例 3-1】　以发表在《科学通报》上的一篇期刊研究论文（题录：朱永峰，何玉凤，王荣民，李岩，宋鹏飞，"白蛋白锌卟啉结合体光解水产氢性能"，科学通报，2011，56（17）：1360-1366）为例说明论文的构成与知识获取方法。这是一篇实验性研究论文，其各部分组成如表 3-4 所示。

打开该研究论文原文，依次看到前置部分、正文部分、支撑（后置）部分。①第 1 页有论文标题、作者姓名、通讯地址、摘要、关键词，这些属于前置部分。在论文最后一页，是英文的"标题、作者、通讯地址、摘要、关键词"，还有 DOI 号，这些也属于前置部分的内容。②正文部分：第 1～2 页有"引言和实验部分"。引言中简单说明了课题的研究意义和研究内容；实验部分首先说明了所使用的原材料或试剂、仪器，然后说明了所采用的研究方法（Materials and Methods）。在结果与讨论（Results and Discussion）（第 2～5 页）中，给出了典型的结果，涉及产物的表征与性能测试，并用图、表对结果进行了对比分析。最后是结论（第 5 页）。③支撑部分（后置部分）：第 5～6 页是参考文献。在首页的摘要前，有论文经费来源"教育部新世纪优秀人才支持计划、国家自然科学基金、甘肃省科技支撑计划"等资助项目，这是"致谢"，属于前移的支撑部分。

表 3-4　实验性研究论文构成、实例及知识获取

组成结构	实例内容	知识获取
论文标题	白蛋白锌卟啉结合体光解水产氢性能	
作者	朱永峰，何玉凤，王荣民 * ，李岩，宋鹏飞	
单位，地址	西北师范大学化学化工学院，兰州 730070 * 联系人，E-mail：wangrm@nwnu.edu.cn	
注释 致谢	2010-11-01 收稿，2011-01-14 接受； 教育部新世纪优秀人才支持计划（NCET-06-0909）、国家自然科学基金（20964002）和甘肃省科技支撑计划（1011GKCA017）资助项目	
摘要	将难溶性的锌卟啉（ZnTpHPP）与牛血清白蛋白（BSA）结合，制得一类新型水溶性生物高分子金属卟啉配合物（BSA-ZnTpHPP）。通过紫外可见光谱……对 BSA-ZnTpHPP 的结构进行了表征，发现二者以配位键结合……考察了 BSA-ZnTpHPP 的光敏感性，发现 BSA-ZnTpHPP 在光照条件下易变成三重激发态，可以将电子转移给甲基紫精（MV^{2+}）。以三乙醇胺为电子供体，甲基紫精为电子中继体，考察了 BSA-ZnTpHPP 的光诱导水解产氢性能，结果表明，这类水溶性生物高分子金属卟啉光敏剂具有良好的光解水产氢性能	核心成果
关键词	生物高分子，光敏剂，金属卟啉，白蛋白，电子转移反应，产氢	检索词
引言	能源和环境是困扰当今及未来人类发展的关键问题，传统的化石能源不可再生，同时对环境造成很大的污染。在新型能源中，氢能[1]因具有无污染、碳的零排放、可再生等特点，被普遍认为是一种最有吸引力的替代能源[2]。在诸多制氢方法中，以太阳光为能源的光解水产氢体系是一种能量消耗较少，成本较低且无碳排放的高效产氢技术[3-5]。在此体系中光敏剂的选择至关重要。典型的光敏剂有……金属卟啉也是一种优良的光敏剂[13]，……金属卟啉作为光敏剂表现出优异的性能。然而，在水相中进行的光诱导电子转移反应体系，使用的金属卟啉光敏剂需要在水中可溶。而大部分人工合成的金属卟啉难溶于水，将其应用于光解水产氢体系中需要有机溶剂或采用胶束，使得金属卟啉在电子转移反应中的应用受到很大限制。 　　来源相对丰富且稳定性良好的水溶性白蛋白常被用作天然高分子载体，其内部空腔可以与许多化合物结合[21]。将金属卟啉分子与白蛋白结合后，所得白蛋白金属卟啉结合体在水中有较好的溶解性[22]，从而在水溶液中金属卟啉能更好地发挥其功能特性[23]。本文将合成的水难溶性金属锌卟啉，即中位-四(4-羟基苯基)卟啉锌配合物（ZnTpHPP）与水溶性牛血清白蛋白（BSA）结合，制得了一类新型的水溶性生物高分子光敏剂，并将其应用于光解水产氢体系	背景 研究意义
实验部分 仪器和试剂 制备与性能 测试方法	1　实验 1.1　试剂与仪器 　　牛血清白蛋白（BSA，M_w＝67000，上海伯奥生物科技有限公司，AR）；吡咯（国药集团化学试剂有限公司，使用前新蒸）；…… 　　透析膜（MWCO：3500，三光纯叶株式会社）使用前需处理；Agilent 8453 型紫外-可见分光光度计；…… 1.2　锌卟啉配合物的合成 　　中位-四(4-羟基苯基)卟啉配体（H_2TpHPP）按文献方法[25]合成。 1.3　BSA-ZnTpHPP 的制备 　　分别配制 BSA/PBS 与 ZnTpHPP/EtOH 溶液。在结合瓶中制备牛血清白蛋白与锌卟啉的结合体，即在 1mL ZnTpHPP/EtOH 溶液中加入一定量的 BSA/PBS 溶液，使 ZnTpHPP 与 BSA 的分子数比例为 5∶1，避光条件下……，可分别得到锌卟啉/牛血清白蛋白结合比例不同的 BSA-锌卟啉结合体（BSA-ZnTpHPP-n，n＝1，3，10）。 …… 1.5　BSA-ZnTpHPP 的光解水产氢性能 　　(1)BSA-ZnTpHPP 的光敏性。以 TEOA 为还原剂，BSA-ZnTpHPP 为光敏剂，采用荧光法考察甲基紫精（MV^{2+}）对 BSA-ZnTpHPP 的……电子转移情况。 　　(2)BSA-ZnTpHPP 光解水产氢性能。以 BSA-ZnTpHPP 为光敏剂……，用 450W 高压汞灯作为光源，每隔一定时间，用气体进样器抽取反应器中的气体，并进行气相色谱分析，测定 H_2 的含量	具体方法

组成结构	实例内容	知识获取
结果与讨论	2.1　BSA-ZnTpHPP 的表征 　　首先考察了 ZnTpHPP 结合量对 BSA-ZnTpHPP 结合体溶解性的影响。即将不同配比的 ZnTpHPP 与 BSA 结合，……其中，锌卟啉与 BSA 以低比例结合时（BSA-ZnTpHPP-n，$n=1$，3）较为稳定，能室温静置（避光）较长时间。其次，分别用 UV-Vis、CD、Native-PAGE 考察了 ZnTpHPP 与 BSA 的结合方式。 　　（1）紫外可见光谱（UV-Vis）…… 　　（2）圆二色谱…… 　　（3）非变性聚丙烯酰胺凝胶电泳…… 2.2　BSA-ZnTpHPP 的光解水产氢性能 　　……	表征测试方法与结果
结论	将易合成但水难溶性的锌卟啉（ZnTpHPP）与生物高分子 BSA 结合，制得一类新的水溶性生物高分子光敏剂。白蛋白结合少量锌卟啉不会改变白蛋白的二级结构、水溶性与稳定性；这类生物高分子金属卟啉光敏剂具有良好的光解水产氢性能，在光照 5h 后体系产氢率达到 1.73mL(H_2)/L，光敏剂转化数达到 7.7。研究结果为太阳能的利用提供了新型的水溶性光敏剂，从而拓宽了光敏剂的选择范围	该论文成果
参考文献	[1]Navarro R M, Pena M A, Fierro J L G, Hydrogen production reactions from carbon feedstocks：fossil fuels and biomass. Chem Rev, 2007, 107：3952-3991. 　　…… 　　[23] Wang R M, Song J F, He Y F, et al. Conjugation of chitooligosaccharide -5- fluorouracil with bovine serum albumin . Chin Chem Lett, 2006, 17：1495-1498. 　　[24] 王荣民，朱永峰，何玉凤，等 . 金属卟啉蛋白质结合体的结构与功能 . 化学进展，2010，22：1952-1963. 　　……	相关方法
Title Authors Address Abstract Keywords	Albumin/zinc porphyrin conjugates for photosensitized reduction of water to hydrogen ZHU Yongfeng, HE Yufeng, WANG Rongmin*, LI Yan, SONG Pengfei *College of Chemistry and Chemical Engineering, Northwest Normal University, Lanzhou 730070 ,China* 　　A novel water soluble biopolymer metalloporphyrin complex（BSA-ZnTpHPP）was prepared …… The BSA-ZnTpHPP/MV^{2+}/TEOA/colloidal Pt system was applied to photosensitized reduction of water for preparation of hydrogen. The water-soluble biopolymer metallporphyrin complex was an excellent biopolymer photosensitizer 　　Biopolymer photosensitizer；Albumin；Metalloporphyrins；Photoinduced electron transfer reaction；Hydrogen production	专业英文词汇

　　注：为重点呈现各部分内容，表格中使用省略号代替部分内容，建议对照原文阅读。

　　不难看出，研究论文前置部分的英文信息、支撑部分的致谢信息，位置并不完全固定。再回溯至第 1 页的"页眉"和"页脚"，页眉有期刊名称"科学通报"、出版年、卷（期）和起-止页码等信息，页脚是英文引用格式，也就是英文"题录"。

　　那么，从该研究论文中可以获得哪些知识呢？

　　事实上，对于不同阶段或水平的读者，所关注的侧重点不同。例如：对于新手，只关注标题、引言与结论即可，也可以从摘要中获得所需信息；对于正在该领域进行科学研究（实验）的研究生或科研人员，就需要关注实验部分、结果与讨论等更加详细的信息。对于准备撰写研究论文的人员，不但要关注上述内容，还要学习其表达方式、绘图方式、文献著录格式等。

3.2.2　期刊综述论文的构成与知识获取

　　综述的特点就是综合叙述，是研究人员在进行论文撰写或研究工作前，以检索获得的科技信息源为素材，运用逻辑的、数学的或直觉的方法，对于已获得的知识进行分析、综合归纳，从中找出共同性的或具有发展趋向性的特征和规律，并在此基础上提出自己的意见、观点、建议或方案，最后编写出的研究成果的综述或评论，即综述论文。

【例 3-2】　以一篇期刊综述论文（题录：王荣民，王云普，李树本，"O_2 选择氧化烷烃新进展"，化学通报，1999，(8)，8-12）为例，剖析期刊综述论文的编排格式、内容特点及知识获取方法（表 3-5）。

表 3-5　期刊综述论文的构成、实例及知识获取

组成结构	论文实例内容（缩减版）	知识获取
论文标题	O_2 选择氧化烷烃新进展	
作者	王荣民[1,2]　王云普[1]　李树本[2]	
单位，地址	（[1] 西北师范大学化学系　兰州　730070） （[2] 中国科学院兰州化学物理研究所羰基合成与选择氧化国家重点实验室　730000）	
摘要	综述了 90 年代以来有关金属络合物催化 O_2 选择氧化烷烃研究的进展。如：卤代卟啉铁络合物在无还原剂存在下催化烷烃羟基化，类卟啉金属络合物催化烷烃氧化及高分子或固载化金属络合物的催化性能	核心内容
关键词	催化氧化作用，金属络合物，分子氧，烷烃	检索词
英文标题 作者 （单位，地址） 摘要 关键词	Advanced in aerobic oxidation of alkane Wang Rong-Min[1,2] Wang Yun-Pu[1] LI Shu-Ben[2] （[1] Department of Chemistry, Northwest Normal University, Lanzhou, 730070） （[2] OSSO Key State Laboratory, Lanzhou Institute of Chemical Physics, Academia Sinica, Lanzhou 730000 ） Researches on the aerobic oxidation of alkane catalyzed by metal complexes were reviewed Alkane Aerobic oxidation Metal complexes Catalyzing	专业英文 词汇
作者简介 （首页脚注）	王荣民　男，33 岁，教授，主要从事……研究和……的教学工作……	
引言	分子氧对于地球上所有动物，包括人类来说都是至关重要的，由于它为生命提供能量、促进新陈代谢。在化学工业中也同样重要，作为最通用的氧化剂，分子氧已用于大规模生产……这些成功的过程，由于操作中的温度或压力的因素而受到限制。因此……在环境保护日益受到重视的今天，使用分子氧作氧化剂更具现实意义。 由于生物生命活动体系中的氧化反应是在十分温和的条件下进行的，因此，生物模拟研究主要集中…… 已进行了大量的研究工作来模拟生物氧化反应[1]。90 年代以来，有关卟啉类和非卟啉类金属络合物活化分子氧及在催化氧化反应中的应用有了长足的进步，在此，只对金属络合物活化分子氧及在催化 O_2 氧化烷烃做一综述	课题背景 研究意义
正文部分	1　金属卟啉催化烷烃羟基化 …… 1.1　高卤代金属卟啉催化氧化性能 Lyons[2] 和……小组的最新研究表明，卤代金属卟啉是用 O_2　直接氧化烷基生成醇和羰基化合物有效的催化剂，而无需助还原剂、化学计量氧或光、电化学技术辅助，产率可达 90%。 …… 可以得到如下结果…… 卤代铁卟啉的高催化活性和可循环性归结于如下因素…… 1.2　高分子固载金属卟啉 …… 2　类卟啉金属络合物催化体系 2.1　水杨醛希夫碱络合物 2.2　冠醚络合物 …… 4.3　高分子卟啉及类卟啉金属络合物 ……	系统知识 方法总结

续表

组成结构	论文实例内容(缩减版)	知识获取
结束语部分	5　结束语 作为 O_2 氧化烷烃的催化剂,多卤代铁卟啉络合物由于在相对温和的条件下具有很高的催化活性且无须消耗助还原剂而受到注目。但其缺点是成本高……。通过研究取代卟啉络合物催化氧化机理和取代效应,能给我们一些启示来合成更有前途的催化剂……。类卟啉金属络合物,尤其是高分子类卟啉金属络合物由于较高的催化活性和选择性以及易于合成也受到广泛关注,这些研究方向正在得到重视	现有技术缺陷发展趋势
致谢	感谢国家自然科学基金资助项目的资助	
参考文献	[1]Montanari F, Casella L. Metalloporphyrins Catalyzed Oxidation, London：Kluwer Academic Publisher,1994. [2]Grinstaff M W, Hill M G, Labinger J, et al. *Science*,1994,264：1311-1313. ……	相关知识

综述论文的基本构成与研究论文一样,也由前置部分、正文部分和支撑（后置）部分三大块组成。与研究论文不同的地方在于正文部分：综述论文的正文里没有实验方法、结果与讨论,只有"正文"。另外,综述论文的结论通常写为总结与展望。综述论文和研究论文正文部分之所以并不一样,主要是因为研究论文的对象是一种材料或方法,可以给出具体的研究结果,而综述论文的对象则是一类或几类材料或方法,只能给出概况与进展。

综述内容主要来源于最新研究成果（如：论文、专利、科技报告等）,是作者对最新研究成果的总结。因此,我们可以从中获得比教材、科技图书更新的知识体系,又避免了研究论文内容的散乱性。读者可根据自己需要阅读或取舍相关部分内容。

总之,从期刊研究论文中,我们可以获得最新的原始研究成果；从期刊综述论文中,我们可以获得近期最新研究成果的总结。虽然此类总结的系统性没有科技著作强,但前沿性很强。

3.2.3　会议论文的构成与知识获取

会议论文结构组成与研究论文相似,也包括前置部分、正文部分、支撑（后置）部分。但是,其前置部分的摘要与关键词后移到正文部分,并将摘要适当扩充成为详细的摘要。因此,会议论文的正文部分十分简洁。

【例 3-3】　以中国化学会年会的一篇邀请报告（题录：王荣民 *,钱文珍,王建凤,熊玉兵,宋鹏飞,何玉凤,"废弃天然高分子的再利用途径",中国化学会第 30 届学术年会,大连,2016.7.1-4,ID：49-I-014）为具体实例,简单分析论文的构成与知识获取方法。会议论文的组成结构如表 3-6 所示。

由表 3-6 可以看出会议论文有：标题、作者、通讯地址、关键词、详细摘要,以及参考文献。但是省略了致谢。详细摘要就是正文部分。这里的参考文献是按照会议统一要求的著录格式撰写的：作者姓（全称）前名（缩写）后,姓与名之间用逗号（,）分隔；作者之间用分号（;）分隔。期刊用斜体字,年用粗体字。

从会议论文中,我们可以看到核心成果（包括主要方法与重要结论）,从而可以了解到最新的研究动态。

表 3-6 会议论文的组成结构

各部分	内容	知识获取
论文标题	废弃天然高分子的再利用途径	
作者	王荣民*,钱文珍,王建凤,熊玉兵,宋鹏飞,何玉凤*	
单位,地址	西北师范大学化学化工学院,生态环境相关高分子材料教育部,兰州,730070. * Email:wangrm@nwnu	
正文部分	现代工业的发展在促进人类社会物质文明繁荣的同时,导致了大量生物质资源的浪费。废弃生物质材料主要来源于农业生产废弃物、农副产品与食品加工废弃物、林业与城市绿化废弃物及生活垃圾。随着环境、能源等问题日益突出,废弃生物质资源的再利用研究越来越受到关注。本文在总结废弃生物质材料主要来源与传统处理方法(包括燃烧法、饲料化、肥料化与基质化处理)的基础上,介绍了本课题组针对一些废弃天然高分子或廉价天然高分子进行高附加值再利用的研究工作,如:以废弃的天然高分子(羽毛角蛋白)或廉价天然高分子(如玉米醇溶蛋白、大豆分离蛋白)为原料,通过原位聚合、接枝聚合,制备具有刺激响应性高分子材料。总之,以废弃生物质材料为主要原料,开发新型基质与功能材料是发展趋势	核心成果
关键词	废弃生物质;廉价天然高分子;羽毛角蛋白;植物蛋白;智能高分子材料	检索词
参考文献	[1] Yin, X.; Li, F.; He, Y.; Wang, Y.; Wang, R-M., *Biomater Sci.* **2013**, 1(5): 528-536. 　　[2] Li, F.; Yin, X.; Zhai, W.; He, Y.; Wang, R-M., *Aust J Chem.* **2016**, 69(2): 191-197.	相关知识
致谢		
英文	省略	

3.2.4 学位论文的构成与知识获取

学位论文也包括前置部分、正文部分和支撑(后置)部分。但是,学位论文的各部分都很详细。

【例 3-4】 图 3-1 为硕士学位论文(题录为:张展程,"多糖类天然高分子诱导合成 BiOX 微米花及其光催化性能",西北师范大学硕士学位论文,兰州,2020)的封面 [图 3-1(a)] 与目录 [图 3-1(b)]。从目录就可以看出,硕士学位论文中的第 1 章与综述论文相似,其余各章节的内容构成与研究论文十分相似。

学位论文的前置部分有论文标题作者姓名、导师姓名、毕业单位(作者信息)、摘要、关键词。其中,作者信息在论文封面上就能看到,封面还包括以下内容:分类号,标题(副标题),作者姓名,专业或学科、研究方向,指导教师姓名,日期。也要给出目录,一般到二级标题或章节即可,摘要(中、英文)应概述文章的主要内容,使读者看了之后就明白文章写得是什么。

正文部分大部分是分章节叙述,一般情况下,第 1 章为绪论或综述,在对已有工作进行综述后,讲述前人所做的工作、存在的问题、本课题研究的意义及理论依据。后续章节叙述本论文的研究内容与成果,采取的研究或实验方法及步骤,分析问题,提供有关论据,继而得出结论。

支撑部分含参考文献、致谢及附录等。将已在文中引用的中、英文参考文献,按照不同类型文献的题录著录格式顺序列出;致谢应包括对论文写作过程中提供帮助的人的感谢,其中包括导师及其他老师、个别提供帮助的同学、某些专家及基金项目机构等。

当然,为达到资源共享和国际交流的目的,国家标准《学位论文编写规则》(GB/T 7713.1—2006),借鉴国际标准 ISO 7144:1986 Documentation-Presentation of theses and

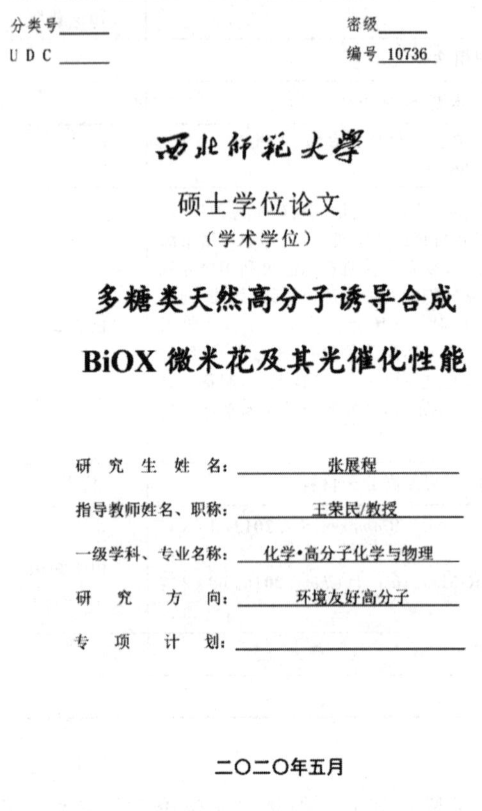

分类号_____　　　　密级_____
U D C _____　　　　编号 10736

西北师范大学

硕士学位论文
（学术学位）

多糖类天然高分子诱导合成
BiOX 微米花及其光催化性能

研 究 生 姓 名：　　　张展程
指导教师姓名、职称：　　王荣民/教授
一级学科、专业名称：　化学·高分子化学与物理
研 究 方 向：　　环境友好高分子
专 项 计 划：　　_____

二〇二〇年五月

(a) 封面

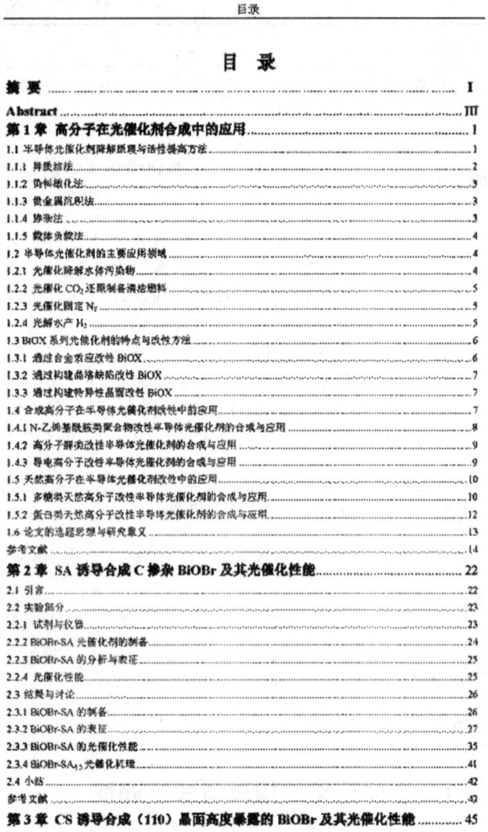

目　录

摘 要 I
Abstract III
第 1 章 高分子在光催化剂合成中的应用 1
1.1 半导体光催化剂降解原理与活性提高方法 1
1.1.1 异质结化法 2
1.1.2 贵金属化法 3
1.1.3 贵金属沉积法 3
1.1.4 掺杂法 3
1.1.5 载体负载法 4
1.2 半导体光催化剂的主要应用领域 4
1.2.1 光催化降解水体污染物 4
1.2.2 光催化 CO2 还原制备清洁燃料 5
1.2.3 光催化固定 N2 5
1.2.4 光解水产 H2 5
1.3 BiOX 系列光催化剂的特点与改性方法 6
1.3.1 通过合金化改性 BiOX 6
1.3.2 通过构建晶格缺陷改性 BiOX 7
1.3.3 通过构建特异性晶面改性 BiOX 7
1.4 合成高分子在半导体光催化剂改性中的应用 7
1.4.1 N-乙烯基吡咯烷酮聚合物改性半导体光催化剂的合成与应用 8
1.4.2 高分子刷类改性半导体光催化剂的合成与应用 9
1.4.3 导电高分子改性半导体光催化剂的合成与应用 9
1.5 天然高分子在半导体光催化剂改性中的应用 10
1.5.1 多糖类天然高分子改性半导体光催化剂的合成与应用 10
1.5.2 蛋白质类天然高分子改性半导体光催化剂的合成与应用 12
1.6 论文的选题思想与研究意义 13
参考文献 14
第 2 章 SA 诱导合成 C 掺杂 BiOBr 及其光催化性能 22
2.1 引言 22
2.2 实验部分 23
2.2.1 试剂与仪器 23
2.2.2 BiOBr-SA 光催化剂的制备 24
2.2.3 BiOBr-SA 的分析与表征 25
2.2.4 光催化性能 25
2.3 结果与讨论 26
2.3.1 BiOBr-SA 的制备 26
2.3.2 BiOBr-SA 的表征 35
2.3.3 BiOBr-SA 的光催化性能 41
2.3.4 BiOBr-SA1.5 光催化机理 41
2.4 小结 42
参考文献 42
第 3 章 CS 诱导合成（110）晶面高度暴露的 BiOBr 及其光催化性能 45

(b) 目录

图 3-1　硕士学位论文的封面（a）与目录（b）

similar documents《文献-论文和相关文献的编写》，对我国的学位论文编写规则提出规范：学位论文一般包括前置部分、主体部分、参考文献、附录、结尾部分 5 部分，当然，后三项可以归类于支撑（后置）部分。有关科技论文的撰写的另一件标准是《科学技术报告、学位论文和学术论文的编写格式要求》（GB/T 7713—1987）。最新版本的相关标准正在制定中。

学位论文公开的时候，其一部分内容已经申请了专利，或者已经通过会议公开或期刊发表，一部分内容则在以后发表，也有部分内容一直不发表。

学位论文内容详细，有具体的方法，有成功的结果，也有失败的教训。所以，学位论文特别有利于初学者（尤其是准备开展毕业论文工作的同学）入门学习。但是，由于绝大多数论文作者经验不足，所以其学位论文中常常会出现错误。

3.3　国际国内核心期刊及影响力

3.3.1　期刊水平的评判与高质量论文的筛选

对学生来说，"学霸""高考状元"是用考试分数对比出来的。而科学家们则用他们的成果进行对比，看谁的成果对人类社会的贡献更大，例如，提出万有引力的牛顿、提出相对论的爱因斯坦、杂交水稻专家袁隆平、发现青蒿素的屠呦呦。但是，许多成果需要长时间的检验，诺贝尔奖获得者的平均年龄是 59 岁，屠呦呦获诺贝尔奖的时候已经是 85 岁高龄了。

那么，对于青年学者来说，如何比较他们的学术水平呢？答案还是看成果。其中，在基础研究领域，一种重要的指标是比较"高水平期刊论文"，也就是将自己高水平、创新的成果，发表在"高水平"期刊上或者发表的论文被引用次数多（高被引论文），从而体现其引领学科发展。

全世界的科技期刊约有 13 万种，每年发表的论文约数百万篇，论文质量参差不齐，因而造成检索某一主题时文献的筛选和甄别十分困难。那么，如何评判期刊的水平和筛选高质量论文？国际上常用 SCI 影响因子（Impact Factor，IF）区分期刊的水平。期刊的 IF 越高，其刊载的论文水平越高。读者可以根据不同学科（分区）和影响因子，选择该学科的高水平论文。

进入网络时代后，谷歌推出了学术指标（Google Scholar Metric），其作用与 IF 相似。谷歌学术指标为 $h5$ 指数（$h5$-index），即指某一期刊在过去 5 年间发表的 h 篇文章中每篇至少都被引用过 N 次，这里的 N 就是 h 指数。例如，排名最高的 *Nature*，2010 年至 2014 年 $h5$ 因子为 377，表明这一期间 *Nature* 共有 377 篇文章引用数不低于 377 次。谷歌学术指标的优点是可显示出版物的综合整体实力，而且可免费使用。当然，目前尚未完全普及使用。

一般情况下，高水平期刊上发表的论文质量较高，因为 IF 越高的期刊，其投稿率就越高，审稿也越严格。也有一些论文尽管发表在 IF 较低的期刊上，但是如果受到广泛关注（高引用率），也能证明其论文质量较高。那么，如果是同一本杂志上发表的不同论文，又如何进行比较？这时需要使用论文被引用次数，也就是论文发表以后，其他人阅读后在他们发表论文时作为参考文献引用的次数。引用次数越多，说明论文成果的关注度越高、影响力越大。引用次数最多的论文叫"高被引论文"。

3.3.2　国际核心期刊 SCI 与 EI 索引体系

核心期刊是由适当的评价体系筛选出来的。目前，国际知名的两种核心期刊就是大家所熟知的 SCI 与 EI。

（1）科学引文索引（SCI）原理与用途　绝大多数科学研究（基础研究）成果是通过期刊论文公开的。在为数众多的基础研究成果（期刊论文）中，为了能够较为客观地评判已发表论文的价值，国际上采用的是引文索引（Citation Index），比较知名的是美国《科学引文索引》（Science Citation Index，SCI），它也是一种重要的文献检索与分类工具。

引文索引是对所有被别人引用过的文献建立的索引。有了引文索引，我们就可以通过一个作者或一篇文献，检索到该作者或文献所引用的参考文献；也可以检索到与该作者引用相同参考文献的文献，即相关文献，从而扩大检索范围，而且一般检索到的文献都是内容密切相关的文献。

美国科学信息研究所（Institute for Scientific Information，ISI）是世界著名的文献情报机构，编辑出版多种索引，其中最重要的三个索引分别如下。①科学引文索引（SCI），创刊于 1961 年，主要考察文献间的联系，即通过文献的参考文献将不同的文献联系起来，并由此建立一个数据库，揭示文献之间的关系，并提供即时前瞻与回溯进展的方法，因此其是一种重要的检索工具。以前 SCI 数据库里有 3000 多种期刊，目前拓展为 SCIE（SCI-Expanded），共收录了 6000 多种期刊，覆盖 150 多个学科领域。②社会科学引文索引（SSCI）。③艺术与人文学引文索引（A&HCI）。

由于被引用次数体现了所发表论文被他人阅读和利用的程度，因此，世界各国均将被

SCI 收录的论文数作为评价大学或研究所在基础研究方面实力的一个重要指标。中国科学技术信息研究所（www.istic.ac.cn）也定期发布中国大学和研究所被 SCI 收录的论文数和排行榜，但需要注意的是，它只代表了大学和研究所在基础研究方面的实力。

虽然 SCI 是一个相对客观的评价工具，但也有一些自身缺陷。因此，不能完全依赖其评价个人或单位的实力。

（2）EI（工程索引）与 EV   EI（The Engineering Index，工程索引）是美国工程信息公司（The Engineering Information Inc.）出版的世界著名检索工具，也是检索世界各国工程领域内学术文献的最主要和最权威的工具之一。报道的内容比较广泛，对新学科和边缘学科反应迅速。其主要报道工程技术信息，内容涵盖化工、农业、生物工程、环境、燃料工程、石油、冶金、矿产、核能、宇航工程、汽车与机车、控制工程、电工与电子以及软件科学等领域。

Engineering Village（EV），即"工程村"网络版（www.ei.org），一个综合工程信息检索平台，有多个数据库支持。EV 以核心数据库 EI Compendex Web 为主，并提供与世界范围内大量数据库的链接，在世界范围内收集、筛选、组织工程类的网络信息资源。EI Compendex Web 是 EI 网络版的核心数据库，收录的文献内容涉及工程技术的所有学科，其中化工和工艺类的期刊文献最多，约占 15％。国内部分高校与科研院所可免费检索。

利用 EV 检索平台检索工程技术文献的具体使用方法详见第 7 章。

3.3.3　SCI 期刊影响因子（IF）与 SCI 期刊分区

被 SCI 收录的期刊之间是通过影响因子（IF）进行比较的。IF 是 SCI 期刊引用报告（Journal Citation Reports，JCR）中期刊的影响因子，指的是该刊前两年发表的文献在当年的平均被引用次数。一种刊物的影响因子越高，即其刊载文献的被引用率越高，一方面说明这些文献报道的研究成果影响力越大，另一方面也反映该刊物的学术水平越高。因此，JCR 以其大量的期刊统计数据及计算的影响因子等指数而成为一种期刊评价工具。

目前，每年都会公布上一年度的期刊引证报告数据，用户可直接进入相关数据库查阅。部分网站（例如，scijournal.org）也提供年度影响因子供读者查询。

由于不同学科之间的 SCI 期刊很难进行比较和评价，我们可根据期刊引用报告（JCR）分区表对 SCI 论文进行评价。国内主流参考的 SCI 分区依据主要有中科院 JCR 分区表以及汤森路透（Thomson Reuters）JCR 的 Journal Ranking 分区两种。其中，中科院 JCR 分区表被更多的机构采纳以作为科研评价的指标。期刊的中科院 JCR 分区法与汤森路透 JCR 分区法的主要区别见图 3-2。

中国科学院国家科学图书馆世界科学前沿分析中心（原中国科学院文献情报中心），对目前 SCI 核心库加上扩展库期刊的影响力等因素，以年度和学科为单位，对 SCI 期刊进行 4 个等级的划分。一般而言，发表在 1 区和 2 区的 SCI 论文，通常被认为是该学科领域比较重要的成果。

近年来，我国科技期刊的影响力逐步提高。接下来将化学化工领域 SCIE 收录的部分国际知名期刊与国内化学相关期刊的名称（中文翻译）、ISSN 号、JCR 影响因子（IF）、中科院期刊分区、谷歌学术指标 $h5$ 指数（$h5$-index）等信息列于表 3-7。

目前，部分网站可免费查询 SCI 期刊最新影响因子，如：LetPub（www.letpub.com.cn）；MedSci（www.medsci.cn/sci）；Impact Factor（impactfactor.cn）。

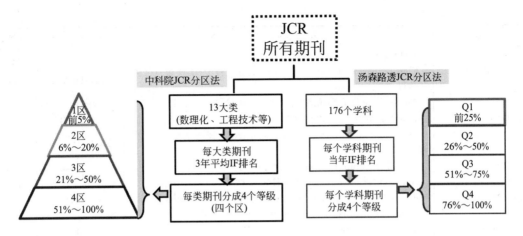

图 3-2　基于 SCI 收录期刊影响因子（IF）的分区

（中科院 JCR 分区法、汤森路透 JCR 分区法）

表 3-7　SCIE 收录的部分国际、国内核心化学期刊及 2020 年影响因子和分区

刊名缩写	刊名/中文①（或英文）译名［ISSN］	IF	分区	h5 指数
Nature	Nature/自然［0028-0836］	42.778	综合 1 区	1096
Science	Science/科学［0036-8075］	41.845	综合 1 区	1058
Chem Rev	Chemical Reviews/化学评论［0009-2665］	52.758	化学 1 区	609
Chem Soc Rev	Chemical Society Reviews/化学会评论［0306-0012］	42.846	化学 1 区	432
Prog Polym Sci	Progress in Polymer Science/聚合物科学进展［0079-6700］	24.505	化学 1 区	244
Accounts Chem Res	Accounts of Chemical Research/化学研究述评［0001-4842］	20.832	化学 1 区	354
Energ Environ Sci	Energy & Environmental Science/能源环境科学［1754-5692］	30.289	工程 1 区	279
Nat Chem	Nature Chemistry/天然化学［1755-4330］	21.684	化学 1 区	187
Coordin Chem Rev	Coordination Chemistry Reviews/配位化学评论［0010-8545］	15.367	化学 1 区	254
J Am Chem Soc	Journal of the American Chemical Society/美国化学会志［0002-7863］	16.612	化学 1 区	542
Angew Chem IntEd	Angewandte Chemie-International Edition（in English）/应用化学—国际版［1433-7851］	12.959	化学 1 区	482
Anal Chem	Analytical Chemistry/分析化学［0003-2700］	6.785	化学 1 区	305
Nat Prod Rep	Natural Product Reports/天然产物报告［0265-0568］	12.000	化学 1 区	157
Sci Bull	Science Bulletin/科学通报（英文版）（2095-9273）	9.511	综合 1 区	90
Chem Mater	Chemistry of Materials/材料化学［0897-4756］	9.567	化学 1 区	337
Green Chem	Green Chemistry/绿色化学［1463-9262］	9.480	化学 1 区	186
Acs Appl Mater Inter	ACS Applied Materials & Interfaces/应用材料与界面［1944-8244］	8.758	工程 1 区	169
Acs Nano	ACS Nano/美国化学会纳米［1936-0851］	14.588	化学 1 区	310
Chem Commun	Chemical Communications/化学通讯［1359-7345］	5.996	化学 1 区	297
Adv Mater	Advanced Materials/先进材料［0935-9648］	27.398	工程 1 区	447
J Catal	Journal of Catalysis/催化杂志［0021-9517］	7.888	工程 1 区	218
Prog Surf Sci	Progress in Surface Science/表面科学进展［0079-6816］	7.136	工程 1 区	72
J Mater Sci Techn	Journal of Materials Science & Technology/材料科学技术学报（英文版）（双月刊 1005-0302）	6.155	工程 1 区	51
Chinese J Catal	Chinese Journal of Catalysis/催化学报（中文版）（0253-9837）	6.146	工程 1 区	45
J Mater Sci Technol	Journal of Materials Science & Technology/材料科学技术学报（英文版）（1005-0302）	6.155	工程 1 区	51
Biomacromolecules	Biomacromolecules/生物大分子［1525-7797］	6.092	化学 2 区	193
J Med Chem	Journal of Medicinal Chemistry/医药化学杂志［0022-2623］	6.205	医学 2 区	240

续表

刊名缩写	刊名/中文①（或英文）译名［ISSN］	IF	分区	h5 指数
Aiche J	AichE Journal 美国化学工程师学会杂志［0001-1541］	3.579	工程 2 区	147
Chinese J Polym Sci	Chinese Journal of Polymer Science/高分子科学（英文版）（0256-7679）	3.154	化学 2 区	30
Analyst	Analyst 分析化学 英国皇家化学会 ［0003-2654］	3.978	化学 2 区	137
Food Chem	Food Chemistry/食品化学［0308-8146］	6.306	工程 2 区	221
Eur J Med Chem	European Journal of Medicinal Chemistry/欧洲药学化学［0223-5234］	5.572	医学 2 区	135
J Nat Prod	Journal of Nature Product/天然产物杂志［0163-3864］	3.779	生物 2 区	124
Appl Clay Sci	Applied Clay Science/应用黏土科学［0169-1317］	4.605	工程 2 区	109
Future Med Chem	Future Medicinal Chemistry/未来药物化学［1756-8919］	3.607	医学 2 区	54
J Med Chem	Journal of Medicinal Chemistry/医学化学杂志［0022-2623］	6.205	医学 2 区	240
Tetrahedron	Tetrahedron/四面体［0040-4020］	2.233	化学 3 区	209
Tetrahedron Leet	Tetrahedron Letters/四面体快报［0040-4039］	2.275	化学 3 区	175
Anal Lett	Analytical Letters/分析快报［0003-2719］	1.467	化学 4 区	56
J Chem Edu	Journal of Chemistry Education/化学教育杂志［0021-9584］	1.385	化学 4 区	70
Sci Chin Chem	Science China Chemistry/中国科学-化学（英文版）（1674-7291）《中国科学》系列见注②。	6.356	化学 2 区	65
Chin Chem Lett	Chinese Chemical Letters/中国化学快报（英文版）（1001-8417）	4.632	化学 2 区	41
J Environ Sci-China	Journal of Environmental Sciences-China/环境科学学报（英文版）（1001-0742）	4.302	环境与生态 2 区	81
Rare Metals	Rare Metals/稀有金属（英文版）（1001-0521）	2.161	工程 2 区	27
Sci Bull	Science Bulletin/科学通报（英文版）［2095-9273］	9.511	综合 1 区	90
Chem Res Chinese U	Chemical Research in Chinese Universities/高等学校化学研究（英文版）［1005-9040］	1.063	化学 3 区	21
Acta Chim Sinica	化学学报（Acta Chimica Sinica）［0567-7351］	2.759	化学 3 区	37
Acta Phys-Chim Sin	物理化学学报（Acta Physico-Chimica Sinica）［1000-6818］	1.379	化学 3 区	31
Chin J Chem	中国化学（Chinese Journal of Chemistry）［1001-604X］	3.862	化学 3 区	34
Acta Polym Sin	高分子学报（Acta Polymerica Sinica）［1000-3304］	1.801	化学 3 区	21
Prog Biochem Biophys	生物化学与生物物理进展（Progress in Biochemistry and Biophysics）［1000-3282］	0.463	生物 3 区	19
Prog Chem	化学进展（Progress in Chemistry）（1005-281X）	1.013	化学 3 区	28
Chem J Chinese U	高等学校化学学报（Chemical Journal of Chinese）（0251-0790）	0.576	化学 4 区	24
Chin J Chem Phys	化学物理学报（Chinese Journal of Chemical Physics）（1674-0068）	1.067	化学 4 区	62
Chinese J Anal Chem	分析化学（Chinese Journal of Analytical Chemistry）（0253-3820）	0.936	化学 4 区	24
Chinese J inorg Chem	无机化学学报（Chinese Journal of Inorganic Chemistry）（1001-4861）	0.756	化学 4 区	45
Chinese J org Chem	有机化学（Chinese Journal of Organic Chemistry）（0253-2786）	1.344	化学 4 区	30
J Inorg Mater	Journal of Inorganic Materials/无机材料学报（英文版）（1000-324X）	0.901	工程 4 区	23
Chinese J Struc Sci	结构化学（Chinese Journal of Structural Chemistry）（0254-5861）	0.737	化学 4 区	21

① 第二列期刊名称的顺序是 先 原文刊名（英文或中文），后翻译的中文名称或对应的英文名称。

② 《中国科学》有不同学科系列（例如，生命科学、化学、数学、地球科学、物理学、力学、天文学、材料、信息科学、技术科学），同一学科有英文版、中文版。例如，SCIENCE CHINA Chemistry（ISSN：1674-7291）IF 为 6.085；《中国科学：化学》（ISSN：1674-7224）。

3.3.4 国内核心期刊

核心期刊是指那些发表该学科或该领域论文较多、使用率（含被引率、摘转率和流通率）较高、学术影响较大的期刊。国内部分机构是根据期刊的引文率、转载率、文摘率等指标确定核心期刊的。

国内有 7 大核心期刊或来源期刊遴选体系：①中国科学院文献情报中心"中国科学引文数据库（CSCD）来源期刊"；②中国科学技术信息研究所"中国科技论文统计源期刊"（CSTPCD，又称"中国科技核心期刊"）（科技核心）；③北京大学图书馆"中文核心期刊"（北大核心）；④南京大学"中文社会科学引文索引（CSSCI）来源期刊"（南大核心）；⑤中国社会科学院文献计量与科学评价研究中心《中国人文社会科学核心期刊要览》，2000 年推出首版，建有《中国人文社会科学引文数据库》（CHSSCD）（人文核心）；⑥《中国核心期刊目录》（RCCSE），由武汉大学邱均平教授主持研制；⑦《中国学术期刊综合引证报告》，清华大学图书馆和中国学术期刊（光盘版）电子杂志社研制，每年发布，建有《中国引文数据库》（CCD）。

目前，大部分学校在科研成果认定中对《引证报告》和《要目总览》所公布的核心期刊都予以承认。其中，《中文核心期刊要目总览》，简称《要目总览》，由北京大学图书馆与北京高校图书馆期刊工作研究会联合编辑出版，《要目总览》每四年出版一次，收编包括社会科学和自然科学等各种学科类别的中文期刊。其中对核心期刊的认定通过五项指标综合评估。《中国科技期刊引证报告》，简称《引证报告》，分为核心版及扩刊版。

《中国科学引文数据库》（Chinese Science Citation Database，CSCD）限于理工科期刊。由中国科学院文献情报中心建立（http：//sciencechina.cn/cscd_source.jsp），分为核心库（C）和扩展库（E）。核心库的来源期刊经过严格评选，是各学科领域中具有权威性和代表性的期刊。目前来源期刊有 1229 种。

为了使读者有选择地查阅文献和投稿，参照中国科学引文数据库核心库期刊目录，列出了国内与化学化工相关的部分核心期刊（不含被 SCIE 收录的国内化学化工期刊）供读者参考（表 3-8）。由于核心期刊目录时有变化，请读者在使用时核对。注意：可在中国科学引文数据库期刊目录（http：//sciencechina.cn/cscd_source.jsp）免费查阅。

表 3-8　国内几种重要的化学化工及相关核心期刊

刊名	编辑主办（或出版社）单位，地址（ISSN）[网址（或邮箱）]
CCS Chemistry	中国化学会，北京市中关村北一街 2 号（2096-5745）[www.chemsoc.org.cn]
化学通报	中科院化学所，北京海淀中关村北一街二号（0441-3776）[www.hxtb.org]
化工进展	中国化工学会和化学工业出版社（1000-6613）[www.hgjz.com.cn]
应用化学	中科院长春应化所，长春市人民大街 5625 号（1000-0518）[yyhx.ciac.jl.cn]
材料工程	中航工业北京航空材料研究院（1001-4381）[jme.biam.ac.cn]
材料科学与工程学报	浙江大学（1673-2812）[clkx.chinajournal.net.cn]
电化学	中国化学会和厦门大学（1006-3471）[electrochem.xmu.edu.cn]
分析测试学报	中国广州分析测试中心、中国分析测试协会（1004-4957）[www.fxcsxb.com]
分析科学学报	武汉大学、北京大学和南京大学（1006-6144）[www.fxkxxb.whu.edu.cn]
高分子材料科学与工程	四川大学高分子研究所，四川省成都市（1000-7555）[pmse.scu.edu.cn]
高分子通报	中国化学会，北京海淀区中关村北一街 2 号（1003-3726）[gfztb.paperopen.com]
功能材料	重庆材料研究院，重庆北碚龙凤三村 26 号（1001-9731）[www.gncl.cn]
功能高分子学报	华东理工大学，上海市梅陇路 130 号（1008-9357）[gngfzxb.ecust.edu.cn]
化工环保	中国石油化工集团资产管理有限公司（1006-1878）[www.hghb.com.cn]

刊名	编辑主办(或出版社)单位,地址(ISSN)[网址(或邮箱)]
化工新型材料	中国化工信息中心,北京市安定路 53 号(1006-3536)[www. hgxx. org]
化工学报	中国化工学会和化学工业出版社(0438-1157)[www. hgxb. com. cn]
中国化学工程学报(英文版)	中国化工学会和化学工业出版社(1004-9541)[www. cjche. com. cn]
化学工业与工程	天津大学(1004-9533)[jchemindustry. tju. edu. cn]
化学世界	上海市化学化工学会(0367-6358)[hxsj. qikan. com]
精细化工	中国化工学会,大连市黄浦路 201 号大连 304 信箱(1003-5214)[www. finechemicals. com. cn]
燃料化学学报	中国化学会(0253-2409)[4686. qikan. qwfbw. com]
日用化学工业	中国日用化学研究院(1001-1803)[www. ryhxgy. cn]
生命的化学	中国生物化学与分子生物学会(1000-1336)[www. life. ac. cn]
石油化工	北京化工研究院,北京市朝阳区北三环东路 14 号(1000-8144)[syhg. chinajournal. net. cn]
石油炼制与化工	中国石油化工股份有限公司(1005-2399)[www. sylzyhg. com]
天然气化工(C1 化学与化工)	西南化工研究设计院有限公司信息中心(1001-9219)[trqh. cbpt. cnki. net]
现代化工	中国化工信息中心(0253-4320)[www. xdhg. com. cn]
油田化学	四川大学,四川省成都市(望江西区)(1000-4092)[ythx. scu. edu. cn]
宇航材料工艺	《宇航材料工艺》编辑部,北京 9200 信箱 73 分箱(1007-2330)[www. yhclgy. com]

注：部分被 SCI 收录的中文期刊未在此表中收录。

3.4　科技论文的检索与全文下载途径

科技论文的检索，是指获得论文题录、摘要（包括关键词）或全文。其中，题录主要包括标题、作者（单位与通讯地址）、期刊（或会议、机构）名称、发表时间、起-止页码等信息。科技论文全文则是指其原始论文的全部信息，不但包括题录信息、摘要、关键词，还有正文部分与支撑部分。

期刊论文、会议论文和学位论文等三大科技论文的检索与下载方式，既有相同之处，也有不同之处，这里以期刊论文为主，介绍其检索方法与全文下载途径。

3.4.1　通过检索工具网站查找论文题录

在印刷版时代，图书馆、资料室是我们获得期刊论义的主要途径，科技人员可以从本地或大型图书馆中阅读、复印期刊论文。然而，没有任何一家图书馆可以收藏所有科技期刊。因此，收录期刊论文题录（和摘要）信息的纸质检索工具应运而生，如《全国报刊索引》（题录）、美国《化学文摘》（题录＋摘要）。使用检索工具，可以获得全面信息，并查阅重要的全文信息，而无须到处去找原始期刊。

随着互联网技术的发展，部分知名传统检索工具实现了在线检索，而大部分纸质检索工具（期刊）陆续停刊。另外，各类在线检索工具（如搜索引擎、综合网站）也应运而生，成为查找科技论文题录更多、更快、更便捷的方法。接下来介绍一些检索期刊论文的知名工具。

（1）《全国报刊索引》（自然科学技术版）及其网络版　创刊于 1955 年的《全国报刊索引》分自然科学技术版与哲学社会科学版。《全国报刊索引》（自然科学技术版）为目前国内特大型文献数据库之一，也是印刷版检索中文期刊论文最重要的检索工具。每期收录当年期刊 5000 余种，共收录篇名 1.7 万余条。年文献报道量达 18 万条以上。其中化学化工信息分散于各类信息中，如表 3-9 所示。

表 3-9　《全国报刊索引》（自然科学技术版）中与化学化工信息相关的类别

总分类目录	与化学化工信息相关的分类	
N 自然科学总论 O 数理科学和化学 P 天文学、地理科学 Q 生物科学 R 医药、卫生 S 农业科学 T 工业技术 U 交通运输 V 航空、航天 X 环境科学、安全科学	O6　化学 O61 无机化学 O62 有机化学 O63 高分子化学（高聚物） O64 物理化学、化学物理学 O65 分析化学	P59 地球化学 Q　生物科学 R9　药学 S48 农药防治 TQ 化学工业 X13 环境化学

《全国报刊索引》（自然科学技术版）的著录格式根据国家标准 GB3793—1983《检索期刊条目著录规则》，并结合报刊文献的特点进行著录，其著录格式为：①顺序号②文献题名③/责任者④（第一作者所属单位）⑤//报刊名⑥.-年，卷（期）⑦，-页码。

【例 3-5】　以 2001 年第 1 期为例，检索有关元素有机化合物的内容。从分类目录中找到 O 数理科学和化学，其中有 O62 有机化学 21 页；在 21 页找到 O62 有机化学，在其子类下找到 O627 元素有机化合物；O627 元素有机化合物下有 8 篇文章，找到自己所需论文的题录信息，如："010101172 酸式邻苯二甲酮的合成与晶体结构的研究/罗兆福（武汉大学化学系）；杨毅涌；袁良杰等//分析科学学报.-2000，16（2），-112-117."

目前，《全国报刊索引》在线数据库（www.cnbksy.cn/home）提供了文献检索、文献导航等栏目（图 3-3）。

图 3-3　全国报刊索引在线检索

（2）Chemical Abstracts（CA）与在线检索工具 SciFinder　美国《化学文摘》是世界最大的化学文摘库，也是目前世界上应用最广泛、最重要的化学化工及相关学科的检索工具。CA 已收录文献量占全世界化学化工总文献量的 98%。纸质版 CA 于 2008 年停刊，所开发的网络版数据库 SciFinder 收录内容更广泛，功能更强大。CA 与 SciFinder 检索方法及具体内容详见第 8 章。

（3）SCI 与 WoS 数据库 《科学引文索引》（SCI）既具有检索期刊论文的作用，也具有评价功能。WoS 是以其为基础开发的网络检索工具数据库 Web of Science，详见本章 3.6。

（4）EI 与 EV 数据库 The Engineering Index（EI）（工程索引）是检索世界各国工程领域内学术文献最主要和最权威的工具之一。Enineering Village（EV）是其在线数据库。使用方法见第 7 章。

（5）ProQuest（www.proquest.com） 原剑桥科学文摘 CSA（Cambridge Scientific Abstracts），覆盖生物、工程、环境科学、材料科学及社会科学等 100 多个主题数据库。

部分著名搜索引擎中也包含学术搜索，其可以用来免费检索期刊论文。①学科综合检索工具：Google 学术、Bing 学术、百度学术等。其中，百度学术号称有 12 亿文献全文链接，能提供国内外科技期刊论文的"题录＋摘要"信息。②学科专业免费检索工具，例如，Pubmed、Pubchem。这些免费检索工具的优点就是能"免费"找到期刊论文的"题录＋摘要"信息，但是结果不全面。上述免费检索工具的具体使用方法详见第 7 章。

3.4.2 通过图书馆与全文数据库网站检索与下载全文

随着互联网技术的发展，图书馆的功能有了质的飞跃，除传统的文献复制、外借、馆际互借、参考咨询外，我们不但能够从本单位的图书馆网页使用其购买的数据库检索与下载全文，还可以利用网络图书馆检索科技论文。通过网络检索科技论文，阅读和下载论文全文的主要途径如下。

（1）数字图书馆 科学院、高校与出版商联合，共同制作的图书、期刊全文数据库。我国许多高校单独或合作购买了超星、书生之家、读秀等电子图书数据库，ACS、RSC、Elsevier（Science Direct）、Springer 系统的电子期刊全文数据库，校园网用户可以免费检索、阅览和下载全文。

国家科技图书文献中心（www.nstl.gov.cn）收藏和开发理工农医四大领域的科技文献，其已发展成为集中外文学术期刊、学术会议、学位论文、科技报告、科技文献专著、专利、标准和计量规程等科技文献信息资源的保障基地。期刊 16719 种，外文会议录等文献 8134 种；面向全国开通网络版外文现刊 680 种、回溯期刊总量达 3027 种，事实型数据库 3 个，OA 学术期刊 7000 余种等。文献资源浏览检索排序：学术期刊、学术会议、科技报告、科技文献专著、学位论文、标准、中外文计量规程、中外文专利、外文科技图书简介。

（2）商用数据库 世界上知名的联机检索系统都在快速增加全文数据库的分量，如有名的期刊中间商美国 FAXON 公司，从 1990 年就开始建立电子期刊数据库，并提供电子服务。由中国图书进出口（集团）总公司建设的中国报刊网站（periodical.cnpeak.com）报刊查询系统向客户提供 160 多个国家和地区出版的 10 万余种各类载体报刊出版物的目录信息。国外期刊网络检索系统 cnpLINKer（cnplinker.cnpeak.com）中图链接服务共收录了国外 50 多家出版社的 12000 余种商业期刊，14000 多种 Open Access 期刊，900 万篇目次文摘数据和全文链接服务，400 家国内馆藏 OPAC 信息，并保持时时更新。

（3）新型在线数据库 国内绝大多数高校、科研单位的图书馆，省级图书馆，订购了相关科技检索工具与全文数据库。因此，首先需要了解本单位订购的资源，这些资源对个人而言是可以免费使用的，要充分利用这些资源。同时，许多图书馆也订购了印刷版期刊，这些都可以阅读、复印。此外，也可以借助高等学校图书馆的馆际互借服务免费借阅和复印其他单位的图书、期刊论文。

① 中国知网 CNKI（www.cnki.net）：中国知识资源总库，是世界上全文信息量规模最

大的数字图书馆，收录中文期刊 9660 多种，详见本章 3.5。

②读秀（www.duxiu.com）是一个学术搜索引擎及文献资料服务平台，由海量全文数据及资料基本信息组成的超大型数据库。其收录了 430 多万种中文图书、10 亿页全文资料。

③百链云图书馆（www.blyun.com）是一种查找学术资源的新途径。其目前与 600 多家图书馆 OPAC 系统、电子书、中外文期刊、外文数据库系统集成，内容包括中外文纸质及电子版本的书、报、刊、标准、专利、论文、视频、网页各种载体等。

④Ingenta connect（www.ingentaconnect.com）收录 1.6 万多种出版物的 510 余万篇引文，学科覆盖化学、工程技术等领域。

⑤万方数据（www.wanfangdata.com.cn）：收录十多个科技门类的数千种期刊。

3.4.3　通过出版机构网站检索与下载期刊论文

出版期刊的机构主要有两大类：①以营利为目的的出版集团、出版社等出版商；②以促进学术交流为目的的专业学会与协会组织。目前，绝大多数期刊出版机构都建立了期刊网站，并在期刊网站免费提供题录信息。大部分情况下，下载全文需要付费，也可以免费下载部分卷（期）全文。因此，我们既可以通过这些网站免费检索标题、摘要等信息（题录＋摘要），也可以免费下载或购买单篇论文。一些知名出版集团及其所提供的全文数据库如下。

（1）Science Direct（www.sciencedirect.com）全文数据库　由 Elsevier 公司出版，收录 2000 余种电子期刊，内容涉及数学、物理、化学、生命科学等学科。

（2）SpringerLink 期刊全文数据库（link.springer.com）　德国施普林格出版集团（Springer-Verlag）研发的在线全文电子期刊数据库，收录化学等多学科全文电子学术期刊。

（3）Wiley Online Library 全文数据库（www.wileyonlinelibrary.com）　由 John Wiley & Son，Inc. 公司（简称为 Wiley）主办，是涉及医学、材料科学、化学与化工等多学科的综合出版物网站。

（4）美国化学会（American Chemical Society）出版物主页（pubs.acs.org）　是美国化学会公开出版的主要刊物，学科内容覆盖化学相关的多个领域。

（5）英国皇家化学学会（Royal Society of Chemistry）出版物主页（pubs.rsc.org）　欧洲最大的化学科学组织，现有期刊 34 种，其中有部分世界一流的化学期刊。

上述部分重要数据库及其他数据库的使用方法将在第 7 章进行介绍。

3.4.4　会议论文的检索与下载

查找科技会议、检索与获取会议论文的途径有两种：会议网站及在线检索工具与数据库。第一，可从会议网站免费获得一些会议主题信息。会议信息可以通过搜索引擎找到，也可以通过学会、协会等组织网站找到。例如，浏览中国化学会主页，就能找到化学相关的国内外会议，通过链接就能找到会议主题等信息，如"全国环境化学大会""农业化学"。第二，可从在线检索工具与数据库检索国内外已经召开会议的论文题录或全文。这里介绍几种典型途径。

（1）中国知网（CNKI）　能找到国内、国际会议论文题录或全文。中国期刊网《中国重要会议论文集全文数据库》（CPCD）收录我国各级政府职能部门、高等院校、科研院所、学术机构等单位的论文集，年更新 10 多万篇文章，内容覆盖理工农医、文史哲、经济政治法律、教育与社会科学综合等各方面。具体检索与下载方法参见本章 3.5。

万方数据资源中的会议文献－中国学术会议论文文摘数据库（CACP），收录有国际、国内各种学术会议论文，专业涵盖自然科学和社会科学各领域，每年涉及 1000 余个重要的学术会议。其是目前国内收集学科最全、数量最多的会议论文数据库。

（2）WoS（Web of Science） 能检索重要的国际会议论文题录。该数据库中的子库 CPCI-S（Conference Proceedings Citation Index-Science），每年收录 12000 多个会议的内容。提供全面的会议信息和会议文献信息和会议名称、主办机构、地点、论文题目、论文摘要、参考文献等。检索实例参见本章 3.6。

（3）数字图书馆 如国家科技图书文献中心（NSTL）（www.nstl.gov.cn）提供了其下属多家成员馆馆藏中文会议论文的题录文摘，用户可通过 NSTL 或 CSDL 原文传递系统获取原文。

需要特别强调的是：如果有机会，强烈建议读者亲自参会。因为聆听作者在会场的报告，或者与作者面对面的讨论，就能获得更多的论文研究信息以及专业知识。为了鼓励青年学生参加科技会议，学生的会议费（主要是注册费）都会大幅度低于正常参会人员。

3.4.5 学位论文的检索与下载

公开学位论文的检索主要有以下三种途径。

（1）学位论文全文数据库 如果读者所在单位已经购买该资源，个人即可免费查阅。例如，通过中国知网的博硕士数据库，可以查询国内公开的博、硕士学位论文。通过 ProQuest 学位论文数据库，可以查找欧美上千所大学的上百万篇学位论文。

（2）数字图书馆资源 也能查找学位论文。例如，从中国国家数字图书馆的数字资源中，就能查找国内外学位论文数据库，以及"国图"的馆藏学位论文。

（3）搜索引擎 免费搜索，例如，百度、bing、google 等，能找到一些网站公开的学位论文。需要提醒的是：学位论文一词，美国叫 Dissertation（缩写 Diss.），英国叫 Thesis。

3.4.6 免费获取全文的途径

作为一名科技工作者，要从本单位、本地区的免费资源检索和下载或复制全文，也需要了解一些免费资源。接下来总结一些免费检索论文基本信息与获取全文的途径。

（1）利用本单位图书馆订购的资源 国内绝大多数高校与研究所订购了化学相关出版社（如 Elsevier、ACS 等）或检索机构（如 ISI、CAS 等）的专业数据库（第 7 章）。因此，首先要了解本单位所订购的资源？这些资源对个人来说是免费的，要充分利用。同时，许多高校、科研院所、省级图书馆也订购了印刷版期刊，其都可以阅读和复印。可以借助高等学校图书馆的馆际互借服务免费借阅和复印其他单位的图书、期刊论文。

（2）利用图书馆的文献传递服务 进行文献检索与全文下载时，可借助高等学校图书馆的馆际互借与文献传递服务来获取免费的文献资料。通过如下途径：①读秀（www.duxiu.com）是一个学术搜索引擎及文献资料服务平台。②百链云图书馆（www.blyun.com）与 600 多家图书馆 OPAC 系统、电子书、中外文期刊、外文数据库系统集成。它将电子图书、期刊、论文等各种类型资料整合于同一平台，集文献搜索、试读、传递为一体，实现基于内容的检索，使检索深入章节和全文。

（3）利用开放访问（Open Access）电子期刊资源与免费期刊论文搜索工具 绝大部分传统期刊的网络版需要付费才能阅读或下载全文。随着网络的发展，只在网络上编辑和发行的电子期刊大部分变成免费，而且可免费检索和下载全文的开放访问（Open Access）期刊资源越来越多。

① OALib（Open Access Library，开放访问资源图书馆，www.oalib.com）提供的开

源论文超过 200 万篇，涵盖所有学科（图 3-4）。所有文章均可免费下载。OALib Journal 是一个同行评审的学术期刊，覆盖科学、科技、医学以及人文社科的所有领域。

②　DOAJ（www. doaj. org、doaj. org，开放访问期刊目录，Directory of Open Access Journals）可免费检索和下载全文的网上电子期刊资源（图 3-5）。其已收录了 1.2 万余种期刊，化学化工期刊有近 150 种，已成为开放访问最有影响的热点网站之一。

③　期刊界（www. alljournals. cn）可免费检索中文期刊论文（图 3-6）。

图 3-4　OALib 检索界面

图 3-5　DOAJ 检索界面

图 3-6　期刊界检索界面

④　Freefullpdf（www. freefullpdf. com）可获得图书、论文、专利等全文。有两周免费试用期，包含如下学科：Life sciences、Health sciences、Physics sciences、Mathematics、Social sciences ＆ Humanities。

⑤　JournalSeek（期刊搜索，journalseek. net）　一个最完全期刊信息分类数据库，可免费使用。

（4）学术搜索引擎　利用百度学术、Google 学术等免费的学术搜索，可免费检索英文期刊论文、专利，也可以免费下载部分全文。

（5）利用专业论坛的求助功能　如小木虫学术科研互动社区（muchong. com），通过其求助功能获得全文或相关信息。

（6）向作者索取全文　当通过检索工具检索到作者信息后，可直接向作者索取全文电子版，也可以通过 ResearchGate（www. researchgate. net）检索作者与论文信息，然后直接通过网站索取。当然，向文献作者索取文献过程中需注意措辞和礼貌用语。

3.5　中国知网及其检索科技论文实例

3.5.1　中国知网简介

1998 年，我国提出国家知识基础设施（Chinese National Knowledge Infrastructure，CNKI）的概念，1999 年开始建设中国期刊网，以收录期刊论文为主。中国知网（www. cnki. net）是我国自主开发的数字图书馆，已建成世界上全文信息量规模最大的"CNKI 数字图书馆"。

对于中国学子，凡是查过或者写过论文的，几乎都会用到中国知网。在中国知网上所有用户都可免费阅读文摘。国内大多数单位购买了其网络使用权，所在单位的用户都可以免费使用。对于通过公众网上网的用户，可通过购卡、在线充值等手段支付下载全文的费用。

中国知网最初提供论文（包括期刊论文、博士与硕士论文、会议论文、报纸），现在已拓展到图书、专利、标准、科技报告及政府文件等多种科技信息源，还从国内拓展到海外。中国知网收录了95％以上的正式出版的中文学术资源，是使用频次最高的检索和下载学术资源的网站。目前，中国知网拥有以下一些重要的数据库。

（1）中国学术期刊网络出版总库（China Academic Journal Network Publishing Database，CAJD）　以学术、技术、教育类期刊为主，内容覆盖自然科学、工程技术、农业、哲学、医学、人文社会科学等领域，收录国内学术期刊8000余种，全文文献总量超过10亿篇，包括自1915年至今出版的期刊，部分期刊回溯至创刊。

（2）中国博士学位论文全文数据库（China Doctoral Dissertations Full-text Database，CDFD）　是国内内容最全的博士学位论文全文数据库，覆盖基础科学、工、农、医、人文、社会科学等领域。收录1984年至今全国高校、科研院所的博士学位论文。

（3）中国优秀硕士学位论文全文数据库（China Master's Theses Full-text Database，CMFD）　是国内内容最全的硕士学位论文全文数据库，覆盖基础科学、工、农、医学、人文、社会科学等领域。重点收录从1984年至今全国高校、科研院所的优秀硕士论文。

（4）中国重要会议论文全文数据库　重点收录自1999年以来的国内外学术会议论文集。

（5）中国学术辑刊全文数据库　目前国内唯一的学术辑刊全文数据库，共收录国内出版的重要学术辑刊561种，累积文献总量约18万篇。

（6）国家科技成果数据库（知网版）　收录正式登记的中国科技成果约46万项。

（7）国际学术文献总库　包括12个国外数据库，收录文献题录约31万条。

（8）中国专利全文数据库（知网版）　包含发明专利、实用新型专利、外观设计专利三个子库。另有国外专利、工具书检索、学习教育等数据库。

3.5.2　中国知网检索与下载全文实例

【例3-6】　以"温敏高分子"为检索目标，举例说明从中国知网中检索与下载科技论文的方法。科技信息源范围是科技论文，也就是期刊论文、学位论文、会议论文。

首先，在浏览器的地址栏里键入网址（www.cnki.net），进入中国知网首页，也可从本校图书馆主页进入知网。知网首页有三大检索栏目：一是文献检索；二是知识元检索；三是引文检索。"文献检索"栏目中，包括学术期刊、博硕士论文、会议论文、报纸、年鉴、专利、标准、成果，以及图书、政府文件、科技报告等。

其次，在文献检索栏中键入检索词"温敏高分子"。然后，把检索范围限定在科技论文，也就是"学术期刊""博硕""会议"中，默认"主题"，点击检索框右面检索图标 🔍（放大镜），进行检索。共找到882条结果，包括中文、外文文献。点击左侧"中文"限定中文文献，显示"共找到154条结果"［图3-7(a)］。与此主题相关的中文文献中，期刊论文有50篇、学位论文有82篇、会议论文有21篇。该页面有诸多功能栏，用于精炼所检索的内容信息。

3-1　中国知网

最后，点击第8篇论文"智能药物控释材料的合成及其体外释药规律研究"（题名），可看到该论文的"题录＋摘要"信息［图3-7(b)］。该页面也提供了全文的三种浏览或下载模式,即"HTML 阅读""CAJ 下载""PDF 下载"。点击"HTML 阅读",就可以浏览该期刊论文的全文信息。

中国知网的检索方法也可观看[演示视频 3-1　中国知网]。

总之,经过近 20 年的发展,中国知网的功能越来越强大,更多用途将在第 7 章进行介绍。

图 3-7　利用中国知网检索论文实例

3.6　WoS(Web of Science)及检索论文实例

3.6.1　SCI 与 WoS 简介

1955 年 Eugene Garfield(尤金·加菲尔德)博士首先提出将引文索引(Citation Index)应用于科研检索,随后创建了 ISI(Institute for Scientific Information,美国科学信息研究所),并在 1964 年出版了 SCI(Science Citation Index,科学引文索引),收录国际高水平期刊论文题录信息。之后又出版了 SSCI(社会科学引文索引),A&HCI(艺术与人文学引文索引)等。1997 年将 SCI 升级为网络版 Web of Science 数据库(WoS),2001 年 WoS 与其他数据资源整合形成了 WoK（Web of Knowledge）平台，之后 WoK 更新为 Web of Science Core Collection（WoS 核心合集）。

　　SCI 与 WoS 数据库的归属几经变化，其曾归属于 ISI（美国科学信息研究所），1992 年 ISI 被汤森路透集团收购，2016 年归属于 Clarivate（科睿唯安）Analytics。科睿唯安 2017 年收购 Pubblons（全球同行评审数据平台），2018 年收购 Kopernio，利用 AI 人工智能技术帮助研究人员快速访问全文。SCI 也扩展成了 SCIE（SCI-Expanded）。

　　WoS 收录各学科领域中最权威期刊论文、会议论文的题录、摘要、参考文献等信息，是最全面、综合的多学科文献资料数据库。在 WoS 的核心数据库中，包含两种重要的科技论文数据库，即科学引文索引数据库（SCIE）和会议录（论文）引用索引－科学（CPCI-S：Conference Proceedings Citation Index-Science）。SCIE 与 WoS 的关系如图 3-8 所示。

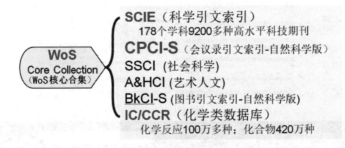

图 3-8　WoS 与 SCIE

3.6.2　利用 WoS 检索期刊论文与会议论文实例

　　【例 3-7】　通过 WoS 检索高水平期刊论文与会议论文，并在检索结果中了解筛选与精炼的方法。设置检索目标为"温敏性高分子"，英文检索词为"thermo-sensitive polymer"或"temperature-sensitive polymer"。

　　首先，通过单位或个人账户，登录 Web of Science。在检索框键入，"thermo-sensitive polymer"，选择数据库中最核心的两个数据库：SCI-E（高水平期刊论文）、CPCI-S（高水平会议论文-科学）。默认主题检索，时间跨度是 1975—2020 [图 3-9（a）]。最后，点击"检索"按钮。"检索结果"界面如图 3-9（b）所示，有 689 条结果，自动按照"日期降序"排序，显示检索结果（题录）。

　　其次，阅读题录信息，选择与检索目标一致或接近的标题，如第 1 条记录，点击标题，就能打开该论文的题录＋摘要信息 [图 3-9（c）]。该页面显示"出版商处的全文"，说明该论文全文已经被本单位订购或可以免费打开，点击"出版商处的全文"，就能打开、下载全文。

　　需要注意的是，在已经获得检索结果的界面左栏，有多种精炼检索结果的方法，典型的方法有："出版年""Web of Science 类别""文献类型""机构""作者"等。例如，选择"类别"后，点击"分析检索结果"，就会显示检索结果在不同学科的分布，该结果是按照"可视化图像树状图"显示的，也可以更换为"按照柱状图显示"。结果显示，我们所检索的主题在高分子科学领域的记录最多，还分布在化学、物理、材料、生物等领域，说明这是一个学科交叉前沿领域。

　　通过 WoS 检索期刊论文的实例也可观看[演示视频 3-2　WoS 数据库]。WoS 包含的其他数据库将在第 7 章中进行介绍。更多介绍请参阅 Clarivate

3-2　WoS 数据库（科睿唯安）（www.clarivate.com.cn）网站。

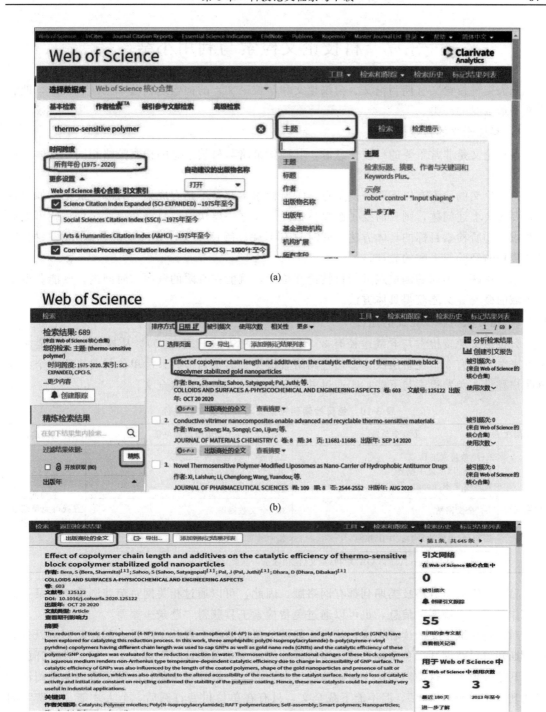

图 3-9　利用 WoS 检索论文实例

显然，WoS 是一种检索国际高水平科技论文（期刊论文、会议论文）的检索工具。如果单位订购该数据库，读者就能亲自寻找高水平的科技论文。但是，WoS 也有其缺点：一是有些单位若没有订购该数据库，个人此时就无法使用；二是 WoS 也只能检索少部分高水平期刊与会议论文，并不能囊括全部，还有大量的科技论文需要采用其他方法才能获得。

3.7　科技论文检索与利用小结

三大类科技论文（期刊论文、会议论文和学位论文）的检索途径基本相同。其中，期刊论文是最重要的一类。

3.7.1　科技论文的检索侧重点

科技论文是非常重要的科技信息源，其检索策略与科技信息的检索策略相同，具体参见第1、9章。

科技论文的检索有以下两个侧重点。①所检索主题是不是有成果？有哪些成果？如果只是想要解决上述问题，则只需要了解总体概况。在这一层次上，只需获得题录信息就可以满足要求。②所检索目标的具体方法。此时只有下载、阅读全文，方可获得具体方法、技术，以及成功的经验与失败的教训。

基于这两个不同的侧重点进行科技论文检索，就能在有限的资源与时间内，既能获得主题领域的概况，又能获得具体方法。

3.7.2　免费获得科技论文的途径

科技论文免费检索与下载途径有3个层次、5种方法（表3-10）。从检索与下载全文的角度来看，共有3个免费层次：①通过网络直接免费浏览与下载；②单位付费订购，个人通过账户登录，免费检索与下载；③通过其他合法途径，免费获取全文。

表 3-10　免费检索科技论文与获取全文的途径

免费层次	①完全免费	②单位内部免费	③其他途径
检索途径	1. 免费检索工具 免费获得"题录＋摘要" 如百度学术、google 学术、Pubmed	2. 检索工具数据库 单位付费订购后使用 如 SciFinder、WoS、EV	5. 主动搜索寻找可免费获取原文的方法
	3a. 全文网站 免费获得"题录＋摘要" 如期刊(出版社)网站、中国知网	3b. 全文数据库 单位付费订购的期刊数据库 如中国知网、Elsevier	
	4. 开放访问(Open Access OA)期刊；全文(包括题录＋摘要)免费		

目前，绝大多数科技类期刊都有网络版，因此，可以通过相关网页免费浏览"题录（标题、作者等）＋摘要"信息，也可以通过免费检索工具获得"题录＋摘要"。

对需要获取全文的读者来说，从是否能够免费阅览与下载的角度看，科技期刊可以分为免费期刊与付费期刊。免费期刊就是指读者能够完全免费阅读与下载全文。近年来，开放访问期刊越来越多，这类期刊论文可免费阅读和下载。一般通过出版社的网页可以免费阅读付费期刊的"题录＋摘要"，但不能下载全文，只有在单位付费订阅后，个人才能"免费"阅读与下载全文。需要指出的是，获取大部分期刊数据库的全文时需要付费，本单位订购后方可下载。

在已知"题录＋摘要"后，获取论文全文的其他途径（主动搜索）有：①可以利用专业论坛（如小木虫、博硕联盟）、文献 QQ 群等的求助功能，获取论文全文；②向作者索取全文：当通过检索工具检索到文献作者信息后，可直接向作者索取全文电子版，也可以通过 ResearchGate（www.researchgate.net）检索作者与论文信息，然后直接通过网站进行索取。

　　总之，科技论文是我们从知识海洋中获取知识的重要支流与源头，科技工作者，可以从科技论文中获取最新、最前沿的科学与技术知识。在认识科技论文类型、构成及作用的基础上，要充分了解本地资源，再结合自己的搜索技能，科技论文就能"得来全不费工夫"！通过本章的学习，我们就能对科技论文的检索与下载有更深入的了解，只要勤加练习，就能充分利用内容丰富的科技论文，为自己的科研、学习助力！

▶▶ 练 习 题 ◀◀

　　1. 科技期刊如何分类？有哪些类型？

　　2. 研究论文与综述论文所承载的信息有何不同？我们可以从中获得哪些信息？

　　3. 对科学研究新手来说，SCI 期刊分区有什么作用？

　　4. 列举一些免费下载全文的途径。

　　5. 分别说明 Elsevier、Wiley、ACS 出版社涉及领域与检索摘要的途径，并从中找到一种重要的化学化工期刊。

▶▶ 实践练习题 ◀◀

　　1. 通过中国知网数据库查找《大学化学》杂志最新一期的电子版，阅读其中一篇文章的摘要，并下载全文。

　　2. 通过中国知网查找 3～5 篇有关"超临界二氧化碳（supercritical carbon dioxide）"的研究论文，摘录其摘要。

　　3. 通过 Science Direct 查找 3～5 篇有关"离子液体（Ionic Liquids）"的期刊论文。

第4章 专利知识与专利信息检索

导语

科技的发展推动着人类社会的进步，而专利（Patent）技术是技术的重要组成部分，专利制度保障了人类文明的持续发展。对发明人而言，当拥有一项发明成果时，通过申请专利，可有效保护自己的知识产权。对研发与生产者来说，查阅并合法有效利用专利信息可以少走弯路，节约成本。本章介绍专利基础知识与检索方法，以使读者快速获得专利技术。

关键词

知识产权；发明创造；专利技术；专利申请；专利信息

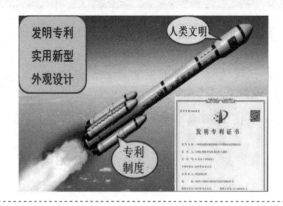

科学发现与发明创造是科技工作者的重要任务，研究成果得到应用和推广时，不仅为社会作出了贡献，个人也能受益。科学发现的成果往往通过发表科技论文来公开，而发明创造或技术发明则主要通过申请专利来公开。从文献的角度，专利也像论文一样，是科技工作者需要利用的重要科技信息源。因此，我们不但要学会从图书、期刊中获取信息，还要学会专利信息的检索与利用。

专利是政府授予个人或法人（单位）的一种权利。专利是科学发现的重要组成部分，无论从事技术发明，还是致力于科学研究，专利文献（信息）都是学术文献不可或缺的组成部分。每年全世界科技出版物中约有 1/4 为专利文献。95％的发明创造被记录在专利文献中，且其中 80％的发明创造仅在专利文献中记载，也就是说，这些专利所记载的技术信息不可能从其他文献中获得。

专利技术的内容以专利说明书为载体向全世界公开通报，公开的专利技术一旦过期就可以被任何人使用。每年全世界公布的专利文献约为 150 万件，现已累计超过 9000 万件，呈指数递增。在众多的专利文献中，只有少部分处于有效期内，其余大部分已经失效。但作为技术情报，它们蕴藏着应用价值。因此，查询和利用专利信息就显得尤为重要。

虽然专利文献的特点是专利技术的公开。但在印刷版时代，专利文献的查找比较困难，人们对专利文献的利用并不能令人满意。欧洲专利局的统计指出：欧洲每年大约浪费 200 亿美元的技术开发投资；若应用好专利文献，则能节约 40% 的科研开发经费，少花 60% 的研究开发时间。

Internet 的普及使公开的专利技术可以被免费阅读浏览。通过互联网，我们可以免费检索与在线浏览世界各国的专利数据库，而且与专利有关的信息也越来越丰富。"专利文献"一词也扩充升级为"专利信息"。我国把"专利战略"列为中国科技发展的三大战略之一，并倡导创新文化，强化知识产权创造、保护和运用。因此，专利的申请和专利信息的查询利用必将日益重要。

化学化工领域的科技工作者十分重视专利信息的检索与相关知识产权的保护。本章在对专利知识进行简单介绍的基础上，通过实例重点介绍专利申请和专利信息检索的方法。

4.1　知识产权与专利知识

4.1.1　知识产权

随着科技的发展，为了更好地保护各类产权人的利益，知识产权制度应运而生。知识产权来自 Intellectual Property（智力财产权），指权利人对其智力创造的成果和经营活动中的标记、信誉所依法享有的专有权利。广义的知识产权，可以包括一切人类智力创造的成果。狭义或传统的知识产权，则包括工业产权（Industrial Property）和版权（Copy Right）两部分（图 4-1）。其中，工业产权指人们在生产活动中对其取得的创造性脑力劳动成果依法取得的权利。而工业泛指工农业、交通运输、商业等，这种权利需要由国家管理机关确认和批准才能成立。

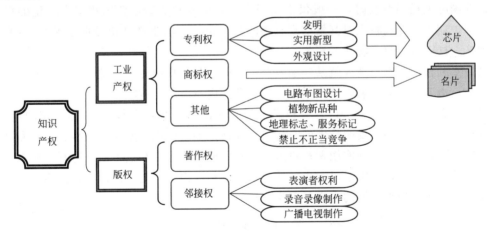

图 4-1　知识产权主要类型

从本质上看，知识产权是一种无形财产权。与有形财产权不同，知识产权具有无形性、专有性、地域性、时间性等特点，对促进科学发展和技术进步，提高商品质量和服务水平，促进国际贸易发展都起到了推动作用。加入世界贸易组织（World Trade Organization，WTO）后，我国知识产权利用和保护面临新的机遇和挑战。

4.1.2　专利、专利权与专利法

在知识经济时代，知识产权在经济和社会发展中的地位越来越高，作用越来越重要。知识产权战略是国家的一项长期发展战略，对提升国家科技竞争力有很大的作用。因此，专利作为知识产权的核心内容，其重要性日益凸显。

(1) 专利　专利基本概念：发明人所做出的发明创造，经申请被国家专利主管机构批准后，在一定期限内，授予受保护的专利权，即专利权人享有独占利益。如果他人要使用该项专利，则应取得专利权人的同意，并协商付给一定报酬；如果他人侵权，则要受到法律追究的责任。

作为获得这种权利的前提，权利申请人必须以专利（申请）说明书的形式公开自己所申请专利的技术内容及细节。待保护期满后，专利即从个人占有变为公有，成为社会公共财产，以推进科学技术的进一步发展。

"专利"（Patent）指专有的权利和利益。"Patent"源自拉丁文，是由 Royal Letters Patent（皇家特许证书）一词演变而来的，系由皇帝或皇室颁发的一种公开证书，通报授予某一特权的证明。"专利"概念已外延，包含以下三种意思。①专利权（法律角度），即专利局依照专利法授予发明人的一项发明创造（含发明、实用新型和外观设计）享有的专利权，未经过专利权人许可，别人不得制造、使用和销售该项发明，否则就侵犯该项专利权，会受到法律制裁。②被保护的技术发明（技术角度），即拥有获得专利局认可，并受法律保护的发明。③专利文献（文献角度），查"专利"就是检索（查找）专利文献。

目前，专利一般是由各国的政府机关或者若干代表国家的区域性组织（如世界知识产权组织、欧洲专利局等）根据发明人的申请审查后颁发的一种文件，这种文件记载了发明创造的内容，并且在一定时期内获得该专利发明创造的专利权，通常他人只有经专利权人许可才能予以实施。

我国专利包括三种类型：发明专利、实用新型专利、外观设计专利，这是我国专利法的特点。在国际上提到专利时，一般仅指发明专利。按专利类型，各国规定有一定的保护年限，在保护期内，专利权人对其发明享有垄断权（包括产品生产和市场的垄断）。专利也和其他财产一样，可以自由转让或买卖。

(2) 专利权　专利申请人就某一项发明创造向专利局提出专利申请，符合专利法并经审查合格后，由专利局向专利申请人授予在规定期限内享有的专有权。

专利权有三个特点（表4-1）。专利权人（专利技术的所有人），在法律规定的期限内，享有使用、制造和销售其发明技术的专有权，任何人如果使用其发明必须事先征得专利技术所有人的同意，并支付专利使用费；对未经同意而使用他人专利技术的，专利权所有人有权向主管当局提出控告，要求予以制止，并要求赔偿相应损失。与有形财产转让不同，专利权可独家转让，也可依据合同约定进行多次转让。

表 4-1　专利权的特点

特点	含义
排他性	指专利权人对其发明享有的制造、使用、销售的权利，也称为独占性
时间性	指专利权只在法律规定的时间内有效
区域性	指专利权在某个国家或地区获得，则其只在一定的区域范围内有效

(3) 专利法　国家制定的用以调整因确认发明创造的所有权和因发明创造的利用而产生

的各种社会关系的法律规范的总和。其是专利制度的核心，是实行专利制度的依据。

专利法的主要内容包括：专利申请权和专利权归属、授予专利权的条件限制、专利的申请和审批程序、专利权人的权利和义务、专利权期限终止和无效、专利实施的强制许可和专利权的保护等。

4.1.3　专利制度——科技进步的推进器

（1）专利制度的产生及发展历史　专利制度是随着商品经济的发展而产生、发展起来的。威尼斯共和国是第一个建立专利制度的国家，第一件有记载的是 1416 年批准的关于有色玻璃制造的专利。英国是近代专利制度的鼻祖，它在 1623 年制定了专利法，于 1852 年正式成立专利局。美国于 1790 年，法国于 1791 年，俄国于 1814 年，印度于 1859 年，德国于 1877 年，日本于 1885 年，相继实行了专利制度。中国历史上第一部专利法典于 1944 年由"中华民国"政府公布，于 1949 年实施，现仅在我国台湾地区适用。中华人民共和国于 1984 年颁布《专利法》，于 1985 年实施，并历经数次修订，从而能够有效保护知识产权。

目前全世界大约有 160 多个国家和地区建立了专利制度，有将近 100 个国家公布专利申请说明书和正式批准的专利说明书。有一个促进各国之间在知识产权方面进行合作的国际组织，名为世界知识产权组织（World Intellectual Property Organization，WIPO）。

（2）专利制度的特征　专利制度是国际上通行的一种利用法律和经济手段推动技术进步的管理手段。其基本内容是依照专利法，经过审查和批准，授予发明创造专利权来保护专利权人的独占使用权，并以此换取专利权人将发明创造的内容公之于众，以促进发明创造的推广应用，推动科技进步和经济发展。

专利制度一般具有四项基本特征：受法律监护、接受科学审查、必须公开通报、可以国际交流。

（3）专利制度的贡献　在商品经济社会技术封锁，对需要进行交换的商品生产来说，是十分不利的。专利制度在一定程度上为解决这个矛盾创造了条件。即向全社会公开技术，然后通过法律来保护专利权。专利经过科学审查后就打上合格标记。这样，就为专利技术这个"无形商品"进入市场打开了绿灯。

作为国家利用法律和经济手段，保证和鼓励发明创造，推动技术进步的管理制度，专利制度能够调动各方面从事技术发明人员的积极性。一项创造发明获得专利权以后，能促进产品在竞争中处于十分明显的有利地位。世界上许多实行专利制度国家的经验都证明，专利制度强有力地促进了本国的技术发明发展，调动了广大科技人员探索先进、尖端、适用技术的积极性，促进了先进科学技术尽快转化为生产力，为整个国家带来了巨大的利益和财富。进而，专利技术促进了发明创造向全社会的公开与传播，避免了重复性的研发投入，有利于推动科技发展与进步。

从人类社会发展的角度看，专利制度的实施，极大地促进了人类科学技术的发展，它是人类社会进步的推进器。以美国为例，可以说"美国是一个靠专利立国的国家"，美国早期（1790—1836 年）专利授权证书由美国总统、国务卿联合签署；在美国商务部的大门口上，还刻有林肯总统的一句话"专利制度就是将利益的燃料添加到天才之火上"。美国作家马克·吐温曾阐释道："我知道一个没有专利局和好的专利法的国家，除了倒退之外是别无他路的。"因此，被正式批准登记的美国发明专利，1865—1900 年间达 64 万多种。依靠强大的科技实力，美国很快在第二次工业革命中独占鳌头。发明不仅使得美国成为一个新兴的创新性国家，而且给美国带来了丰厚的经济利益和可持续的发展动力。据 1922 年美国国会统计，仅拥有 1000 多项专利的"发明大王"爱迪生，就让美国政府在 50 年内的税收增加了 15 亿美元；而 1928 年的一项调查则显示，全世界用在与爱迪生发明有关项目的资本，折合金额高达 157 亿美元。知识产权在美国开国之初，起到了立国之本的作用，直到今天，美国依然在知识产权的利用和保护上不遗余力。

面对全球化竞争，我们必须意识到，专利制度已不单单是鼓励创新的手段，更多的是鼓励技术垄断和市场竞争的工具，这在国际贸易中意义重大。

4.1.4 专利文献的特点、内容构成及作用

从技术角度考虑，专利是指受法律保护的技术发明，简称"专利技术"。专利技术的新颖性、创造性、实用性是授予专利权的条件。

从文献角度讲，狭义的专利文献指专利说明书。广义的专利文献是各国专利局及国际专利组织在审批过程中产生的官方文件及其出版物的总称。也就是说，专利文献是包含已经申请或被确认为发现、发明、实用新型和工业品外观设计的研究、设计、开发和试验成果的有关资料，以及保护发明人、专利所有人及工业品外观设计和实用新型注册证书持有人权利的有关资料的已出版或未出版的文件（或其摘要）的总称。

公开出版的专利文献主要有：专利说明书、专利公报、专利文摘、专利索引、专利分类表等。中国专利公报有《发明专利公报》《实用新型专利公报》《外观设计专利公报》等，每周的周二和周五各出版一期。中国专利说明书有《发明专利申请公开说明书》《发明专利审定授权说明书》《发明专利说明书》《实用新型专利申请说明书》《实用新型专利说明书》等。

（1）专利说明书　专利说明书属于一种专利文件，是指含有扉页、权利要求书、说明书等组成部分的用以描述发明创造内容和限定专利保护范围的一种官方文件或其出版物。

当专利申请过程中的不同阶段被公布时，这些不同阶段的专利文献（说明书）就会反映不同获得专利权的程度，主要有专利申请说明书、公开说明书、审定授权说明书（公告说明书）等几种类型。其内容有相似性，可统称为专利说明书。专利申请说明书是对专利内容进行清楚、完整、详细说明，提交专利机构审核、鉴定的书面材料。公开说明书是一种未经实质（专利性）审查，也尚未授予专利权的发明专利的申请说明书。审定授权说明书是经过审查员审查，并已获得专利权后，最终确定的文件，后者在权利要求上可能会有改动，说明书内容改动应不会太大。

专利说明书起到三重作用：第一，起法律文件作用，公开宣称专利技术归谁所有。第二，起"商品样品"的作用，专利说明书必须达到有关专业人员看了就能实施的程度。第三，起科技情报传播的作用，专利是公开的最及时、最可靠、最具可操作性的技术情报，是进行技术发明的重要参考对象。

（2）专利文献的特点　专利文献不同于一般的科技文献，其是具有法律规范意义的文献，体现专利制度的法律保护和公开功能，同时也是集科技、法律、经济信息为一体的经过标准化的信息资源。

专利文献的特点：①数量庞大，内容广泛且详尽；②反映最新科技信息，在实行早期公开的国家，随着电子申请的推进，专利报道速度大幅加快；但值得注意的是，这里所说的最新技术均是相对于专利申请日而言的；③著录规范，便于交流；但基于专利文献的特殊性，文字往往晦涩，大量重复报道；④经审查的专利技术内容可靠。专利文献（主要是专利说明书）加入科技文献的行列，成为其中一类重要文献。

（3）专利文献（专利说明书）的内容构成　专利文献的内容通常包含以下三部分。①题

录部分：包括专利号（如：专利申请号、申请公布号、授权公告号）、专利国别、专利申请日期、国际专利分类号、本国专利分类号、专利权人、发明人、代理机构，以及发明名称、摘要等。②专利说明书正文：是发明内容的详细介绍，一般包括权利要求书、技术领域、背景技术、发明内容等几部分。权利要求书以专利说明书为依据，说明技术特征，清楚并简要写出要求专利保护范围，并在一定条件下提出一项或几项独立的专利权项。背景技术是关于发明技术水平及产生背景的报告。其后是发明内容的详细描述，并结合实例进行说明。③附图：一般用于解释或说明发明内容或原理，一般放在说明书的最后。

（4）专利文献的作用　专利文献是技术情报、法律情报和经济情报的重要来源。技术情报，是指读者通过专利说明书可以了解到的相关技术的详细发展情况，对专利技术的交流，可以起到互相了解、互相启迪、互相促进的作用，加快了技术的发展。法律情报，是指通过权利要求书可以了解到的专利保护范围；通过著录项目可以获得发明人、申请人、授权日、优先权日及目前的保护情况等信息。而经济情报是指通过著录项目中的申请人或专利权人可了解到的有关企业的专利申请情况、有效专利数量等，从而分析研究企业的技术、产品及市场动向；根据同族专利的数量及国别，还可了解企业的经济势力范围。

专利文献具有如下作用：①传播发明创造，促进技术进步；②警示竞争对手，保护知识产权；③借鉴权利信息，避免侵权纠纷；④提供技术参考，启迪创新思路。作为创新主体的企业，要充分利用专利这种创新成果。研究本领域专利文献中记载的发明创造，对于企业创新具有非常重要的作用：不仅可使企业避免重复研究，节约研究时间（缩短 60％科研周期）和经费（节约 40％的科研经费），同时还可启迪企业研究人员的创新思路，提高创新起点，实现创新目标。

4.1.5　专利组织机构

世界知识产权组织，是 1970 年成立的一个促进各国在知识产权方面进行合作的国际组织。1974 年 WIPO 成为联合国组织系统的一个专门机构，总部设在日内瓦。现有 175 个国家成为世界知识产权组织成员国，我国于 1980 年加入该组织。

世界各大洲和相应国家都设有知识产权局或专利局等机构，负责专利的审批和相关事务。例如：欧洲专利局、欧亚专利局、美国专利商标局等。我国专利的审批机构为中华人民共和国国家知识产权局。为方便检索，1978 年由 WIPO 制定了一套标准缩写代号，也称专利国别代码（专利号前面的两个字母），如 WO（世界知识产权组织）、EP（欧洲专利局）、CN（中国）、US（美国）、RS（俄罗斯）、CA（加拿大）、DE（德国）、GB（英国）、FR（法国）、JP（日本）等。

4.1.6　专利相关概念与知识网站

在申请专利时，如果申请人就同一项发明向不同国家申请专利，则这样产生的专利文献就会附加上一些相关概念。

基本专利：发明人或申请人就同一发明最先在一个国家获得授权的专利。

等同专利：发明人或申请人就同一发明以相同或者不同的文种，在第一个国家以外的其他国家申请的专利。

非法定相同专利：第一个专利获得批准后，就同一个专利向别国提出相同的专利申请，但该申请必须在 12 个月内完成。超过 12 个月的则被称为非法定专利。

同族专利：至少有一个相同的优先权、在不同国家或国际专利组织多次申请、多次公布或批准的内容相同或基本相同的一组专利文献，即专利族（Patent Family）。同一专利族中的每件专利文献均被称为专利族成员（Patent Family Members），同一专利族中的专利文献之间互为同族专利。即为了使同一个发明在不同国家得到保护，而在这些国家分别申请的一系列内容相同或基本相同的专利。由于同族专利或相同专利都具有相同的优先权，所以通过优先权可以方便、快捷地检索出有关同一发明的全部相同专利或同族专利。依靠同族专利，选用自己熟悉的文种去查阅所需专利文献。同时，还可以用它来调查某项发明专利垄断国际市场的范围等情况。

同族专利还有助于了解一项发明技术从萌芽到不断改进、发展，以致逐步完善的发展过程。

优先权（Priority）：专利申请人就其发明创造第一次在某国提出专利申请后，在法定期限内，又就相同主题的发明创造提出专利申请的，根据有关法律规定，应以第一次专利申请的日期作为其申请日（优先权日），专利申请人依法享有的这种权利，就是优先权。专利优先权的目的在于，防止在其他国家有抄袭此商标（专利）者，抢先提出申请，取得注册的可能。优先权分为外国优先权和本国优先权。同一发明或实用新型在一个国家申请时，只要时间间隔不超过一定期限，则后来向其他国家就相同主题提出申请，申请日期按优先权日算。

一般专利检索网站都有"优先权"检索入口，通过"优先权"检索可以找到同族专利；优先权项是维系同族专利的纽带。

更多专利基础知识，请参阅国家知识产权局网（www. cnipa. gov. cn），如：专利公报、各国专利文献等（图4-2）。还有一些网站介绍专利知识，如：中国专利信息中心（www. cnpat. com. cn）、中国专利保护协会（www. ppac. org. cn）、WIPO（www. wipo. int）、USPTO（www. uspto. gov）。需要说明的是，许多地方用"专利信息"替换了"专利文献"。

图 4-2 专利文献基础知识界面

4.2 创造发明与专利申请知识

创造发明是科技工作者的重要任务之一，但不专属于他们。包括学生在内的普通民众，只要有创新设想并付诸实施，就有可能获得创新成果，然后通过申请专利来保护自己的知识产权。不仅如此，他们既可以采用自己的专利技术生产商品，也可以将专利转让给感兴趣的企业，生产有价值的产品，造福社会，同时，自己也能收获知识带来的财富。例如，刘洪伟（重庆科技学院学生）在本科毕业设计的基础上，研发出一台低成本3D打印抛光机，最终以 200 万元的价格将专利转让给一家投资公司，这不仅使得 3D 技术能够惠及大众，他自己也获得了人生的第一桶金。

那么，如何将一个创造发明或意外发现的技术进行专利申请呢？是不是所有的发明或发现都可以申请专利？接下来进行简单介绍。

4.2.1　授予专利权的条件（专利的要素）

发明创造只有符合专利法规定的条件，才能被授予专利权。被授予专利权的发明和实用新型应当具备新颖性、创造性、实用性。被授予专利权的外观设计应当具有新颖性、创造性、实用性和美感。简而言之，无论哪种专利，都需要具备"三性"，即新颖性、创造性和实用性，其也是授予专利权的条件或专利的要素。

（1）新颖性（Novelty）　该发明或者实用新型不属于现有技术；也没有任何单位或者个人就同样的发明或者实用新型在申请日以前向国家专利行政部门提出过申请，并记载在申请日以后公布的专利申请文件或者公告的专利文件中。需要注意的是，现有技术是指申请日以前在国内外为公众所知的技术。

（2）创造性（Inventiveness）　与现有技术相比，该发明具有突出的实质性特点和显著的进步，该实用新型具有实质性特点和进步。

（3）实用性（Practical Applicability）　该发明或者实用新型能够被制造或者被使用，并且能够产生积极效果。

在满足上述"三性"的条件下，包括学生在内的普通民众就可以将自己的发明创造进行不同类型的专利申请，申请成功后则可对自己的专利进行法律保护。专利法中明确规定，有资格申请和获得专利权的是：①非职务发明创造的发明人或设计人；②职务发明人或设计人所属的单位；③协作或者委托完成发明创造的单位；④在中国没有经常居所或营业所的外国人、外国企业或者外国其他组织（必须符合一定条件）。

将创新成果申请专利后，若发现有人侵权，又该如何判定呢？事实上，判定是否构成专利侵权时，既不是将被告的产品与专利权人生产的产品进行比较，也不是将被告的产品与专利文件中所示的产品进行比较，而是看被告的产品是否落入专利权利要求的保护范围之中。因此，一项权利要求所述的往往不是一种具体产品，而是具有该权利要求所述技术特征的一系列产品。也就是说，技术特征是判定是否侵权的重要依据。对未经专利权人许可的侵权行为，专利权人或者利害关系人可以请求专利管理机关进行处理，也可直接向人民法院起诉。专利权侵犯的诉讼时效为 2 年。

4.2.2　中国专利类型及其特点

我国专利有发明专利、实用新型专利、外观设计专利三大类型，三大专利的特点与保护期限如表 4-2 所示，其中，保护期限（保护期）自申请日算起。发明专利审批周期长（3～5 年），审查严格，申请费用高，但其稳定性及权威性高、保护期长。实用新型及外观设计专利审批周期较短（6 个月左右），申请费用较低，但因未经实质审查，稳定性较差，容易被无效。

表 4-2　中国专利特点及保护期限

类型	特点	专利权期
发明专利	是对产品、方法或者其改进所提出的新的技术方案	20 年
实用新型专利	是对产品的形状、构造或者其结合所提出的适于实用的技术方案	10 年
外观设计专利	是对产品的形状、图案色彩或者其结合所提出的富有美感且适于工业上应用的新设计	15 年

同一件产品申请不同的专利时，具有不同的保护效果。尽管专利法规定同样的发明创造只能授予一项专利权，但同一申请人同日可以就同样的发明创造既申请实用新型专利又申请发明专利。由于实用新型专利不需要实质审查，因此通常比发明专利申请更早获得授权，这样可以保证申请人尽早获得专利证书，尽量缩短获得专利权的时间，以便申请人办理有关项目交易、宣传推广、资质认证、侵权维权等事宜。而所申请的发明专利经实质审查后也能获得授权，而先获得的实用新型专利权尚未终止，申请人如果声明放弃该实用新型的专利权，则可以授予该发明专利的专利权。这样，同一个发明创造的保护期限不但延长到了 20 年，也可以有效保护申请人的发明成果。

同一发明创造在同一申请日可同时申请发明专利和实用新型专利，但这类发明创造必须有相应的产品，仅方法发明不能申请实用新型专利。为了与国际接轨，我国在修订的专利法中，将外观设计专利权的保护期延长至 15 年。

4.2.3 中国专利申请程序

发明创造完成后，不能自动得到专利保护。要想获得专利权，还必须向专利局提出申请，依据专利法，发明专利申请的审批程序包括受理、初审、公布、实审以及授权五个阶段。实用新型或者外观设计专利申请在审批中不进行早期公布和实质审查，只有受理、初审和授权三个阶段。发明、实用新型和外观设计专利的申请、审查流程参见国家知识产权局网（www. cnipa. gov. cn/art/2020/6/5/art_1517_92471. html）相关说明。

发明人完成一件发明创造后，可通过知识产权局的网站自行上报（电子方式），也可根据需要向专利代理机构提供专利申请书相关材料，委托代理机构（人）按照专利法的要求撰写、修改专利申请文件，然后上报国家专利局。国家专利局受理后即向申请人发出受理通知书，至此即完成了专利的全部申报程序，后续的审查程序则由申请人或代理机构（如有）完成；代理人在对专利局发出的审查意见通知不能准确答复时，立即通知申请人，由申请人和代理人共同完成审查意见的答复，直至专利被授予专利权或被驳回。

4.2.4 专利申请书的撰写

申请专利并取得专利保护的重要前提应该是撰写一份拥有较大保护范围的高质量的专利申请文件。申请人可以自己撰写申请文件，也可请专利代理人撰写。

构成专利说明书的主要内容如下。①发明或实用新型的名称：简单明了地反映技术内容，该名称一般限定在 25 个字以内一经确定，各项文件及以后的文件均要一致。②所属技术问题领域。③现有技术，同时指出现有技术的不足。④发明的目的。⑤发明的内容。⑥发明的效果或优点。⑦必要时要提供现有技术的附图，一般附图中不要出现文字。⑧实施例：列举实施上述内容的实例。用好实施例子，可增加该发明的实用性，提高该发明的分量。实施例的描述要包括构成、作用和效果。必要时可列举多个实施例。需要注意的是：在化学领域的专利申请书中，实施例尤为重要，其不仅有利于发明内容的充分公开，还可以事实和数据为依据说明发明取得的效果，奠定发明的创造性，支持权利要求所覆盖的范围，帮助申请人在审查过程中进行答复，起到自我防卫的作用。

对于首次或不熟悉撰写专利申请书的新手来说，可采用研究论文的格式整理自己的创造发明，然后通过付代理费的方式，请本地专利事务所或代理人修改、提交申请，以及进行答复等专利申请的全程工作。论文格式参考本书第 10 章。

4.2.5 不授予专利权的情况

如前所述，被授予专利权的条件是必须具备"三性"（新颖性、创造性和实用性）。但是，有的发明虽然具备了"三性"，存在下列情况时也不能被授予专利权。①发明创造违反国家法律、社会公德或者妨害公共利益。例如，助长人们饮用酒精饮料的发明、赌博用的玩具、吸毒工具、会爆炸的保险柜、刑罚工具、撬锁工具等。②发明出于国家利益不能公布，如：罗斯福与丘吉尔之间的秘密通话装置，在 1941 年申请后，直到 1976 年才获批准，整整封锁了 35 年；军事工业的发明不被授予专利权；原子能工业的发明也不受专利保护，由于原子能的和平利用与军事用途一般很难分开，所以不予批准。

我国专利法第 25 条规定下列 5 项技术不被授予专利权：①科学发现；②智力活动的规则和方法；③疾病的诊断和治疗方法；④动物和植物品种；⑤用原子核裂变获得的物质。

对于动物和植物品种的发明，在欧美和日本是有可能得到专利保护的。在我国，不论是传统生物学方法饲养或培育的动物和植物新品种，还是现代基因工程重组或杂交得到的实验动物或新植物，均不给予专利保护。但对于符合条件的植物新品种，可以根据最新修订的《中华人民共和国植物新品种保护条例》进行申请保护。

4.2.6　申请外国专利

由于涉及国家利益，因此中国单位或个人就其在国内完成的发明创造向其他国家申请专利时，应首选向中国专利局申请专利，并按专业系统，经国务院有关主管部门审查同意后，委托国务院指定的涉外专利代理机构办理。向外国申请专利或申请国际专利时，应委托国务院指定的专利代理机构办理申请手续。

申请海外专利及了解国际专利检索和申请的详细知识和信息，可登录在国家知识产权局知识产权保护司指导下创建的智南针（www.worldip.cn）网站。

4.3　专利信息检索与全文免费获取途径

4.3.1　专利信息与专利信息检索

专利信息是指以专利文献为主要内容，经分解、加工、标引、统计、分析、整合和转化等信息化手段处理，并通过各种信息化方式传播而形成的与专利有关的各种信息的总称。

专利信息检索是根据一项数据（专利信息特征），从大量的专利文献或专利数据库中挑选出符合需要的专利文献或信息的过程。

专利信息检索系统最重要的组成部分是专利信息数据库，数据库中的数据主要有两类：专利题录数据和专利全文数据。其中，专利题录数据是基于专利文献著录项目而建立的数据，以便于检索；而专利全文数据是指基于专利说明书全文而建立的数据，主要用于浏览。

由于绝大多数专利信息免费公开，所以，我们能够免费获得专利说明书（全文）。

4.3.2　专利信息检索与下载途径

在印刷版时代，专利文献检索主要靠图书、期刊等检索工具。典型有：美国《化学文摘》（*Chemical Abstracts*）、《食品科技文摘》（*Food Technology Abstracts*）、《造纸化学文摘》（*Paperchem*）、《世界纺织文摘》（*World Textiles*）等。此外，我们也可以通过产品资料获得专利信息，因为部分厂家会把专利权（专利号）标记在产品上。

互联网技术的普及，彻底改变了检索、下载专利信息的方法与途径。普通用户，不但可以通过 Internet 查询与专利相关的各种信息（如：专利法律法规，专利权的终止、维持、撤销，专利代理机构等）、专利申请知识，也可以免费检索与下载专利全文。

Internet 上可检索与下载专利信息的网站有三大类，即：各国政府知识产权局与世界产权组织网站、专利检索网站、在线检索工具与数据库网站。接下来列举一些知名网站。

（1）中国国家知识产权局（www. cnipa. gov. cn）　可以免费检索与下载中国专利全文，其也提供了检索其他主要国家专利的链接。具体使用实例见本章第4.4节。

（2）美国专利（www. uspto. gov）　检索实例将在本章第4.5节进行详细介绍。

（3）WIPO　PCT——国际专利体系（www. wipo. int/pct/zh/index. html）　PCT（Patent Cooperation Treaty，专利合作协定）方便申请人在国际上寻求对其发明的国际专利保护，帮助专利局作出专利授予决定，方便公众查阅这些发明中涉及的丰富技术信息。根据PCT提交一件国际专利申请时，申请人可以同时在全世界大多数国家寻求对其发明的保护。该网站提供中文网页。

（4）Espacenet（欧洲专利文献数据库）（worldwide. espacenet. com/? locale＝en＿EP）可检索全世界的专利文献。

（5）Patentics（www. patentics. com）　一个智能化专利检索和分析系统，其整合了全球各大专利局专利数据库，还将专利文献中的图片信息嵌入到相关段落，方便读者在浏览全文时阅读相关的图片信息（中文），但需注册方可使用。

（6）PatenLens（www. lens. org/lens）　专利检索与分析网站。

（7）Google Patents（www. google. com/advanced＿patent＿search）（patents. glgoo. top）　谷歌专利搜索，涵盖中美欧日韩等主要的专利局，及世界知识产权组织（WIPO），且已通过谷歌翻译将其他文种统一翻译成英文。

（8）RPX（insight. rpxcorp. com）　是一个专业的国际通用专利搜索引擎。

（9）Patent Searching Database（www. freepatentsonline. com）　免费专利查询网站，提供美国、欧洲、日本和WIPO专利的查询和全文PDF格式下载，特色为计算机、化学、医药、材料等领域的专利（英文）。

（10）The FreePatentsOnline（www. freepatentsonline. com）　一个功能强大免费的专利查询网站，目前提供美国专利和专利申请，部分欧洲专利、日本专利和WIPO（世界知识产权组织）专利的查询与下载，也提供了化学品（Chemical）检索。

（11）Global Patent Index（GPI）（data. epo. org/expert-services）　全球专利索引（GPI）是一个强大的检索世界专利的工具。

（12）Derwent Innovations Index（DII，德温特专利索引）　Derwent是全球最权威的专利情报和科技情报机构之一。编辑出版Derwent World Patents Index（DWPI，德温特世界专利索引数据库）、Derwent World Patents Index Markush（DWPIM，德温特马库什分子结构数据库）、Merged Markush Service（MMS，化学结构索引数据库）等诸多数据库。DII收录来自全球40多个专利机构（涵盖100多个国家）的1300万条基本发明专利、3000万件专利，每周增加2.5万多件专利。目前，Derwent隶属于Thomson集团（全球最大的专业信息集团），推出的Derwent Innovation Index（DII）《德温特世界专利创新索引》（www. webofknowledge. com/diidw）可以通过在线检索平台（Web of knowledge，WOK）使用。换言之，只有购买了WOK的使用权，就可以使用WPI世界专利索引数据库。另一方面，Derwent World Patents Index（德温特世界专利索引）可通过Clarivate（科睿唯安）公司（clarivate. com/derwent/solutions/derwent-innovation）提供的数据库平台进行查阅和全文下载，但需要登录权限（英文网站，有部分中文）。

注：虽然通过各国政府知识产权机构的网站，可以免费检索与下载专利说明书，但其只

收录特定国家的专利信息，因此这些专利信息的问题重复与分散性明显。如果使用专业数据库，就可以同时检索多国专利，但此类数据库大部分是付费使用的，只有本单位或个人付费后方可使用。

另外，一些专业检索工具具有检索专利的功能，如，SciFinder 可检索全世界与化学相关的信息（使用方法见第 8 章）。中国知网（www.cnki.net）提供了中国专利检索服务（检索方法见第 3 章。万方数据（www.wanfangdata.com.cn）收录中国专利 2200 余万条，国外（11 国、两组织）专利 8000 余万条，年增 200 万条。

4.3.3　专利信息检索基本方法

专利检索过程大致如下：①根据检索主题，选择关键词（中外文）、专利分类号等检索点；②确定检索系统、检索入口，选择检索方式；③记录检索结果：题录（发明人、发明名称、文献号、文种代码等）以及全文（专利说明书）。

在专利检索系统中，专利检索分成基本检索、专家检索两大类。基本检索是指根据所使用检索工具的特点和功能划分的专利检索种类，包括主题检索、名称检索、号码检索等。专家检索（专业检索、高级检索）则是指按检索人通过检索要达到的目的划分的专利检索种类，包括专利技术信息检索、新颖性检索、专利性检索、侵权检索、专利法律状态检索、同族专利检索、技术引进检索等。

专利检索目标不同时，专利信息的检索方式也有所不同。

① 如果为解决技术攻关中的难题而查找参考资料，应选择专利技术信息追溯检索。追溯检索可以找到前人在同一技术领域解决难题的具体方案。当人们为开发新产品、新技术而查找技术信息或专利项目作为参考时，可选择专利技术信息的追溯检索或基本检索方法中的名称检索。

② 当人们开发出新产品、准备投放市场时，为避免新产品侵犯别人的专利权，应选择防止侵权检索。

③ 当人们有了发明构思或获得新的发明创造，为保护自身利益准备申请专利时，为保证能够获得专利权，应选择新颖性检索。

④ 当人们进行技术贸易、引进专利技术时，应进行专利有效性检索或技术引进检索。专利有效性检索可以为引进技术的单位提供引进的专利技术是否是有效专利的信息；而技术引进检索不仅提供专利有效性信息，还可提供用以判断引进技术水平的信息。在企业竞争中，及时了解对手的情况是非常必要的。为此，可选择专利申请人、专利权人、专利受让人检索，以随时做到知己知彼，百战不殆。

4.3.4　专利一站式全文下载（Drugfuture）

各国家、地区及专利组织均提供免费浏览下载专利全文的网站，但多数仅支持图像文件的浏览，下载的专利说明书是由若干个独立图片文件组成的，不但文件较大而且阅读极不方便。尽管网上有很多文件合并工具，但读者下载后再自行合并也是费时费力。

药物在线（www.drugfuture.com）免费提供中国、美国、欧洲专利全文的一站式下载，方便快捷。有电脑版和手机版（www.drugfuture.com/mobile），支持专利全文图像格式和 pdf 格式的打包下载。图 4-3 为中国、美国专利的全文下载界面。其使用方法实例，可观看[演示视频 4-1　中国专利全文打包下载]。须注意如下问题：

4-1　中国专利
全文打包下载

图 4-3 Drugfuture 网站中国、美国专利全文下载界面

① Drugfuture 是通过专利号或公开号检索专利信息，然后下载专利全文的。因此，只有先获取所需下载专利的专利号或公开号，并将其输入到对应数据库中方可下载。

② 中文专利既可以用专利号，也可以用公开号或公告号进行查询，打包下载页面的最下方还提供有该专利数据的链接。

③ 欧洲专利下载时，在点开专利摘要界面后，可通过选择语言后点击 patent translate 按钮直接将摘要翻译成所需文种，默认为机器翻译。另外，部分美国专利可在欧洲专利下载链接中打包下载，反之不行。

除 Drugfuture 专利下载工具外，在已知专利号的情况下，PAT2PDF（www. pat2pdf. org）也是一个不错的美国专利免费下载工具。

4.4　中国专利及检索实例

4.4.1　认识中国专利的申请号与公布号

典型的中国专利文献有《专利公报》《中国专利索引》《中国专利文摘数据库》等。目前，通过国家知识产权局专利检索与分析平台（pss-system. cnipa. gov. cn），就可以获取中国专利的公布公告信息（图 4-4）。

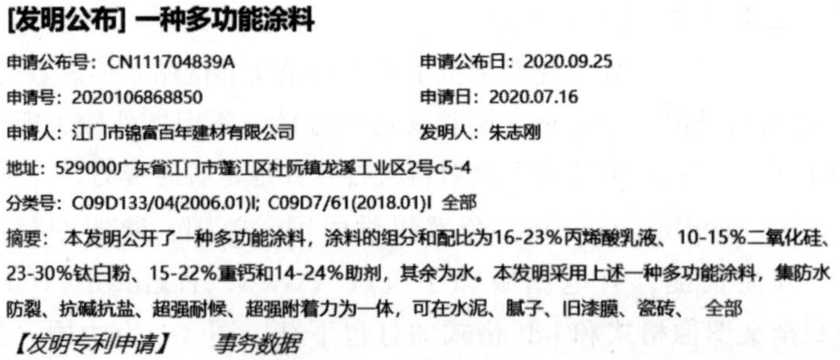

[发明公布] 一种多功能涂料

申请公布号：CN111704839A　　　　　申请公布日：2020.09.25
申请号：2020106868850　　　　　　申请日：2020.07.16
申请人：江门市锦富百年建材有限公司　　发明人：朱志刚
地址：529000广东省江门市蓬江区杜阮镇龙溪工业区2号c5-4
分类号：C09D133/04(2006.01)I; C09D7/61(2018.01)I 全部
摘要：本发明公开了一种多功能涂料，涂料的组分和配比为16-23%丙烯酸乳液、10-15%二氧化硅、23-30%钛白粉、15-22%重钙和14-24%助剂，其余为水。本发明采用上述一种多功能涂料，集防水防裂、抗碱抗盐、超强耐候、超强附着力为一体，可在水泥、腻子、旧漆膜、瓷砖、 全部
【发明专利申请】　事务数据

图 4-4　中国专利公布公告信息

【例 4-1】 使用检索词"功能涂料",检索相关专利,并获取公布的申请说明书与事务数据。

检索与阅读专利时,会发现不同形式(字母＋数字)的号码。了解、掌握这些号码的含义和它们之间的关系,有利于准确使用有关检索工具,迅速获取专利信息原文。

接下来以中国专利的代码为例进行说明,如表 4-3 所示。按照时间顺序,从专利申请文件提交到专利局的那一天(申请日)起,专利局分配一个专利申请号(例:2008 1 0231728. X);发明专利在初审合格被公布时,专利局提供专利公布号(例:CN101367912A);发明专利与实用新型专利在授权公告时,专利局提供授权公告号(例:CN101367912B,与公布号相似,A变为 B);专利授权时,专利局提供专利号(例:ZL200810231728. X,在专利申请号前冠以拼音字母 ZL)。

表 4-3 中国专利申请号与公布号及含义

号码类型	说明(实例)
申请号 专利号	CN　　XXXX　　X　　XXXXXXX.　　X 国家代码　申请年份　专利类型　流水号　校验位 申请号(2008 1 0231728. X);专利号(ZL200810231728. X)
申请公布号 授权公告号	CN　　X　　XXXXXXXX　　X 国家代码　专利类型　文献流水号　标识代码 申请公布号(CN101367912A);授权公告号(CN101367912B)

表 4-3 中,位于年代后面的"1"表示发明,"2"表示实用新型,"3"表示外观设计;"8"表示进入中国国家阶段的 PCT 发明专利申请;"9"表示进入中国国家阶段的 PCT 实用新型专利申请。校验位是指以专利申请号中使用的数字组合作为源数据经过计算得出的 1 位阿拉伯数字(0~9)或大写英文字母 X。公开号末尾的专利文献种类标识代码中,"A"指发明专利申请公开;"B"指发明专利授权公告;"U"和"Y"指实用新型专利授权公告;"S"指外观设计专利授权公告。

4.4.2 中国专利的检索途径

国内检索专利信息的网站主要有如下几类。

(1)国家知识产权局及相关专利信息检索系统 国家知识产权局(www.cnipa.gov.cn)既能实时了解和中国专利相关的任何信息,又能查询专利的详细题录内容,以及下载专利全文。免费注册,具体实例见 4.4.3。

中国专利信息网(www.patent.com.cn)是国家知识产权局直属专利检索咨询中心的网站,是提供专利信息检索分析、专利事务咨询、专利及科技文献翻译、非专利文献数据加工等服务的权威机构。专利信息检索及专利文献翻译均为有偿服务,检索服务包括:查新检索、现有技术/现有设计检索、专题检索、授权专利检索、法律状态检索、同族专利检索、跟踪检索、国际联机检索、侵权分析等。此外,该网站还能检索浏览与专利有关的相关法律法规文件。

中国知识产权网(www.cnipr.com)是国家知识产权局知识产权出版社创建的,该网站旗下的中国专利信息检索系统(search.cnipr.com)提供专利检索服务。

中国专利信息中心(www.cnpat.com.cn)是国家知识产权局直属国家级大型专利信息服务机构,拥有专利数据库管理和使用权。

（2）知名检索工具与全文数据库　中国知网（www.cnki.net）、万方数据（www.wanfangdata.com.cn）等知名检索工具与全文数据库提供专利的检索功能。其中，中国知网的使用方法参见第3章。

（3）免费检索引擎　SooPAT（www.soopat.com）专利搜索引擎，既可以搜索中国专利，也可以搜索世界专利［图4-5（a）］，包含全球110个国家和地区。

佰腾网（www.baiten.cn）可以检索我国（包含香港、台湾地区）、美国、日本、欧洲的专利信息与专利产品［图4-5（b）］。

Rainpat（www.rainpat.com）既可以搜索中国专利，也可以搜索世界专利，还能检索商标［图4-5（c）］。但是注册登录后方可使用。

图4-5　免费搜索引擎相关界面

4.4.3　从国家知识产权局网站检索与下载专利的方法

国家知识产权局网站提供我国的专利检索系统。其免费提供自1985年以来公布的全部中国专利（发明、实用新型和外观设计）信息（著录项目及摘要），人们并可浏览说明书全文。

该检索系统提供了申请号、名称、摘要、地址、分类号等字段的检索入口，并且在多个字段支持模糊检索。其中，字符"?"（半角问号），代表1个字符；模糊字符"％"（半角百分号），代表0～n个字符。

【例4-2】　以"调湿涂料"为检索目标，举例说明如何从国家知识产权局网站检索"调湿涂料"相关的专利，并下载专利全文（专利说明书）。

　　首先，进入国家知识产权局主页（www. cnipa. gov. cn），在主页可找到"专利检索"界面，点击进入专利检索（pss-system. cnipa. gov. cn/sipopublicsearch/portal/uiIndex. shtml）。如图 4-6(a) 所示，该页面显示有"常规检索""高级检索""导航检索"等多种检索模式。

(a)

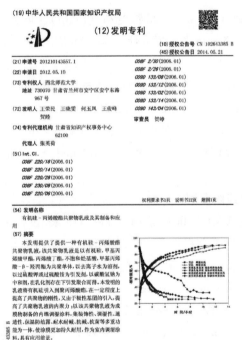

(b)

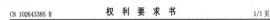

CN 102643385 B　　　　　　　　　权 利 要 求 书　　　　　　　　　1/1 页

　　1. 有机硅 - 丙烯酸酯共聚物乳液的制备方法，包括以下工艺步骤：

　　（1）核微粒：将中和剂、乳化剂溶解于去离子水中，升温至 60~95℃；将核单体混合物及总量 1/3~1/2 的引发剂滴加到上述体系中，搅拌反应 1~6h，得到核微粒；所述单体混合物由甲基丙烯酸甲酯、丙烯酸丁酯、不饱和烃基酸组成；

　　（2）核壳型乳液的制备：将剩余引发剂及壳单体混合物加入到上述核微粒体系中，搅拌反应 1~6 h，得到聚合乳液；冷却至 20~60℃，用氨水调节 pH=7~8，用 100 目筛子过滤，得到核壳型有机硅 - 丙烯酸酯共聚物乳液；所述壳单体混合物由有机硅单体、甲基丙烯酸 - β - 羟丙酯、甲基丙烯酸甲酯及丙烯酸丁酯组成；

　　所述引发剂为过硫酸钾或过硫酸铵，用量为 1~10 份；所述中和剂为碳酸氢钠，其用量为 1~10 份。

　　2. 如权利要求 1 所述有机硅 - 丙烯酸酯共聚物乳液的制备方法，其特征在于：所述核单体混合物的组成为：甲基丙烯酸甲酯 0.5~20 份，丙烯酸丁酯 0.5~20，不饱和烃基酸 1~30。

　　3. 如权利要求 1 所述有机硅 - 丙烯酸酯共聚物乳液的制备方法，其特征在于：所述壳单体混合物的组成为：有机硅单体 1~30 份，甲基丙烯酸 - β - 羟丙酯 1~30 份，甲基丙烯酸甲酯 0.5~30 份，丙烯酸丁酯 0.5~30 份。

　　4. 如权利要求 1 或 2 所述有机硅 - 丙烯酸酯共聚物乳液的制备方法，其特征在于：所述有机硅单体为 3-缩水甘油基丙基三甲氧基硅烷、甲基丙烯酸基丙基三甲基硅烷、氨基丙基三乙氧基硅烷中的一种。

　　5. 如权利要求 1 所述有机硅 - 丙烯酸酯共聚物乳液的制备方法，其特征在于：所述不饱和烃基酸为甲基丙烯酸、丙烯酸、富马酸中的至少一种。

　　6. 如权利要求 1 所述有机硅 - 丙烯酸酯共聚物乳液的制备方法，其特征在于：所述乳化剂是由非离子型乳化剂 Tween-20 和离子型乳化剂十二烷基硫酸钠以 1:1~1:8 的质量比复合而成，其用量为 1~10 份。

　　7. 如权利要求 1 所述方法制备的有机硅-丙烯酸酯共聚物乳液作为成膜物在制备室内调湿涂料中的应用。

(c)

图 4-6　通过国家知识产权局检索与下载专利全文

　　需要指出：免费注册（注册框见左上角）后，方可进行检索。

　　其次，免费注册、登录后，在检索框（常规检索）中输入"调湿涂料"，点击"检索"，就会从检索要素与发明名称中自动识别与"调湿涂料"相关的专利信息；也可以用"调湿 AND 涂料"进行检索，共显示 365 条数据。这时，可浏览发明名称、申请号、发明人、摘要等信息。结果过多时，可以使用"过滤"功能栏，通过限定文献类型、日期、语言等缩小范围。

　　最后，精炼检索结果后，从中选择所需的专利，如，"有机硅-丙烯酸酯共聚物乳液及其制备和应用"，就可以浏览著录项目、全文文本（说明书正文 Word 版本）或全文图像（说明书正文图像版本）。也可以点击左侧的"下载"，下载该包括首页［图 4-6（b）］、权利要求书［图 4-6（c）］在内的专利说明书全文。

国家知识产权局网页检索的具体方法，请参见［演示视频 4-2　中国专利检索与下载］。

为了方便用户有效地检索专利信息，国家知识产权局网页提供了免费的培训视频（pss-system. cnipa. gov. cn/sipopublicsearch/portal/uishowTrain-fowardTrain. shtml），有近 30 条，主要包括：第一章节系统简介（包括专

4-2　中国专利
检索与下载

利检索及分析服务、专利检索微信服务）；第二章节门户服务；第三章节专利检索（包括常规检索、高级检索、药物检索、导航检索、命令行检索、概要浏览、详细浏览等）；第四章节专利分析。视频可以在线观看，也可下载观看。

4.5　美国（英文）专利检索实例

美国专利类型有发明专利（Utility）、设计专利（Design）、植物专利（Plant）、再公告专利（Reissue）、再审查专利（Reexamination Certification）、防卫性公告（Defensive），依法注册的发明（SIR）。

美国专利数据库：专利授权数据库（Issued Patent）、专利申请公布数据库（Published Applications）、法律状态检索数据库（Patent Application Information Retrieval，PAIR）、专利权转移检索数据库（Patent Assignment Database）、专利分类表数据库（Tools to Help in Searching by Patent Classification）、专利基因序列数据库（Published Sequence Listings）、外观专利数据检索等。

4.5.1　通过美国专利商标局（USPTO）免费检索美国专利

美国专利商标局网站（www. uspto. gov）是美国专利商标局（The US Patent and Trademark Office，USPTO）的政府网站，该网站向公众提供全方位的专利信息服务。US-PTO 将自 1790 年以来的美国各种专利数据在其网站上公开，供用户免费查询。

【例 4-3】 以"温敏性水凝胶"（temperature sensitive hydrogel；thermo-sensitive hy-drogel）为检索关键词，举例说明如何通过美国专利商标局网站检索美国（英文）专利。

首先，进入美国专利商标局政府网站（www. uspto. gov），找到专利检索（Search for patents）入口，选择检索途径，例如，"USPTO Patent Full-Text and Image Databases（PatFT）"（专利全文数据库）。从三种检索方式（Quick Search、Advanced Search、Patent Number Search）中，选择"Quick Search"（快速检索）［图 4-7（a）］。

其次，在"Quick Search"的 Term 1、Term 2 栏中分别键入"hydrogel""temperature sensitive"，并将 Field 1 选择为 Title，Field 2 选择为 Abstract［图 4-7（b）］，点击 search，找到 4 条相关专利信息。

最后，选择第 2 条信息，点击标题（Title），就能看到该专利的全文。人们既可以浏览文本格式的专利［图 4-7（c）］，也可点击"Images"，浏览图像格式，并点击左侧"Front Page""Drawings""Specifications""Claims"等选项。

USPTO PATENT FULL-TEXT AND IMAGE DATABASE

Home　Quick　Advanced　Pat Num　Help

View Cart

Data current through September 29, 2020.

Query [Help]

Term 1: hydrogel　　　　in Field 1: Title

AND

Term 2: temperature sensitive　in Field 2: Abstract

Select years [Help]

1976 to present [full-text]　　　Search　重置

Patents from 1790 through 1975 are searchable only by Issue Date, Patent Number, and Current US Classification.
When searching for specific numbers in the Patent Number field, utility patent numbers are entered as one to eight numbers in length, excluding commas (which are optional, as are leading zeroes).

(a)

in **Field 1:** Title

AND

in **Field 2:** Title

All Fields
Title
Abstract
Issue Date
Patent Number
Application Date
Application Serial Number
Application Type
Applicant Name
Applicant City
Applicant State
Applicant Country
Applicant Type
Assignee Name
Assignee City
Assignee State
Assignee Country
International Classification
Current CPC Classification
Current CPC Classification Class

(b)

USPTO PATENT FULL-TEXT AND IMAGE DATABASE

Home　Quick　Advanced　Pat Num　Help

Hit List　Previous　Next　Bottom

(2 of 4)

View Cart　Add to Cart

Images

United States Patent　　　　　　　　　　　　　　9,469,728
Lee , et al.　　　　　　　　　　　　　　　　　October 18, 2016

Temperature and pH-sensitive block copolymer having excellent safty in vivo and *hydrogel* and drug delivery system using thereof

Abstract

Disclosed herein are pH- and *temperature-sensitive* block copolymer with excellent safety and a method for preparing the same and a hydrogel and a drug carrier using the block copolymer. According to the present invention, the pH- and *temperature-sensitive* block copolymer comprises: obtained by copolymerization of: (a) polyethylene glycol-based compound (A); and (b) poly (.beta.-amino ester)-based oligomer (B) or poly (amido amine)-based oligomer (C) or coupling of mixture (D) thereof. In order to control biodegradation rate, the block copolymer is mixed with poly (amido amine)-based oligomer instead of the poly (.beta.-amino ester)-based oligomer and then coupling them.

Inventors:	Lee; Doo Sung (Suwon-si, KR), Nguyen; Minh Khanh (Suwon-si, KR), Kim; Bong Sup (Suwon-si, KR)
Applicant:	Name　City　State Country Type
	Lee; Doo Sung　Suwon-si N/A　KR
Assignee:	SUNGKYUNKWAN UNIVERSITY FOUNDATION FOR CORPORATE (Suwon-si, KR)
Family ID:	40429563

(c)

图 4-7　美国专利商标局专利检索与全文浏览

　　需要说明的是：①检索过程中如果不显示图像，则需要安装 TIFF 浏览器插件，这可通过 Alternatiff 主页（www. alternatiff. com/install-ie）自动安装；②如果已知专利号，为节省时间，通常不会选择在美国专利商标局官网上下载，可以直接采用 Drugfuture、PAT2PDF 等专利下载工具下载即可。

4-3　美国专利
检索与下载

　　美国专利商标局网站检索的具体方法，请参见［演示视频 4-3　美国专利检索与下载］。

　　在 Advanced Search（高级检索）界面，有"Query"（输入检索表达式的文本框）和"Select Years"（年代范围选项）两栏。Query 字段框内有 31 个可供检索的字段，包括"Field Code（字段代码）"和"Field Name（字段名）"的对照表。点击"相应字段名"可查看该字段的解释及具体信息的输入方式。检索的表示方法为：检索字段代码/检索项字符串。表 4-4 显示检索字段的主要字段代码及字段名称。

4.5.2　检索因未付年费而提前失效的美国专利的方法

　　相当数量的发明专利在保护期届满之前就已经失效了。据统计，因未付年费而提前失效的专利占当年批准量的 52％。美国公报为因未付年费而提前失效的美国专利新辟了一个专栏，名为 Notice of Expiration of Patents Due to Failure to Pay Maintenance Fee（因未付年费而提前失效的专利通知)。

表 4-4 USPTO 检索字段的主要字段代码、字段名称

代码 Code	英文全称 Field Name	中文名称	代码 Code	英文全称 Field Name	中文名称
PN	Patent Number	专利号	IN	Inventor Name	发明人姓名
ISD	Issue Date	公布日期	IS	Inventor State	发明人所在州
TTL	Title	标题	ICN	Inventor Country	发明人所在国家
ABST	Abstract	摘要	LREP	Attorney or Agent	律师或代理人
ACLM	Claim(s)	权利要求	AN	Assignee Name	受让人姓名
SPEC	Specification/Description	说明书	EXP	Primary Examiner	主要审查员
CCL	Current US Classification	当前美国分类	REF	U. S. References	US 参考文献
ICL	International Classification	国际分类	FREF	Foreign References	外国参考文献
APN	Application Serial Number	申请序列号	PRIR	Foreign Priority	国外优先权
APD	Application Date	申请日期	PCT	PCT Information	PCT 信息
PARN	Parent Case Information	母专利信息	APT	Application Type	申请类型

如何检索发现一件美国专利已因未付费而失效？可以从 1986 年以后的美国公报中的有关栏目中查找，但实际操作很繁琐，因为需要翻检自该专利批准日起 12 年来的所有美国公报。如果使用 CD-ROM 光盘产品，则容易实现上述检索。由美国专利商标局（USPTO）出版的美国专利文摘光盘数据库 Cassis2 收录了美国自 1969 年以来的发明专利、自 1977 年以来的其他专利（外观设计专利、植物专利）、自 2001 年以来公开的专利申请文献。

4.5.3 阅读美国专利的方法

专利除了可以保护产品外，也像产品的使用手册，有文字及图标叙述的产品组件、特征、用途，以及使用方法。此外，专利信息还包括任何可以从专利局发行的文件中所获得的信息，包括技术资料、市场信息、法律信息以及公司的任何信息。发明专利内容常分为以下四大部分。

（1）封面　提供专利的基本资料（如专利号码、专利申请日、发明人姓名等）和发明摘要。在基本资料旁都印有以（　）框起来的专利文献著录数据代码，即 INID 代码（Internationally agreed Numbers for the Identification of Data，WIPO 规定使用的专利文献著录项目识别代码）。每个 INID 码各代表不同的数据项，例如（54）代表发明名称，（75）代表发明人姓名与户籍地。

（2）图标　专利中常会以图标来协助读者了解发明，图式中会用号码对不同的组件进行标示，方便在文字部分作说明。此外，图标对英文非母语的读者也有很大的帮助，对于简单的发明，常常可以用看图说故事的方式了解相关内容。

（3）说明书的内容部分　包括文字描述。

（4）申请专利范围　包括一个以上的请求项，各请求项以阿拉伯数字依序编号。站在法律的角度，请求项是专利中最重要的部分，用来界定专利保护范围，也是用来判断是否侵权的指针。

专利文献中有专利相关术语（Glossary of Patent Terms），例如：权利项（Claims），又称请求项、权项要求，是用来定义专利保护范围的部分。在"权项要求"部分，常常在每一零（器）件前加上"said"（该）一词。句子往往很长，有时甚至整段才一句话。由于专利文本也是法律文件，因此大量使用官方文件中常用的复合关系副词。例如：hitherto（迄今）、herein（其中，在）、hereinabove（上文）、hereinafter（下文）、heretofore（迄今）、therefrom（由此）、therein（其中）、thereof（它的）、thereon（关于那）、thereto（至该处）、thereafter（此后）、thereinafter（下文）、thereinbefore（上文）、therethrough（由于）、whereat（该处）、whereby（靠）、wherefore（为此）、wherein（其中）、whereof（所述）、whereon（因此，在该处）、whereupon（于是，因此）等。阅读时要抓住原文的实质，跳过一些专业术语和重复的内容，太长的句子可作适当的分解或组合。

4.6　欧洲及其他各国专利信息检索

4.6.1　欧洲专利信息检索与在线翻译功能的利用

欧洲专利文献数据库（Espacenet）属于欧洲专利局（EPO，European Patent Office）（www. epo. org）。其不但能检索、阅读欧洲专利，还可检索全世界（包括中国、美国、日本、PCT 等 50 多个国家和专利组织）的专利文献，并能免费获取超过 1.2 亿件专利文件。文献格式为 PDF，可按页下载。该专利数据库可以查询同族专利（同一个专利在不同国家申请的专利），这样，就可以很方便地找到非英文专利的英文文本，便于克服语言障碍。

【例 4-4】　继续以"温敏性水凝胶"（thermo-sensitive hydrogel）为检索关键词，举例说明如何通过 Espacenet 检索全世界的专利，并阅读中文翻译内容。

首先，进入 Espacenet（worldwide. espacenet. com/? locale = en _ EP），语言选择为"English"［图 4-8(a)］，必要时选择国家。这里有三种模式："Smart search""Advanced search""Classification search"。

其次，选择默认的 Smart search，键入"thermo-sensitive hydrogel"，点击"Search"，就能找到 104 条相关专利信息。点击第一条信息，可以看到该专利的 Bibliographic data（题录＋摘要信息）。点击该页面左上部的"Description""Claims""Original document"等，就能查看该专利的"说明书""权利要求""原始文件"（PDF 版本）等。

最后，在 Bibliographic data 页面的中下部［图 4-8(b)］，有红色"patent translate"功能按钮。选择"中文"，点击 patent translate，就能看到该韩国专利（原文为韩文）的中文摘要［图 4-8(c)］。需要注意的是，这种译文是机器翻译的，部分内容可能不准确。

对于一些原文为非英语语种的专利信息，该网站只对其摘要提供多国语言的翻译功能。而对于专利全文，则只提供翻译为英文的功能。

4.6.2　日本专利信息检索

日本是专利大国，因而对日本专利的研究非常重要。日本特许厅（JPO）（www. jpo. go. jp）不但可以使用日语检索，而且提供了日本专利的英文检索入口（www. jpo. go. jp/e/index. html），方便了不懂日文的人员进行检索。当然，如果精通日文，使用日文进行检索是最好的选择。

英文入口提供了自 1976 年以来的日本公开特许（也就是发明申请公开）英文文摘数据库，并自 1993 年开始包括法律状态信息。英文检索结果可以链接到电脑翻译的专利公报全文，如果需要看日文原始文献，只需要点击日文按钮，便可以获得 GIF 图片格式的说明书。

图 4-8　欧洲专利局专利检索与翻译功能

4.6.3　世界范围的专利信息检索

能够综合检索世界范围专利的数据库，请参见"4.3.2　专利信息检索与下载途径"中提供的网站信息。主要分为如下几类。

（1）政府及专利相关组织网站　包括国际、地区组织网站和部分国家专利机构网站，例如世界知识产权组织（WIPO）（www.wipo.int），专利文献检索和阅读的入口为 Intellectual Property Digital Library（www.wipo.int/ipdl/en）。世界知识产权组织可以检索 PCT 专利申请文献，收录了自 1997 年以来 PCT 公布的专利申请原始资料，专利文献的格式为 PDF。

（2）综合搜索引擎与专利搜索引擎　例如谷歌、百度等综合搜索引擎，专利搜索引擎如 RPX（insight.rpxcorp.com）、免费专利在线（www.freepatentsonline.com）等。

（3）特定类别专利检索网站　如药物在线专利查询（www.drugfuture.com/eppat/patent.asp）等。

另外，中国国家知识产权局网站（www.cnipa.gov.cn）提供了世界各国专利机构、数据库网站的链接。具体的网站可登录国家知识产权局网站首页下方点击"国外主要知识产权网站"，即可跳转到相应的页面，选择国家名称登录。

4.7　认识专利知识的重要性

发明创造是科技工作者的重要任务，研究成果能够得到应用和推广，不仅为社会作出了贡献，个人也能受益。当然，发明人最不想遇到的状况莫过于花费许多时间和精力将自己新的构思付诸实现后，才发现同样的方案早已有人做过，而且已经以专利或论文的形式公开了。那么，如何知道自己的发明是首创呢？这就需要在研发初期做好信息检索工作。因此，专利的检索和申请十分重要。

4.7.1　通过申请专利来保护知识产权

知识产权对国家的发展与个人技术的保护都很重要。国际经济合作中绕不开知识产权。在我国加入世界贸易组织（WTO）的谈判过程中，涉及知识产权的转移和保护并成为其中的主要焦点。近几十年来，我国政府十分重视科技创新与知识产权保护，据世界知识产权组织（WIPO）公布，2019 年，中国通过专利合作协定（PCT）体系，申请了 5.899 万份专利，首次超过了美国（5.784 万份专利）。除此以外，截至 2020 年 6 月，中国内地发明专利有效量 199.6 万件。WIPO 发布的年度报告也指出，中国已成为世界知识产权发展的主要推动力。

国家鼓励大学生进行双创（创新创业）活动。作为个人，尤其是在校学生，有机会获得创新成果，因此，也要有"通过申请专利来保护知识产权"的意识，让自己的聪明才智与辛勤劳动成果不但为社会做贡献，而且个人也能收获财富。

4.7.2　专利信息的有效检索与便捷下载

互联网的普及，让普通用户很容易获得各国政府公开的专利信息。但是，当同时查到大量专利信息时，如何获取所需的专利信息就变得相对困难。接下来介绍几个有效手段。

（1）充分利用各国政府或组织的知识产权网站　例如，当查阅我国的专利信息时，应该充分利用国家知识产权局网站。

（2）充分利用专利检索在线数据库　近年来出现了不少专门检索专利信息的在线检索工具与数据库，而且免费，我们需要充分利用这些网站。对于化学工作者而言，使用 SciFinder，不但可以通过关键词检索世界范围内的专利，而且可以通过分子式、结构式检索化学相关的专利信息。因此，如果本单位订购了该检索工具数据库，我们应该充分利用。

（3）充分利用专利信息源的自身特征　各国专利局出版的专利文献标注有即 INID 码，由于该代码为同一标准，不受文种限制，可基于此代码快速锁定专利文献著录项目，如（12）文献种类的文字名称、（21）申请号、（31）优先申请号、（51）国际分类号、（54）发明名称、（57）文摘或权利要求、（65）与同一申请有关的在先公布的专利文献号、（71）申请人、(72) 发明人、(73) 权利人、(81) PCT 指定国等。另外，要善于利用同族专利，因为很多同族专利是基于同一基本专利进入不同国家阶段的授权专利，其技术特征和保护范围都是一样的，这样即可通过获得我们熟悉语言的文本（中文或英文）来了解该专利的技术特征，快速解决语言障碍问题。

4.7.3　非英语或汉语专利信息的在线翻译

对绝大多数普通用户来说，除掌握本国语言（如汉语）外，还比较熟悉一门外语（如英语）。而各国的专利原文，除汉语、英语外，还有日语、德语、法语、俄语、阿拉伯语等多种语言，这就为人们阅读原文带来困难。在检索与利用这些非英语专利信息时，最大的障碍就是语言屏障。因此，要学会利用专利网站自身的功能或在线词典进行有效翻译。

① Espacenet（欧洲专利文献数据库），提供摘要翻译功能，可将许多国家的专利摘要在线翻译为中文；可将部分专利全文翻译为英文。这十分有利于解决我们的语言屏障问题。具体实例参见 4.6.1 节内容。日本专利网站提供日文专利的英文摘要，也便于用户使用。

② 利用具有翻译功能的搜索引擎或网站：典型的有百度在线翻译（fanyi.baidu.com）、Google 翻译、Microsoft Translator（cn.bing.com/translator）。百度在线翻译可提供多语种的即时在线翻译，自动检测匹配原文语种。Google 翻译不需要输入特殊字符，西班牙语中特有的字符直接用等同英文字母代替，如 á=a，é=e，í=i，ó= o，ú=u。

③ 专利文献有偿翻译服务：国家知识产权局专利检索咨询中心提供专利文献有偿翻译服务（www.patent.com.cn），如确有必要，可登录网站查阅具体流程。

4.7.4　专利信息的有效利用

专利信息（文献）作为一类重要的科技信息源，是人类聪明智慧的结晶，也是人类开拓发展、探求进步的智慧源泉。当然，专利专利文献有其局限性，这是因为专利所代表的技术成果还只是纸面上的，绝大部分没有工业规模的验证和结论，投产前可能还会作很大改动。专利文献的典型局限性：①没有指出发明的具体应用；②没有当前的经济观点；③缺乏具体的实施参数；④隐瞒核心技术；⑤有效时间和内容的局限性。

另外，专利一般是实用方法的汇总，高质量的专利说明书，提供了具有经济价值的文献。但不能迷信专利的全部技术，这是由于技术竞争的需要，部分国家的专利质量相当差（或者是没有科技含量）。有些专利不具原创性，而是"组合物"专利，只能起到提示作用。所以要特别注意专利的筛选，根据专利申请人的国家、单位，以及与相关的论文等信息结合，获得高质量的专利申请书，开展相应的发明创造。

总之，以专利说明书为主的专利信息，虽然有许多可贵之处，但也有不足之处，特别是把专利文献作为情报加以使用时，应正视这些不足之处。因此，在利用专利技术时，要充分地利用其优点。例如：基于专利的新颖性、创造性和实用性特点，专利信息的使用主要包括以下几个方面。

（1）可借鉴的方法与技术路线　专利说明书中的技术方案虽然不是很准确，但给出了详实的技术路线，因此，专利信息可以启发研究灵感，避免重复研发或侵犯已取得专利的发明技术。

（2）参考专利信息来规划研究方向　用户（读者、发明人）对已有的专利技术进行总结提炼，不但可以解决技术瓶颈，而且能够找寻可以突破的领域，预测技术发展趋势与发展方向。

（3）从专利权人资料中获得潜在合作伙伴信息　通过检索同行（包括竞争对手）的专利

信息，生产者既可以追踪对手的研发进展，也可以获得同领域研发者的信息，从而为自家已有产品的升级换代找到潜在的技术与合作伙伴。

▶▶ 练习题 ◀◀

1. 专利文献的特点是什么？我们能从专利中获得什么信息？

2. 如何理解专利的区域性？

3. 中国专利分哪几类？专利申请时需要满足什么条件？

4. 简述发明专利和实用新型专利的异同。

5. 什么是同族专利？什么是相同专利？什么是优先权？

6. 我国专利的国别代码是什么？

7. 试述专利文献在国民经济生活中的重要作用。专利在现代国际贸易中的作用如何？

8. 为什么说专利制度是人类社会进步的推进器？

▶▶ 实践练习题 ◀◀

1. 请列举检索中国专利的网站；检索美国、欧洲和日本专利的官方网站。

2. 从中国专利网站检索：（a）有关脱除室内甲醛的材料与方法；（b）调湿涂料主要成分与用途。

3. 以"碳纳米管（Carbon nanotube）催化（Catalysis）"为主题词检索相关美国专利数据库和欧洲专利数据库，试下载一篇文献并阅读。

第 5 章　标准信息与产品资料

 导语

　　人们使用的大部分材料与各种用品，都是在一定标准下生产或加工的，参阅说明书方可有效地使用它们。这些标准与产品资料中，包含了大量的化学化工信息，对人们设计、合成或制作加工有重要的参考价值。因此，如何免费获得这些科技信息显得十分重要。

 关键词

　　标准信息；产品资料；免费获取

　　当今社会，人们使用的日常用品与工业产品，绝大多数通过规模化生产出来，在这些材料与用品的生产与使用过程中，不可避免地要用到标准与说明书（产品资料）。在企业、行业与国家层面上，也会通过国家标准或行业标准、企业标准规定产品的组成、性能指标及其检测方法。在当前网络时代，标准信息与产品资料的检索十分便捷，为我们免费获得与利用这些科技信息源提供了便利条件。

5.1　标准信息的类型与作用

5.1.1　标准信息的涵义与特点

　　标准（Standard）是对工农业产品和工程建设质量、规格、检验方法、包装方法及贮运方法等方面所作的技术规定，是从事生产、建设的共同技术依据。标准是一种规章性的文献，有一定的法律约束力。标准是完整和独立的资料，有一定的标准代码和编号。

　　标准信息（Standard Information）是指在标准化活动中所产生的、记录标准化科研成果和实践经验的标准文献以及与标准化相关的情报信息，是技术标准（Technical

Standards）、技术规范（Technical Specification）和技术法规（Technical Regulations）等的统称；是人们在从事科学试验、工程设计、生产建设、技术转让、国际贸易、商品检验时对工农业产品和工程建设质量、规格及其检验方法等方面所作的技术规定，是从事生产、建设和行政、组织管理时需共同遵守的具有法律约束性的技术依据和技术文件。

标准有如下特点。

① 每一件技术标准都是独立、完整的资料。作为一种规章性的技术文献，它有一定的法律效力。标准资料也是一类重要的科技信息源。

② 标准内容反映一个国家或企业的水平，有一种通俗的说法："一流的企业定标准、二流的企业买产品"。因此，查阅标准，可以了解相关国家或企业的技术水平，为本单位开发新产品提供参考和借鉴。

③ 标准的更新频繁。随着科技的迅速发展，常常不断对技术标准进行修改或补充，或以旧代新，或过时作废。因此，在检索标准信息时需要关注最新的版本。

在化学化工领域，对各种化学品和使用操作都有详细的规定，这些规定是产品质量检验和使用的标准。目前，化学及化工产品已经延伸到国民经济与大众生活的各个方面，它们的生产、应用受标准的约束。因此，作为化学工作者，标准是一种有用的工具。

5.1.2　中国标准类型与机构

根据我国标准法（2018 年实施的《中华人民共和国标准化法》）的规定，我国标准分为四级，即：国家标准、行业标准、地方标准和团体标准、企业标准。其中，国家标准分为强制性标准与推荐性标准，行业标准、地方标准是推荐性标准。标准级别、范围与代码如表 5-1 所示。国家标准是人们容易查阅、最为常见的一类标准，分为强制性国家标准（代号为"GB"，即"国标"汉语拼音的首字母，简称强标）和推荐性国家标准（代号为"GB/T"，简称推标），如：GB 8851—2005《食品添加剂　对羟基苯甲酸丙酯》（强标）；GB/T 209—2018《工业用氢氧化钠》（推标）。行业标准早期称为部颁标准，原有代号为"ZB"的专业标准，如：ZB G12023—90《牙膏工业用磷酸氢钙》，现已升级为国家标准（GB 24568—2009）。地方标准代号"DB"，一般针对有地域特色的产品而制定，如 DB32/T 1438—2009《亚氨基二苯的含量分析 核磁共振氢谱法》。企业标准一般在国家标准和行业标准尚未颁布或企业为了提高产品质量制定比国家标准和部颁标准要求更高的"内控标准"时采用。企业标准的代号为 Q（"企"字的汉语拼音首字母）。

表 5-1　中国标准级别、范围与代码

标准级别	范围	代码
国家标准	是指在全国范围内统一使用的标准,由国家标准局组织审定并发布	正式标准代号为 GB;推荐性标准代号为 GB/T
行业标准	是指在全国行业范围内统一使用的标准	代号为 ZB(专业标准)
地方标准 团体标准	是指某一地方制定并执行的标准 由团体自主制定发布,由社会自愿采用的标准	代号 DB 代号 T/×××
企业标准	是指由企业制定的标准	代号为 Q

强制性标准必须执行，国家鼓励采用推荐性标准。推荐性国家标准、行业标准、地方标准和团体标准、企业标准的技术要求不得低于强制性国家标准的相关技术要求。国家鼓励社会团体、企业制定高于推荐性标准相关技术要求的团体标准、企业标准。

标准信息按标准的约束性，分为强制性标准（代号"GB"）、推荐性标准（代号"GB/

T"）和指导性技术文件（代号"Z"）三种。按照标准化对象又可分为技术标准、管理标准和工作标准三大类；从技术内容分，有计量单位、符号、术语、尺寸、形式、品种、基本参数、技术要求、试验方法、计算方法、工艺过程、包装标志、运输、保藏等标准。

标准号由颁布机构代号（标准代号）、标准顺序号和颁布年组成，可记为"标准代号＋标准顺序号＋制定或修改年份"。

我国的标准化组织是国家标准化管理委员会（www.sac.gov.cn）（简称"国家标准委"），隶属于国家市场监督管理总局，主要职责是下达国家标准计划，批准发布国家标准，审议并发布标准化政策、管理制度、规划、公告等重要文件；开展强制性国家标准对外通报；协调、指导和监督行业、地方、团体、企业标准工作；代表国家参加国际标准化组织、国际电工委员会和其他国际或区域性标准化组织；承担有关国际合作协议签署工作；承担国务院标准化协调机制日常工作。我们可以从国家标准委网站查到最新国标。

各省、市、自治区质量技术监督局属于地方性标准组织（标准化管理机构）。

5.1.3　国际标准组织及其网站

国际标准是指由国际标准化组织、团体（如：国际专业学会或协会）制定、认可或批准的标准，对各国具有参考或约束作用。接下来介绍几个知名的标准组织与单位。

（1）ISO 标准（www.iso.org/iso/home/standards.htm）　由目前世界上最大、最具有权威性的国际标准化专门机构，即 International Organization for Standardization（ISO，国际标准化组织）制定的标准。通过 ISO 主页可免费检索相关标准。ISO 下设 178 个技术委员会（Technical Committee，TC）、近 600 个技术委员会分会（Sub-Committee，SC）和约 1500 个工作组（Working Group，WG），其成员是来自世界各国的专家。

检索 ISO 标准的工具是《国际标准化组织标准目录》（*ISO Catalogue*），报道 ISO 的现行标准。ISO 目录有主题索引（Subject Index）、标准号序表（List in Numerical Order）、作废标准目录（Withdrawals）、ISO 技术委员会编号对照索引（UDC/TC Index）以及技术委员会序号目录（Technical Committee Order）等。

（2）IEC 标准（www.iec.ch）　International Electrotechnical Commission（IEC，国际电工委员会）标准，IEC 是与 ISO 并列的两大国际性标准组织之一，专门负责电子电工技术方面国际标准的制定。其主要涉及综合性基础、电工设备材料、日用电器及通信设备、各类仪器仪表等。

（3）ASTM 标准（www.astm.org）　由 American Society for Testing and Materials（ASTM，美国试验与材料学会）制定，主要涉及工业用材料和产品性能方面，大部分标准与化学化工有关，是美国国家标准的重要组成部分，也是应用研究常使用的标准之一。《ASTM 标准年鉴》是 ASTM 标准的主要检索工具。由总索引和专业标准两大部分组成。总索引含有主题索引（Subject Index）和标准号索引（Alphanumeric List）。

（4）国际自动化学会（International Society of Automation）（www.isa.org）　是一个全球性的非营利组织，负责制定自动化标准，出版相关标准资料，提供培训与教育。

此外，常用的标准还有美国国家标准（American National Standards Institute，简称 ANSI 标准）、英国国家标准（British Standards，简称 BS 标准）、日本工业标准（JIS 标准）、全俄国家标准（ГОСТ）、德国国家标准（DIN）和法国国家标准（NF）等。

总之，影响最为广泛的国家标准有 ISO 标准、IEC 标准、ASTM 标准。通过这些组织的网站可以检索标准信息。

5.1.4　标准的作用

我国政府推行标准化工作，是因为标准化有如下一些重要作用。

（1）获得最大社会效益和最佳秩序　科学技术越发展，生产力水平越高，生产规模就越大，社会化专业程度和技术要求也就越高。标准和标准化的目标就是获得最大社会效益和最佳秩序。标准化是国民经济中生产和贸易的基础，这决定了标准化有"最佳秩序"的作用。

（2）提高产品质量，改善服务环境和态度，改进过程的适用性　制定产品标准，对产品的物理、化学性能及其他技术内容按生产力发展水平，规定出具体要求，并予以执行，能大限度地提高产品质量。制定出服务标准，也能大大提高服务质量。推广标准化，有利于改进过程的适用性。

（3）品种控制和简化　标准化的产生首先是简化产品品种，节约大量人力物力，合理利用现有资源。

（4）有助于保护环境和保证人类健康及安全，保护消费者利益　这是现代标准化的一个重要内容，也是不少国家技术法规的主要内容。工业发达国家的经验证明，贯彻实施环保标准，实施安全和合格标志，有利于保护环境和人类的安全健康。

（5）促进沟通和理解，促进我国科技进步和管理水平的提高　标准表达了一个国家、企业或国际对事物和概念的认识，通过标准可以理解其他国家或国际上通行的对某一事物或概念的认识。采用国际标准和国外先进标准，把国外先进的科学技术和管理经验有目的地引入我国，迅速提高我国的生产力水平。

对于化学化工行业的工作者来说，多种材料、药物、食物及日用品的标准信息中，包含了大量化学化工信息，认识与借鉴这些信息，对人们鉴定现有产品、开发新产品均具有十分重要的作用。

5.2　标准信息的检索与下载

5.2.1　检索标准信息的主要途径

在国内外标准的构成中，主题词、标准号与分类号是其基本要素，因此，标准信息可以通过分类号、标准号、主题词这三种途径获得（图 5-1）。

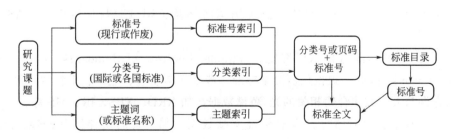

图 5-1　标准信息的检索步骤

我国的国标可以通过国家标准委网站（www.sac.gov.cn）、省市质量技术监督局获得，我们可以利用《中华人民共和国国家标准目录》等查找所需的标准信息，通过网络或收藏单位索取。国际标准获得的主要途径是网络搜索与下载。当然，越来越多的检索工具与全文数据库（如中国知网）提供了国内外标准的检索与下载功能，为我们检索与免费下载标准全文提供了便利。

5.2.2 国际、国内标准的检索与下载途径

目前，可通过 Internet 搜索和下载化学化工标准信息，部分网站可免费下载全文。接下来介绍一些典型网站。

（1）国家标准化管理委员会（www. sac. gov. cn） 属于政府网站，有法律法规、国家标准公告、国家标准计划、国家标准修改通知、标准化动态、全国专业标委会等内容。从这里不但可以查找最新标准，还可以对比过期标准。

（2）中国标准信息服务网（www. sacinfo. cn） 由隶属于国家标准化管理委员会，提供高品质、深层次的标准化信息服务。其开展了国内外标准服务以及标准化情报服务。提供标准目录查询的资源类型包括 ISO（国际标准化组织）、IEC（国际电工委员会）、DIN（德国标准化学会）、AFNOR（法国标准化协会）、AENOR（西班牙标准化协会）等。

（3）中国标准服务网（www. cssn. net. cn） 是国家标准馆的门户网站，提供标准动态信息采集、编辑、发布，标准文献检索，标准文献全文传递和在线服务等功能。可查询新发布、将实施、将作废/新作废及新到馆藏的标准。

（4）中国标准化协会（www. china-cas. org） 传播我国标准化工作现状、企业采用标准、技术及产品等信息，免费提供标准的简介。

（5）中国标准化研究院（www. cnis. ac. cn） 是我国从事标准化研究的国家级社会公益类科研机构，提供权威标准信息服务。

（6）中国知网（kns. cnki. net/kns8/defaultresult/index） 提供了国家标准、行业标准、企业标准等标准信息的检索与下载服务。

（7）省市质量技术监督局 可进行部分标准的查询，如广东省市场监督管理局（知识产权局）（amr. gd. gov. cn）、广州市市场监督管理局（知识产权局）（scjgj. gz. gov. cn）。

（8）万方数据中外标准数据库（c. wanfangdata. com. cn/Standard. aspx） 包括中国行业标准、中国国家标准、国际标准化组织标准，以及美国、英国、德国、法国、日本等国标准，每月更新。

（9）美国文献中心（www. document-center. com） 是一个查询并从 Internet 上投寄有关政府及工业标准的服务器，可查询到美国国防部及美国试验与材料协会（ASTM）的标准。

（10）美国国家标准与技术研究院（National Institute of Standards and Technology, NIST）（www. nist. gov） 提供仪器测量标准，涉及化学制造、能源、生物技术等。通过此网站可以查询与大多数化合物相关的光/色谱数据，如 XRD、XPS、IR、MS 等。

此外，一些专业性网站也常含有标准文献数据，如：食品伙伴网（www. foodmate. net）可免费检索食品，包括食品添加剂的相关国家标准；药物在线的药品标准查询数据库（www. drugfuture. com/standard）；中国生态环境部建立的环境标准项目管理数据库（www. mee. gov. cn），可检索环境相关技术标准；中国环保网（www. chinaenvironment.

com）可检索环境保护标准的全文。

5.2.3　标准信息的检索与全文免费下载实例

标准具有特定格式，是由专门机构或组织发布的独立成册的文件，因此，需要付费方可获得原始文件全文。目前，通过在线检索工具与数据库，我们可以免费检索标准的基本信息（如：题名、关键词、标准编号、起草单位、发布单位等），还有一些机构网站或组织网页提供部分标准全文的免费下载途径。这为我们免费阅读或下载标准全文提供了便利。

接下来，举例说明几种检索与免费下载标准全文的方法。

（1）通过标准机构网站，免费查找与阅读标准信息　国内的标准机构，只提供标准的免费检索，若要获得标准全文，则需要付费方可阅读或下载。然而，这些网站会对部分标准或会在特点时间段内提供免费下载全文的许可。

【例 5-1】　在全球新冠肺炎疫情肆虐的 2020 年，包括我国在内的许多国家政府与机构组织，都免费提供与抗击疫情相关的知识、材料与方法，我们可免费阅读或下载相关的标准信息。这里，以中国标准信息服务网为例进行介绍。

首先，进入中国标准信息服务网（www.sacinfo.cn）［图 5-2(a)］，点击“疫情防控ISO、IEC 标准在线阅读”，得到共计 33 项标准信息［图 5-2(b)］。

然后，点击“ISO 374-5：2016”，就可以得到“危险化学品和微生物防护手套——第 5部分：微生物风险的术语和性能要求”的 ISO 标准信息全文［图 5-2(c)］。

（2）利用在线数据库检索标准信息。

【例 5-2】　通过检索“食品添加剂 食醋”的标准信息，认识如何利用万方数据库。

进入万方数据中外标准数据库（c.wanfangdata.com.cn/Standard.aspx），以“食品安全国家标准 食醋”为关键词，就可以找到该标准的基本信息。标准编号：GB 2719—2018；发布单位：中华人民共和国国家卫生健康委员会、国家市场监督管理总局；发布日期：2018-06-21；实施日期：2019-12-21；开本页数：4；摘要：本标准适用于食醋。具体过程可参见［演示视频5-1　标准信息检索实例］。

5-1　标准信息
检索实例

需要提醒的是，这里的专利全文需要付费方可下载。若想免费获得全文，可以尝试使用搜索引擎（如百度）检索“GB 2719—2018”，就有可能免费在线浏览。

（3）利用专业网站免费下载标准全文。

【例 5-3】　以食品伙伴网（www.foodmate.net）为例，介绍食品相关标准全文的下载方法。

进入食品伙伴网的标准检索界面（down.foodmate.net/standard/index.html），键入“食品安全国家标准 食醋”，就可以找到编号为 GB2719—2018 的“食品安全国家标准 食醋”，并能查看或下载标准全文（图 5-3），具体过程可参见［演示视频 5-2　标准全文下载实例］。

5-2　标准全文
下载实例

【例 5-4】　利用药物在线提供的药品标准查询数据库（www.drugfuture.com/standard）检索及下载标准全文。该数据库收载国内外药品标准及药典目录及部分全文（PDF 格式）。我们可以以药品通用名、专业名为关键字进行检索。如果在该数据库中检索“阿莫西林”，就能找到与阿莫西林相关的标准信息，甚至能下载"阿莫西林克拉维酸钾干混悬剂"标准全文（中国药典 2015 年版二部，有 434 页的 PDF 文件）（图 5-4）。

(a)

(b)

INTERNATIONAL STANDARD　　**ISO 374-5**

First edition
2016-10-15

Protective gloves against dangerous chemicals and micro-organisms —

Part 5:
Terminology and performance requirements for micro-organisms risks

Gants de protection contre les micro-organismes —
Partie 5: Terminologie et exigences de performance pour des risques par des micro-organisme

ISO 374-5:2016(E)

Contents　　Page

Foreword iv
1　Scope 1
2　Normative references 1
3　Terms and definitions 1
4　Sampling 2
　4.1　Sampling for viral penetration testing 2
　4.2　Sampling for bacteria/fungi penetration testing 2
5　Performance requirement 3
　5.1　General requirements 3
　5.2　Penetration 3
　5.3　Protection against viruses 3
　5.4　Requirements for different protection types of gloves 3
6　Marking 3
　6.1　General 3
　6.2　Marking of gloves protecting against bacteria and fungi 3
　6.3　Marking of gloves protecting against viruses, bacteria and fungi 4
7　Information supplied by the manufacturer 4

(c)

图 5-2　通过中国标准信息服务网查询与免费浏览标准全文

中华人民共和国国家标准

GB 2719—2018

食品安全国家标准

食　醋

2018-06-21 发布　　　　2019-12-21 实施

中华人民共和国国家卫生健康委员会
国家市场监督管理总局　　发 布

图 5-3　国家标准全文封面

阿莫西林克拉维酸钾干混悬剂

Amoxilin Kelaweisuanjıa Ganhunxuanjı

Amoxicillin and Clavulanate Potassium for Suspension

本品为阿莫西林和克拉维酸钾的混合制剂[阿莫西林(按 $C_{16}H_{19}N_3O_5S$ 计)与克拉维酸($C_8H_9NO_5$)标示量之比为 4∶1 或 7∶1 或 14∶1],含阿莫西林(按 $C_{16}H_{19}N_3O_5S$ 计)应为标示量的 90.0%～120.0%,含克拉维酸($C_8H_9NO_5$)应为标示量的 90.0%～125.0%。

【性状】　本品为白色至淡黄色粉末或细颗粒;气芳香。

【鉴别】　(1)取本品 1 包,必要时研细,加 pH 7.0 磷酸盐缓冲液溶解(必要时冰浴超声 10～15 分钟助溶)并制成每 1ml 中约含阿莫西林(按 $C_{16}H_{19}N_3O_5S$ 计)5mg 的溶液,滤过,取续滤液作为供试品溶液;取阿莫西林对照品与克拉维酸对照品各适量,加 pH 7.0 磷酸盐缓冲液溶解(必要时冰浴超声

图 5-4　标准数据库中检索"阿莫西林"相关标准

5.3　产品资料特点、用途

5.3.1　产品资料涵义及其特点

产品资料(Product Information),即产品信息,也称产品样本资料(Product Sample Data),是指厂商或贸易机构为宣传和推销其产品而印发的免费赠给消费者的资料,如产品目录(Catalogue)、产品样本、产品说明书、产品总览、手册等,它们大多是对定型产品的性能、构造原理、用途、使用方法、操作规程、产品规格、用途和维修方法等所作的具体说明。

产品说明书是生产商用来说明产品性能和使用方法的技术资料。一般每种产品一册(套),内容比产品样本详细和具体,并附有产品的图形照片,以及必要的技术数据。这类资料国外通称为说明书(Specification),有的称为"说明手册"(Instruction Manual 或 Description Manual)、"操作与维修手册"(Operation and Service Manual)、"用户手册"(User's Manual)等等。有的说明书只有产品性能、操作使用方法等内容,称"操作手册"(Operating Manual)或"操作指南"(Operating Guide)等。

一些国际性大公司或高端企业的技术比较成熟,因而对编制新产品的试制规划、产品设计、造型等都有较大的实际参考价值。此外,外贸部门和使用单位为了选购国外产品,有时在查阅产品样本的基础上,还要进一步查阅产品说明书,详细了解有关产品的性能、特点和结构等内容,以决定造型或是否进口。产品说明书也是使用部门对进口产品进行安装、使用、计量、校准、维修的重要参考资料。

产品样本资料图文并茂,形象直观,所反映的技术较为成熟,数据较为可靠,对技术革新、选型、设计、试制新产品以及引进设备等均有一定的参考价值。产品样本资料随着产品的更新换代而更新,由于产品不断更新,因此产品样本资料也容易过时。

5.3.2　产品资料的用途

对于与化学、化工、材料相关的产品信息,人们可以从中获得其结构组成,并基于自身

的专业知识，对该产品的优缺点有清晰认识，为开发新产品提供参考。查阅、分析产品样本资料，有助于了解产品的水平、现状和发展动向，获得设计、制造及使用中所需的数据和方法，对于产品的选购、设计、制造、使用等都有较大的参考价值。

产品样本资料的作用是由其自身特点决定的，不同类型的产品样本资料，由于其内容、对象不同，其作用也就不同。总的说来，它们对于用户与生产经销商有如下作用。

（1）对用户进行指导　对于普通用户来说，日常生活与生产中需要购买与使用大型电器（如冰箱、彩电）与精密仪器时，难以做到无师自通，自如运用，而往往要借助产品使用说明书。若有一套完整的产品样本资料，用户根据其所提供的有关该产品的结构性能、组装办法、操作规程、注意事项等信息，不仅可及时、顺利地使所购产品投入使用，而且锻炼了自己的技术能力。因此，产品样本资料是用户最好的指导教师。

（2）宣传产品与促进联系　一方面，产品样本资料可以让消费者预先了解产品的相关性能、特征，也能提供企业的其他情况，进而诱导潜在消费者购买所需产品，实现对产品的促销。另一方面，产品样本资料可以促进企业、行业或地区之间人才与技术的交流。

产品资料在科学研究与技术开发方面有如下用途。

（1）产品开发与技术革新的重要参照　科研或生产单位研制、开发新产品时，通过产品资料可以了解行情及产品发展动向，掌握现有产品的性能、技术标准级别，从而在高起点上制订开发目标，进而使开发出来的产品具有较强的竞争力。对于技术革新，产品样本资料提供的相关数据、图表、图纸等更是具有直接的参考价值。

（2）提供专利线索、解答技术查新问题　部分产品资料中提供了与产品相关的专利号等专利信息，这为我们查找产品相关的技术路线提供了重要线索。产品样本资料作为一类重要的科技信息源，为科技情报部门或服务机构就相关课题的查新，提供了一种最便捷的文献情报源。

5.4　收集产品资料的典型途径

对于普通用户来说，产品资料收集有 3 种典型途径：①购买仪器、药物、食品及日用品时能得到产品说明书；②通过生产商、经销商网页查阅产品介绍；③接收带广告性质的产品资料。

对于情报部门来说，不但需要全面收集，而且需要紧跟更新的产品样本资料，其收集的途径和方法大致有以下 3 大类。①与中国国际贸易促进委员会、国内收藏产品样本资料的单位建立联系，从而索取产品样本资料，如：与中国国际贸易促进委员会国外新产品样本、样品介绍中心建立联系，索取或委托其收集产品样本资料，该中心根据要求进行收集，然后免费寄给用户。国内收藏产品样本资料的单位有外贸部各进出口公司，中国科学技术情报研究所，各省（部）、市科技情报研究所等。②利用展览会、学术会议或技术座谈收集产品样本资料，国际上经常举办一些与专业学术会议有关的产品展览会和国际性大型商品展览会，展出的产品往往能代表当前的技术水平。③订阅专门报道产品的期刊与图书，有选择地索取产品目录或产品说明书。从报刊广告获得线索后，向有关厂商索取产品样本资料。针对本行业的需要，参考有关指南（如《购买指南》）等工具书，向对口厂商索取产品样本资料。

5.5　免费获取产品资料的主要途径与方法

产品资料是一类免费的科技信息源，但其比较分散，而且更新速度很快。Internet 的普及让人们很容易查阅并获得这一类科技信息，这是因为越来越多的生产商、经销商开始关注产品信息网站的建设，部分知名产品网站甚至提供与产品紧密相关的其他科技信息；也有一些网站或检索工具数据库，在其收录的仪器、试剂及材料条目下，给出了相关生产商及其产品资料。

化学、化工领域，仪器、试剂及材料在科学研究、技术开发、生产及实验教学过程中必不可少。而其相关产品资料可以从网络免费获得，接下来进行分类介绍。

5.5.1　国际、国内仪器、试剂公司网站

国内外许多大型试剂、仪器及设备厂家与经销商为了产品宣传需要，开设了相关网站，介绍其产品的技术参数、使用指南及价格信息。读者可以充分利用该资源，检索自己所需信息，如化学试剂的物理参数、仪器设备的技术参数等，同时在采购时，可货比三家，选择自己最中意的产品。相关信息可以免费获得。

接下来首先介绍国际知名的仪器、试剂公司及其网站。

（1）Sigma-Aldrich 公司（www. sigmaaldrich. com）　世界最著名的两家化学、生化试剂 Sigma 和 Aldrich 公司合并后主办的一个网站。Sigma-Aldrich 是一个生物、化学试剂领先的高科技企业。客户遍及公司、大学、研究机构、医院以及工业部门，遍及 160 个国家和地区，在 35 个国家有分支机构，雇员超过 6800 人。其收录了绝大多数化学试剂、生化制剂、实验室仪器。第 5.4.5 节将举例说明。

（2）百灵威（www. jkchemical. com）　国际化学巨头百灵威化学公司，在国内有代理商，提供化学试剂的价格查询。生产功能性材料，各类有机、无机、生化试剂，各类标样、分析化学试剂、溶剂、医药中间体原料等。

（3）Acros（www. acros. com）　提供超过 1.8 万种不同纯度和不同包装的化学品，该网站也可查询化学试剂的 IR 等谱图资料。

（4）Alfa-Aesar（www. alfachina. cn）　一家科研化学品、金属和材料的生产商及供应商，并提供售后和相关技术咨询服务。

（5）Merck（www. merck. com）　国际知名药物及仪器生产商。其创建于 1668 年，主要致力于创新型制药、生命科学以及前沿功能材料技术。

（6）Spectrum（www. spectrumchemical. com）　提供各类精细化学品、光谱试剂、实验用品。

（7）阿拉丁（www. aladdin-e. com）　一家化学、生命科学和材料科学等领域研发试剂的制造商，其产品在基础科学领域得到广泛的应用。

（8）安捷伦公司（www. agilent. com/home）　国际上最著名的色谱仪器生产商。

（9）Zyvex 公司（www. zyvex. com）　提供碳纳米管制造以及相关仪器和技术。

随着我国科技水平的提高，化学化工试剂、仪器网站不断增加，有些经销自己的产品，有些为供销商。

（1）国药试剂网（www. reagent. com. cn）是中国医药集团上海化学试剂公司的主页（图 5-5），提供化学试剂的价格查询，以及化学性质、用途等多种信息。我们可以通过编

号、名称、关键字等字段、组合查询，找到所需产品。

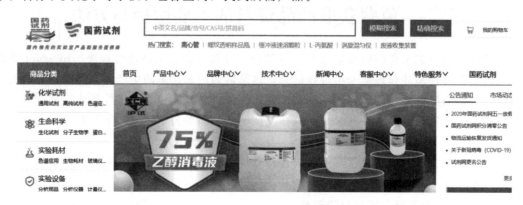

图 5-5　国药试剂网主页

（2）中国化学品安全网（service. nrcc. com. cn）　由青岛诺诚化学品安全科技有限公司建立并经营的以化学品登记、鉴别、安全代理为主的网站。

（3）中国稀土网（www. cre. net）　除产品信息外，还有稀土数据库。

还有一些厂商，如：上海迈瑞尔化学技术有限公司（mainuo. company. lookchem. cn），产品涵盖有机试剂、无机试剂、分析试剂和生化试剂，包括医药中间体、催化剂、高纯溶剂、特种高分子材料、标准物质及其他特殊化学品共 10 余万种；国药集团化学试剂有限公司（SCRC）（www. sinoreagent. com）；北京益利精细化学品有限公司（www. yilishiji. com）；北京鼎国昌盛生物技术有限公司（www. dingguo. com）；吉尔生化（上海）有限公司（www. glbiochem. com/cn/index/index. aspx）。

5.5.2　提供化学相关产品及其资料检索的网站

有关化学相关产品资料的网站很多，大部分是由经销商建设与维护的。用户可在各类搜索引擎和化学类门户网站中搜索得到，也可登录中国国家科学数字图书馆化学学科信息门户网站（chemport. ipe. ac. cn/ListPageC/Companies. shtml），其可提供大量的化学相关仪器设备公司网址链接。通过一些采购网也能找到相关网站，如：慧聪网（www. hc360. com），其中包含化学化工信息，我们可以分类查找厂商。接下来罗列一些典型网站。

（1）试剂仪器网（www. cnreagent. com）　包括中文产品索引、英文产品索引、CAS 产品索引、化工字典、会展信息、产品展示等信息（图 5-6），提供产品的性状、用途及技术指标等诸多信息。

图 5-6　试剂仪器网主页

（2）化工仪器网（www. chem17. com）　涉及化工、制药、食品、生物、石油、农业等领域，以医院、学校、质检、疾控、科研院所等单位为服务对象，提供最便捷的网上采购平台。

（3）北京伊诺凯科技有限公司（www. inno-chem. com. cn）　主营业务分为进口品牌代

理业务、自主品牌业务及出口业务，并提供产品检索服务。

（4）分析仪器产业网（www.fxyqw.com） 国内专业的分析仪器行业门户，汇集分析仪器产品。

（5）中国生物器材网（www.bio-equip.com） 一个提供生物仪器设备和耗材、化学试剂、实验动物信息的专业网站，并提供器材采购导航服务。

（6）万化通平台（www.chemz.com） 中国化工信息中心下属三方数字化化工产业交易平台，由中国化工电商平台延伸而来。中国化工电商平台是中国化工集团下属电商平台，是国内首家覆盖生命科学、材料科学、环境科学领域，涵盖石油炼化、工程塑料、精细化工、农用化学品、动物营养等业务的综合型电商平台。

（7）Perkin-Elmer（www.perkinelmer.com） 国际知名仪器经销商。

还有一些其他重要网站：化工联盟（www.cnchemadd.com）；中国医药化工网（www.chinayyhg.com）；化学信息平台（www.chemip.net）；化工在线（www.chemsino.com）；开门化工网（www.chemn.com）；中化网（www.chembb.com）；勤加缘化工网（chem.qjy168.com）；安迅思化工（www.icis.com）等。

5.5.3 提供产品资料的一些检索工具网站

一些与化学化工相关的综合网站，提供便捷的产品资料检索工具。其中，大部分可以免费使用，接下来介绍一些典型数据库与网站。

（1）化工引擎（www.chemyq.com） 可搜索的内容包括化工网站、产品供求信息、化工新闻、化工词典和化工专利等，涵盖市场和技术等方面的信息。

（2）化工网（china.chemnet.com） 免费提供化学品数据库与供应商。

（3）Chemical Book（www.chemicalbook.com） 包括化合物的中英文名称、化合物分子式源文件下载，以及详尽的国内外供应商信息、化学性质、化合物的化学品安全数据说明书（MSDS，Material Safety Data Sheet）、试剂商城等，不但能够用关键词搜索，还能用结构式搜索 [图 5-7(a)]。

（4）化合物物性查询网站（questconsult.com） 可查 294 种组分的热力学性质，还可以根据 Peng Robinson 状态方程计算纯组分或混合物的性质参数：气液相图、液体与气体密度、焓、热容、临界值、分子量等。

（5）Chemblink（www.chemblink.com） 免费的化学产品试剂信息检索网站 [图 5-7(b)]，可以输入产品名称、CAS 号、分子式、供应商、网站域名来搜索产品进行检索。搜索结果包含的信息量很大，如产品基本信息、物理化学性质、安全数据及供应商列表等。Chemblink 的数据都经过专家审核，权威性较强。

（6）LookChem（www.lookchem.com） 可分门别类地检索产品 [图 5-7(c)]。

（7）ChemIndex（www.chemindex.com） 可搜索化工产品、网页及目录等，还可以用产品名称、CAS 号或分子式进行查询，同时提供中文、英文和韩文版。

（8）Chemical Online（www.chemicalonline.com） 化学制造业第一网站，提供化学制造、化学过程、化工、化学产品信息。

（9）ChemExper（www.chemexper.com） 可以查询的条件包括化合物名称、分子式、CAS 号或 SMILES（Simplified Molecular Input Line Entry Specification，简化分子线性输入规范），检索结果除了提供结构预览，还可以下载 mol 格式的化合物 3D 结构源文件，可直接导入到 ChemDraw、ISIS Draw、Sybyl 等软件中。此外，还可查看化合物的供应商信息。

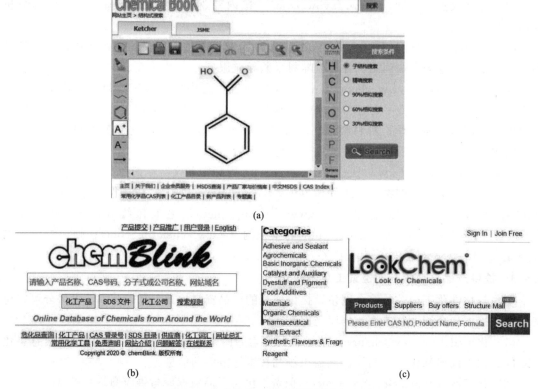

图 5-7　与化学化工相关的数据库与网站

（10）中国化工网（www. huagong. biz/product/）　建有国内最大的化工专业数据库，内含 40 多个国家和地区的 2 万多个化工站点，20 多万条化工产品；是行业内人士进行网络贸易、技术研发的首选平台。

（11）化工设备网（www. chemequ. cn）　国内领先的化工设备、化工机械电商平台。涵盖化工设备、化工机械及工程；制药设备、制药机械及工程；环保设备、环保机械及工程等产品信息。

另外，一些知名的检索工具（如：SciFinder）数据库，提供了生产商及其产品资料信息，但是只有付费订购的单位用户方可免费使用。

5.5.4　通过手机 APP 查找产品资料

近年来，人们不但可以通过一些试剂网站查找产品信息，还可通过手机 APP 检索化合物结构与产品资料，如"化学＋"（www. huaxuejia. cn）是一个专业的精细化工医药产业资源供需及整合平台，通过该平台，人们可以查百科、找产品、找技术、找商家、找英才等，还可以通过微信链接（mp. weixin. qq. com/s/HqctIOXIO2r8TY7v5jQLow）安装化学加APP，用手机端检索产品资料。

5.5.5　利用产品网站免费获得原材料参数的实例

部分国内外知名的试剂、仪器厂商在其产品网站提供的化学试剂物理参数，即参考文献，用户都可以免费获得。

【例 5-5】　利用 Sigma-Aldrich 公司网页免费获得原材料参数。

首先，进入 Sigma-Aldrich 公司网页（www. sigmaaldrich. com），目前其已经具备中文

网页。我们可通过产品名称、货号、CAS 号、结构式等搜索。读者可以利用该网站查询各种试剂的物理参数、英文名称、结构等众多信息。

其次，以"1-甲基咪唑"（1-methylimidazole）为检索目标，认识 Sigma-Aldrich 网页能查到哪些信息。在右上方"搜索"栏中键入"1-methylimidazole"，点击搜索图标，得到 48 条查询结果［图 5-8（a）］。点击其中最接近的词条，如化合物编号 336092，然后点击"价格与基本信息"得到其包括结构在内的详细物理参数、价格等情况。

5-3　产品资料
免费检索

点击该页面上的"Specification Sheet（PDF）"标签，将弹出新页面，右键点击"网页另存为（S）…"，即可下载并查看 pdf 格式的该化合物相关数据［图 5-8（b）］。详细过程请参见［演示视频 5-3　产品资料免费检索］。

另外，该网站还提供了其他更多信息，如果在图 5-8（a）点击货号"M50834"，就能看到安全技术说明书、FT-IR Raman（红外光谱图）（图 5-9）、FT-NMR、Pressure-Temperature Nomograph 等诸多信息。

(a)　　　　　　　　　　　　　　　　　　(b)

图 5-8　通过 Sigma-Aldrich 免费检索与浏览产品信息

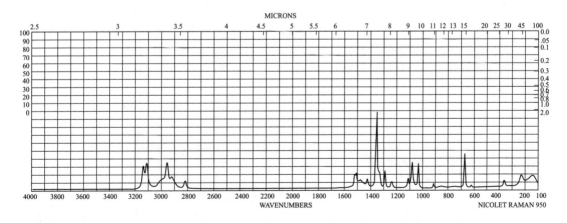

图 5-9　从 Sigma-Aldrich 检索并免费获得的 IR 光谱图

近年来，国内一些商家也开始关注网页的建设，如：在化学试剂网（www.cnreagapoa. com）中的"试剂应用"栏目可检索到部分中文原文文献，这也是文献检索的一种途径。同时可查询各种仪器的性能、特点及说明书等。

5.6 标准与产品资料的检索利用策略

总之，在当今进行标准化生产的社会，标准与产品资料内容相互关联，广为普及的 Internet 又为人们检索与免费获得这些科技信息源提供了极为便利的条件。因此，对于付费科技信息源较少的单位与个人，要认识其重要性，并充分利用这些免费资源。

① 在科学研究、技术开发与产品生产过程中，标准信息已成为不可或缺的重要资源，更成为国际间竞争和社会发展的重要标志。因此，我们不但要充分利用这些资源，而且应该考虑制定所研发新产品的技术标准与产品标准，从而引领行业发展。

② 对于一些具有竞争性的先进技术，相关技术信息源难以获得，这时候如果充分利用产品资料，利用前面所介绍的检索方法，就有可能获得有价值的信息。

③ 在标准与产品资料的检索过程中，我们不但要学会使用相应的网站与数据库获得所需知识，而且应该学会将专业网站与搜索引擎（如百度、Google）相结合，快速且免费地获得标准信息或产品资料。

④ 由于标准的更新非常频繁，因此，在检索标准信息时需要关注最新的版本。

▶▶ 练 习 题 ◀◀

1. 什么是标准信息？举例说明可免费检索标准信息的网站名称和网址。
2. 解释产品资料的概念并说明其典型的免费检索方式。
3. 各举 1 例说明如何利用试剂、仪器厂商网站查阅化学化工信息。
4. 列举 3 例可检索有机化合物（如：苯酚）物理性质和谱图的数据库名称和网址。

▶▶ 实践练习题 ◀◀

1. 通过网络查找我国有关"防腐剂"作为食品添加剂的相关国家标准。
2. 从药店或已经购买的药品说明中，找到一个有机化合物的结构信息，分析其中英文名称、分子式与分子量等详细参数，并通过网络查找生产或销售商网站及其产品信息。
3. 练习利用 Sigma-Aldrich 网站查询化合物 4-甲基苯胺的 NMR 谱图。

第 6 章　机构组织及 Internet 信息

导语

  Internet的普及彻底改变了人们获取科技信息源的方式，人们不但可以通过网络获得以往难以接触到的政府机构公开的信息（如：科技报告、政府文件等），还可以免费获得各类机构组织公开的基本信息、动态信息、开发信息等。本章试图将这些看似纷繁复杂甚至凌乱的Internet信息进行简化、分类，以便同学们有效利用；并从学科角度分别介绍化学化工及其相关（材料、生物医药）学科的Internet信息资源。

关键词

Internet信息；化学相关资源；科技报告；政府文件；机构组织；材料；生物医药

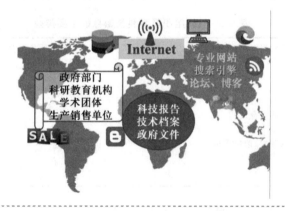

  高速发展的 Internet 正在改变着人们的工作、学习与生活方式。越来越多的传统文献源（如图书、论文、专利、标准与产品资料）可以通过 Internet 轻松获取，同时，新型科技信息大量涌现。因此，原有分类文献方法难以囊括现有的科技信息资源。

  本章，在对机构组织（科技信息的产生源）进行分类的基础上，重新对机构组织的科技信息进行梳理；然后，对可以通过 Internet 获取的新型科技源进行分类介绍。这些科技信息源不但包括纸质版时代普通人难以获得的文献（如：科技报告、技术档案、政府出版物等），也包括了机构组织基本信息、动态信息、开发信息等正在发展的"互联网＋"科技信息源。

  需要说明的是，传统科技文献有科技图书、科技论文（期刊论文、会议论文、学位论文）、专利、标准与产品资料、科技报告、技术档案、政府出版物、数据库资源等。本书所说的 Internet 信息是指科技图书、科技论文、专利、标准与产品资料以外的科技信息源。

6.1　机构组织与 Internet 信息概述

机构组织信息是指政府与各类组织机构公开或内部公开的文件、报告、档案，以及单位与个人公开和开发的各类信息等。机构组织信息中包含了大量科技信息，也就是本章重点介绍的 Internet 信息，这是一类正在急速增长的科技信息源。

6.1.1　机构组织及其科技信息分类

机构组织，通俗地说就是"单位"，大可以是政府机构、生产建设单位，小可以是几个人成立的组织。在信息网络日益发达、社会分工日趋精细化的今天，有成千上万个机构组织，而且几乎都有自己的网站；甚至，几个人就可以建立一个网站，公布一些信息。更重要的是，机构组织的网站中包含了大量科技信息，我们可以把它们看成成千上万个"科技细胞"，正是这些"科技细胞"构成了现在繁花似锦的科技信息世界整体。

机构组织种类繁多，与科技活动相关的机构组织，大致可以分为三大类：政府部门与科研教育机构、学术团体、生产（开发）销售单位（表 6-1）。机构组织的科技信息是指与科技活动相关的机构组织以各种方式提供的供公众使用的科技信息。基于传统媒介（印刷版）的机构组织科技信息主要有三大类：①科技报告；②技术档案；③政府文件。

表 6-1　机构组织及其科技信息的主要类型

分类方式	机构组织类型	科技信息主要类型及载体	
主要类型	政府部门与 科研教育机构 学术团体 生产（开发）销售单位	基于传统媒介	科技报告 技术档案 政府文件
		基于互联网 （Internet 信息）	基本信息 动态信息 "互联网＋"信息

Internet 为传统的机构组织科技信息提供了互联网平台，让我们十分便利地获得这些科技信息。同时，基于互联网，不同类型的机构组织也公开或开发了大量科技信息，这些信息可分为三大类：①机构组织网页公开的基本信息，简称"基本信息"；②机构组织提供的动态信息，简称"动态信息"；③机构组织基于互联网开发的网络信息，即"开发信息"，进一步拓展为"互联网＋"信息。这三类信息紧密相关，相互交错，甚至有些内容可被划分为数据库信息。

总的来说，绝大部分 Internet 信息是可以免费浏览与查阅的。

6.1.2　Internet 化学化工信息资源的主要类型

基于互联网的化学化工信息，其分类方式与传统出版物分类方式大相径庭，我们可将其分为 5 大类（表 6-2）。其中，专业资源与数据库主要包括传统科技文献（图书、期刊、专利）、专业数据库与软件。我们将科技报告、技术档案、政府文件放在其中，便于与传统文献衔接。当然，科技报告、技术档案、政府文件也是机构组织产生的科技信息。"互联网＋"信息主要包括免费在线资源及在线服务。"互联网＋"信息中既有将传统知识在线展示的内容，也有新型资源开发的内容。

表 6-2 **Internet 化学化工信息的主要类型**

No	信息类型	涵盖范围	相关章节
1	专业资源与数据库	◇ 图书、论文、专利、标准与产品资料及其数据库 ◇ 专业数据库与软件 ◇ 科技报告、技术档案、政府文件	2～9
2	机构组织基本信息	◇ 政府、科研教学机构，化学品生产销售单位信息 ◇ 化学化工相关协会与学会网页信息	6
3	机构组织动态信息	◇ 化学化工新闻、会议信息，求职招聘信息 ◇ 化学相关的公众号、论坛、博客等	6
4	机构组织"互联网＋"信息	◇ 化学相关的在线教学资源与基础知识 ◇ 化学相关在线工具(物性参数、翻译软件等) ◇ 新型资源类型	6
5	检索工具与方法	◇ 搜索引擎、资源导航 ◇ 查找方法与工具	7～9

另外，检索工具与方法主要包括搜索引擎、资源导航、查找方法与工具，这一类与"互联网＋"信息有交错融合。有关信息请查阅中国国家数字图书馆化学学科信息门户网站(chemport. ipe. ac. cn)。

当然，作为学科专业的信息，化学化工信息也可按照学科领域（主题、资源）特点分为若干小类。例如化学相关数据库将主要包括以下类别：化学文献数据库、化学反应数据库、化学工业相关数据库、材料数据库、化学品目录、化学相关新闻、环境化学数据库、谱图数据库、物性数据库、物质安全数据库、与高分子有关的数据库、与药物设计有关的数据库、与有机化学相关的数据库、专家数据库、化学家地址簿等。

6.2 科技报告与技术档案

6.2.1 科技报告类型与作用

科技报告是关于某科研项目或活动的正式报告或记录，大多是单位或个人以书面形式向提供资助的部门或组织汇报其成果或进展情况的报告。因内容一般具有保密性，故往往以内部资料的形式出现，或在一定时期后公开。

我国于 2013 年建成科技报告服务系统，该系统可按部门、学科、地域、类型对公开科技报告进行导航，目前主要收录了科技部、国家自然科学基金委员会、交通运输部和省市地方的部分科技报告 23 万余份，内容涵盖全部学科，收录报告的类型也多种多样。现在，该系统的收录数量仍在陆续增加中。

科技报告主要有以下特点：①每份报告独立成册，编有序号；②内容新颖，针对性强；③内容往往涉及尖端项目、前沿课题和交叉学科，有较强的前瞻性；④内容详实、专业、深入，既反映成功经验，又有技术失败教训，且往往附有详尽的数据、图表和事实资料。

科技报告的种类较多，常见的有 Annual Report（年度报告）、Research Report（研究报告）、Completion Report（竣工报告）、Special Publication（特种出版物）、Contract Report（合同报告）、Status Report（现状报告）、Evaluation Report（估价报告）、Study Technical Report（调研技术报告）、Final Report（总结报告）、Technical Memo（技术备忘录）等。

科技报告按照报告内容性质和侧重点的不同可分为：研究成果报告、生产报告、评估报告、技术经济分析报告；按照报告用途的不同可分为：专题报告、进展报告、结题报告和组织管理报告。

目前，很多国家都建立了科技报告制度。美国是最早建立科技报告制度的国家，其政府科技报告工作始于 1945 年，近年来每年产生约 60 万份科技报告，其中公开发行的约 6 万份。美国科技报告主要有四种，分别是：美国商务部出版局整理出版的 PB（Publication Board）报告、美国武装部队技术情报局的 AD（Accession Document）报告、美国能源部的 DOE（Department of Energy）报告和美国国家航空航天局的 NASA（National Aeronautics and Space Administration）报告。这四种科技报告的内容涉及数理化、生物医学等基础学科，也涉及材料、药学、工程、环境科学、机械、天体物理等多个应用学科。

科技报告代表了一个国家某一专业领域的科技水平，可以对科研工作起到直接的借鉴作用。许多最新的研究课题与尖端学科的资料，往往首先反映在科技报告中。科技报告为科研人员提供科研基础信息，为科技管理者提供决策支持，为社会公众提供了解和利用国家科研成果的服务平台，对于提升国家科技实力和创新能力具有重要的意义。

当然，科技报告也可以帮助我们学习和了解本专业的前沿动态知识，拓宽知识面，协助学生进行论文选题，开展创新创业实践，为确定考研学科和学校提供帮助。因此，我们需要在了解科技报告的基础上，学习如何进行科技报告的检索。

6.2.2 中国科技报告的检索及在线浏览

我国的国家科技报告服务系统（www.nstrs.cn）对科研人员和社会公众实行开放共享，社会公众不需要注册，即可检索科技报告摘要和基本信息；专业人员需要实名注册，通过身份认证后，即可检索并在线浏览科技报告全文，但不能下载全文。在国家科技报告服务系统中检索公开的科技报告，可以点击"报告导航"栏目，按来源、学科、地域、类型等进行导航检索。

【例 6-1】 以"石墨烯"为关键词，举例说明如何通过中国国家科技报告服务系统查询和检索。检索实例也可观看［演示视频 6-1　中国科技报告］。

首先，打开国家科技报告服务系统（www.nstrs.cn）网页（图 6-1），点击"报告导航"栏目，根据左侧列出的"按来源""按学科""按地域""按类型"进行分类导航、查找目标报告。如需要检索，则返回网站首页，进行检索。

6-1　中国科技报告

其次，点击"社会公众"入口，进入检索界面。在检索框选择检索项为"报告名称"，在右侧检索栏输入"石墨烯"，单击检索，共得到 1569 条记录（图 6-2）。每一条记录都列出了科技报告的标题、作者及作者单位、项目类别或计划名称、立项或批准年度等信息。在该页面的左侧还按照科技报告的立项或批准年度汇总了所有检索结果中的记录，方便用户按照年代浏览和查找。

最后，选择点击第一条记录的标题链接，可以看到该报告的类型、公开范围、编制时间、作者、中英文摘要、中英文关键词、馆藏号等信息。需要注意的是：经实名注册的专业人员，检索后可在线浏览报告全文。

6.2.3 美国科技报告的检索与免费下载

目前，可使用检索工具检索并浏览已经公开的美国科技报告，主要网站有以下几种。

（1）National Technical Reports Library（美国国家技术报告图书馆）（ntrl.ntis.gov）

美国技术信息服务系统数据库之一，主要收录美国政府多个部门立项研究及开发的项目报告（包括 PB 报告），少量收录西欧，日本、中国及其他国家的科学研究报告。该平台可免费检索所有收录的科技报告，部分报告可免费全文下载。

图 6-1　国家科技报告网站首页

图 6-2　国家科技报告"石墨烯"检索结果

（2）National Technical Information Service（美国国家技术信息服务处）（www. ntis. gov）NTIS 数据库，由美国国家技术情报社出版，可免费检索科技报告。

（3）Department of Energy（美国能源部，DOE）（www. energy. gov）　可查找 DOE 解密报告。内容涉及物理、化学、材料、生物、环境、能源等领域。

（4）NASA Technical Reports Server（美国国家航空航天局报告）（ntrs. nasa. gov）美国国家航空航天局（National Aeronautics and Space Administration，NASA）专设科技信息处，负责科技报告的收集和出版，每年约 6 千件。NASA 报告中除了科技报告，还有 NASA 专利文献、学位论文和专著，也有外国的文献和译文。内容侧重在航空、空间科学技术领域，同时涉及许多基础学科。

（5）OSTI（www. osti. gov）　可检索 DOE 报告。

（6）Scientific and Technical Information Program（NASA 科技信息规划）　其中 STAR 数据库（sti. nasa. gov/sti-pubs. html）可以免费下载，其余则需要付费。

虽然各类科技报告专业内容不同，检索工具名称也不同，但检索途径和方法大致相同。

【例 6-2】　以 Graphene（石墨烯）为检索目标，举例说明如何在美国国家技术报告图书馆检索科技报告。检索实例也可观看[演示视频 6-2　美国科技报告]。

　　首先，在浏览器地址栏输入美国国家技术报告图书馆网址（ntrl. ntis. gov/NTRL），进入首页（图 6-3），在左侧检索栏输入"Graphene"，勾选下方"Only documents with full text"（仅检索全文文档）选项，点击"Search"。检索结果显示在页面右侧，共获得 1773 条相关记录。

6-2　美国科技报告

　　其次，点击第一条记录"Structure-Property Relationships in Polycyanurate/Graphene Networks"就能下载并浏览 PDF 版或网页版（XML）科技报告正文（图 6-4），该报告有 18 页。该页面还有不同的功能区，用于精炼检索结果。

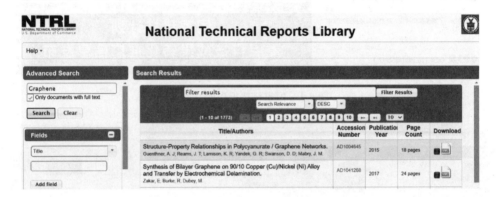

图 6-3　NTRL 检索界面

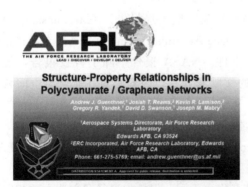

图 6-4　AD 报告正文

　　显然，科技报告的检索并不复杂，用户可以自己感兴趣的关键词尝试在上述不同检索工具中进行查找并进行比较，从而熟悉美国科技报告的检索与下载。

6.2.4　科技报告的其他检索途径

　　科技报告的检索除了应用上述途径外，还有以下几种途径。

　　（1）SciFinder 是基于 Chemical Abstracts（CA）美国《化学文摘》开发的网络检索工具，CA 也收录科技报告，可使用 SciFinder 直接进行科技报告检索。其使用方法参见第 8 章。

　　（2）万方数据资源系统科技成果数据库（www. wanfangdata. com. cn/tech/techindex. do）收录了从 1964 年以来我国各省市、部委鉴定后上报国家科委、科技部的各项科技成果，内容包括新技术、新产品、新工艺、新材料和新设计等技术成果项目，总计 90 余万项，涉及各个行业和学科领域。万方数据科技报告数据库则收录了始于 1966 年的中文科技报告 2.6 万余份；收录了始于 1958 年的美国四大科技报告 110 万余份。

6.2.5　技术档案及相关网站

　　技术档案（Technical Archives；Technical Dossier）是指具体工程建设部门及科学技术部门在技术活动中形成的技术文件、图纸、图片、原始技术记录等资料。这类资料是生产建设和科学研究工作中用以积累经验、吸取教训、解决问题和提高质量的重要信息源。现在各单位都相当重视技术档案的立案和管理工作。

　　科技档案主要产生于从事自然科学研究、生产技术和基本建设等活动的单位，包括图纸、图表、文件材料、计算材料、照片、影片以及各种录音、录像、机读磁带、光盘等，是档案的一大门类。一些专业主管单位也会颁发有关科技工作的指示、决定、规程、规范和审批文件等，基层科技单位也会将这些文件归入科技档案中。科技档案是科研工作中用以积累经验、吸取教训的重要文献。

　　技术档案大多由各系统、各单位分散收藏，一般具有保密和内部使用的特点，因此在科技论文的参考文献和检索工具中涉及很少。接下来，主要介绍我国与美国国家档案局网站及其检索。

　　（1）中华人民共和国国家档案局（www. saac. gov. cn）　主要负责对全国档案工作实行统筹规划、宏观管理。其中包括与科技信息相关的一些技术档案。例如，浏览中华人民共和国国家档案局网页，能看到"工作动态"栏目下有"科技与信息化""科技成果"子栏目。

　　【例 6-3】　浏览"科技成果"网页（www. saac. gov. cn/daj/kjcgtg/lmlist _ 4. shtml）（图 6-5），下拉该页面，能找到"纸质档案去酸工艺及设备研制项目技术报告之一"，进入相应的下载页面，可以下载编号为 2015-B-06 的技术报告原文（图 6-6）。该网站也具有检索功能。

　　（2）National Archives of the United States（美国国家档案馆）（www. archives. gov）隶属美国国家档案与文件局。其收录了约 30 亿页原件、14 万卷影片、500 万张照片、200 万幅地图和图表、20 万件建筑和工程设计图、11 万件录音档案、800 万张宇航照片。

6-3　美国技术档案

　　【例 6-4】　在美国国家档案馆检索"Luminescent Materials（发光材料）"。

　　首先，进入其搜索网址（catalog. archives. gov/search），搜索框键入"Luminescent Materials"（图 6-7），能找到 332 多条结果。可以看出，部分档案无法阅读全文。点击 Documents 后可筛选可以下载的技术档案，在线阅读或者下载 pdf 版本（图 6-8）。检索实例也可观看［演示视频 6-3　美国技术档案］。

图 6-5 中华人民共和国国家档案局"科技成果"网页

纸质档案去酸工艺及设备研制项目
技术报告

项目编号： **2015-B-06**
编制单位： 山东省档案局
编制时间： **2015 年 6 月**

目录

1. 技术方案...1
  1.1. 去酸工艺...1
    1.1.1. 去酸原理..1
    1.1.2. 去酸剂选择..1
    1.1.3. 媒介剂选择..2
  1.2. 机械设计...8
    1.2.1. 反应液制备罐层工作流程..........................9
    1.2.2. 动力装置层..10
    1.2.3. 去酸反应罐层..10
  1.3. 设备测试...11
    1.3.1. 机械性能测试..11
    1.3.2. 去酸功能测试..11
2. 总体性能指标与国内外先进技术比较.....................12
3. 成果创新点及经济社会效益................................13
    3.1.1. 成果创新点..13
    3.1.2. 经济社会效益..13
4. 推广应用情况...14
5. 存在问题及研究展望...14

图 6-6 技术档案正文

图 6-7 National Archives of the United States 检索页面

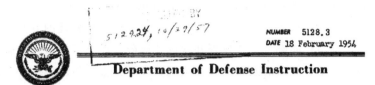

图 6-8　技术档案正文

6.3　政府文件科技信息

6.3.1　政府文件类型与作用

政府文件信息是指由各国政府部门及其所属专门机构负责编辑，采用纸质或电子载体，并通过各种渠道发行、发布或出售的文字、图片、磁带、软件等资料信息的总称。在报刊、电视、网络等新闻媒体上看到的政府"红头文件"，通常就是政府文件信息的一部分。

为了全力营造公开、透明的政策环境，提高公众对政府各项政策措施的了解，推动政策落实，2019 年国务院新修订了《中华人民共和国政府信息公开条例》，其明确规定：大部分政府文件信息都需通过网络公开。

在政府文件信息中，直接包含 30%～40% 的科技信息，而与科技相关的信息则超过了60%。政府文件信息内容非常广泛，按照内容的不同主要可分为动态与新闻、政策与法规、政府报告、国务院公报、数据与统计公报等。

通过政府文件可了解一个国家当前的科学技术发展概况、总体规划、科技经济政策、法律法令、规章制度等。如果足够细心的话，甚至在领导人的讲话、发表的文章以及出访、调研等中都可以发现、获得很多科技信息。如：国家领导人提出的"科学技术是第一生产力""大众创业、万众创新""改善科技创新生态，激发创新创造活力"等政策导向，都对科技工作者制订科研计划具有指导作用。

6.3.2　公开政府文件的重要网站

目前，世界各国政府普遍通过政府网站公布各种政策、法规信息，或提供信息的重要链接，以方便社会公众查阅、浏览。而政府文件科技信息则包含在这些政府文件信息之中，接下来介绍一些可免费获取政府文件科技信息的重要网站。

（1）中国政府网（www.gov.cn）　国务院各部门及省、市政府在互联网上发布政府信息和提供在线服务的综合平台，其中"政策""数据"两个栏目涉及政府决策、法律法规、统计数据等科技信息。

（2）中国政府信息公开平台（www.gov.cn/zhengce/xxgk/index.htm）　由国家图书馆联合公共图书馆共同建设，采集并整合我国各级政府公开信息而构建的方便、快捷的政府公开信息整合服务门户。用户能够一站式发现并获取政府公开信息资源及相关服务，在该平台上可检索、在线全文浏览各级政府发布的政策法规、政府公报、机构文件、工作动态、统计信息、行政职权等政府文件信息。

（3）Science.gov（www.science.gov）　检索美国政府科学信息的通道，目前已经发展到第5代，可检索60个科学数据库与2亿科学信息主页，以及超过2200个科学网站。内容包括10种传统文献源，以及新闻、百科等多项信息。

（4）U.S. Government Publishing Office（美国政府出版局）（www.gpo.gov）　可了解美国政府机构信息、政府出版物等，包含多个数据库，可免费进行在线检索和部分全文下载。

（5）Discover U.S. Government Information（美国政府信息网）（www.govinfo.gov）　为公众免费提供各种各样的美国政府信息，包括元数据检索、政府信息管理、政府出版物、标准电子信息存储及其他相关资源。

（6）中国国家图书馆国际组织与外国政府出版物网络资源整合服务平台（www.nlc.cn/gjzzywgzfcbw/ptjs）　收藏自1947年以来联合国及其专门机构，欧盟，经济合作与发展组织，亚洲开发银行，美国兰德公司，美国国会情报服务公司，美国、加拿大等政府和国际组织的文件信息。

近年来，我国各级政府十分重视政府网站的建设。一些重要的政府网站都可以免费检索、浏览相关的政府文件科技信息。例如，中华人民共和国科学技术部（www.most.gov.cn）、中华人民共和国教育部（www.moe.gov.cn）、中华人民共和国国家发展和改革委员会（www.ndrc.gov.cn）、中华人民共和国工业和信息化部（www.miit.gov.cn）、中华人民共和国自然资源部（www.mnr.gov.cn）、中华人民共和国生态环境部（www.mee.gov.cn）等。

6.3.3　大数据时代政府网站的有效利用

在大数据时代，如何有效利用知识爆炸时代产生的海量数据显得越来越重要。有效利用政府文件科技信息，我们可以获得有价值或感兴趣的主题。

【例6-5】　以"材料"为关键词，举例说明如何通过中国政府信息公开平台与美国政府信息网获取政府文件科技信息。检索实例也可观看［演示视频6-4　美国政府文件］。

首先，通过中国政府信息公开平台（www.gov.cn/zhengce/xxgk）检索我国的政府文件信息。进入网站首页，在检索栏输入"材料"，就能找到相关的政府文件信息（图6-9），可以浏览这些文件信息的全文。

6-4　美国政府
文件

其次，通过美国政府信息网（www.govinfo.gov）检索"Materials"（材料）相关的美国政府文件信息。进入美国政府信息网，可以看到页面上除了可进行检索之外，下面还列出了五种分类浏览方式，分别是：按字母顺序浏览、按文档种类浏览、按时间或日期浏览、按文档发起委员会浏览、按文档作者浏览（图6-10）。

在检索栏输入检索词"Materials"，搜索得到结果页面。可以分类显示检索结果，也可以对上述检索结果进行二次检索，以获得详细信息，也可以下载PDF文档。

图 6-9 中国政府信息公开平台主页

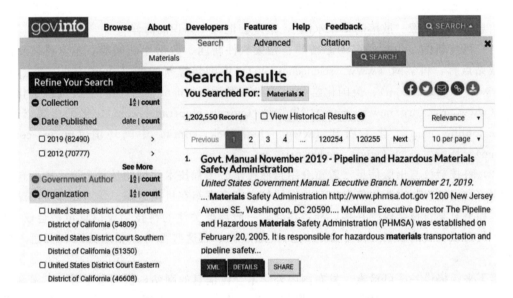

图 6-10 美国政府信息网"Materials"检索结果

6.4 机构组织的科技信息

如前所述,科技报告、技术档案、政府文件科技信息是基于传统媒介所划分的机构组织科技信息。基于互联网进行划分,机构组织科技信息可分为基本信息、动态信息和"互联网+"信息。接下来,将从这一分类角度分别对基本信息、动态信息、"互联网+"信息进行介绍。

6.4.1 机构组织公开的基本信息

机构组织通过其网页公开的基本信息,主要包括机构组织的名称、属性、简介和历史沿革等,我们从这些属性、简介等基本信息中就能获得相关科技信息。

如前所述,与科技活动相关的机构组织大致可以分为三类:政府部门与科研教育机构、学术团体、生产(开发)销售单位。接下来,分门别类介绍一些与科技活动相关的机构组织网站。

(1)政府部门与科研教育机构 主要包括国内外的科研院所、高等院校、重点实验室和研究小组,从这类机构网站可以了解其发展、专业学科优势、学科特色、发展水平等,这也是考研，考博、出国留学等信息的主要来源。

（2）学术团体　由科学技术、工程同一领域、同一学科或相关领域和学科的科技工作者组成的群体组织，旨在加强科技工作者的联系，开展学术交流，促进科学技术的普及推广和繁荣发展。学术团体一般以某某协会、学会命名。

（3）生产（开发）销售单位　科技领域的生产、开发单位，为了便于公众查找或掌握产品的发展动向和参考资料，在其网页一般都建有免费检索工具，可以检索与该组织机构相关的基本科技信息。除了基本信息，生产与开发单位还提供大量产品的资料信息、安全信息等。相关内容参见第5章产品资料信息。

6.4.2　机构组织动态信息

机构组织提供的动态信息包括自然科学、工程技术领域的新闻，科技会议信息，网络论坛，教学资源，学科领域和行业著名专家传记、成就以及招聘求职信息等。动态信息来源广泛，信息量大，就像"散落的知识水滴"，最终会汇入"知识的海洋"。

（1）科技新闻　包括研究动态新闻、相关软件新闻、数据库新闻等。包含科技新闻的网址或站点有：科学网（www. sciencenet. cn）、中国教育新闻网（www. jyb. cn）、科技讯（www. kejixun. com）、美国化学会化学与工程新闻（cen. acs. org）、英国皇家化学会新闻（www. rsc. org/news-events）、生物通（www. ebiotrade. com）、化工在线（www. chemicalonline. com）、化工周刊（www. chemweek. com）、中国环境（www. cenews. com. cn）、环境生态网（www. eedu. org. cn）等。

（2）科技会议与出版信息　着重介绍自然科学、工程技术领域的学术会议，主要包括两个方面：会议信息和出版物信息。科技会议信息大多发布在机构组织、学术团体等网站的页面上。如果对某科技会议感兴趣，准备参会，一般需要关注的科技会议信息包括会议主题、性质，与会议相关的学科专业，举办时间及地点等，而这些都可在相应的网站页面上检索获得。

接下来，提供一些可检索、发布国内外学术会议信息的网站，供大家参考：学术会议云（www. allconfs. org）、中国学术会议网（conf. cnki. net）、中国教育系统学术会议云平台（econf. hust. edu. cn）等，其都可以查询、检索科技会议信息。

需要指出的是，国内外很多著名的学会、协会等学术团体同时也是学术出版商，出版很多科技图书、期刊。另外，部分生产（开发）销售单位也出版学术性很强的期刊、图书等出版物，我们从中可以捕捉到很多学科发展态势、研究热点、交叉学科、前沿领域等动态科技信息。例如，Sigma-Aldrich公司的免费学术期刊 *Aldrichimica Acta* 收录有机化学领域的综述性论文，在有机化学同类期刊中排名前三。关于图书、期刊的检索和获取已分别在第2章、第3章中进行了介绍，此处不再赘述。

（3）自媒体平台科技信息　随着中国互联网和移动互联网的发展逐步成熟，移动端用户不断增加，人们对于简单、快捷、趣味性的需求也随之增加，从碎片化阅读到短视频观看，中国的自媒体也在飞速发展。而正在发展的自媒体平台上，也有大量的科技信息，为用户获得科技信息提供了极大的便利。自媒体平台科技信息主要分为如下两大类。

① 网络论坛与博客资源：内容覆盖面广，信息量大，学科门类齐全，专业性强，求助响应速度快。例如，小木虫论坛（muchong. com/bbs）有理工科（包括化学）出国留学、考研考博、求职招聘等很多栏目。还有 X-MOL 论坛（www. x-mol. com）、化学化工论坛（www. chembbs. com. cn）、化工论坛（www. chemicalforums. com）、生物谷（www. bioon. com）；

丁香园论坛（www. dxy. cn/bbs）等。

② 单位与个人自媒体平台，例如：博客、微博、微信、公众号、QQ 动态、今日头条、抖音短视频等。很多科学家会在上述平台的个人空间分享最新科技成果、知识与方法，这些信息让我们既能了解前沿领域，又能换个角度学习基础知识。近年来，以发表化学化工专业知识、资源为主要内容的学术博客也越来越多，从而成为一种新型的网络资源。

一些大型综合网站（如：新浪、网易、搜狐、腾讯等）有博客专区，与化学相关的博客（Blog）网址还有：科学网博客（blog. sciencenet. cn）；Chemistry Blog；Nature Blog。

（4）科技人员信息　包括科技人员的传记、介绍、简历、成就等，这些信息通常出现在机构组织网站、统计分析网站、综合网站与论坛或者个人博客上。典型网站如下。

① ORCID（www. orcid. org）（Open Researcher and Contributor ID），即科研人员国际唯一学术标识符，是全球通用的、免费的 16 位身份识别码，是目前使用最广的科研人员全球学术身份证，旨在提供一种透明的方法，将研究人员和贡献者与其活动和输出链接起来。

② Publons（www. publons. com），2012 年成立，目标是鼓励学者将他们过去评阅的意见在线发布，鼓励学者分享同行评语并进行学术讨论，帮助学者提升自己的学术水平，打造文章与评审意见的组合，从而帮助出版商（期刊）寻找优质的审稿人。

③ 科睿唯安高被引研究者网站（hcr. clarivate. com），根据人名或单位名称可以查找高被引科学家，可以查看该作者发表论文数量、总被引次数等，可检索全世界范围内的科技专家。

④ 诺贝尔奖网站（www. nobelprize. org），可了解诺贝尔奖授奖情况，还可以查询诺奖获奖人及其主要贡献。

⑤ 技术专家引擎库（www. expertengine. com），可查找全球范围内各个领域的专家，可按学科和关键词检索，查看专家的经历、技术专长、成果等信息，但若想获得其姓名和联系方式，则需要按网站要求填写专家请求表。

⑥ Researchgate（www. researchgate. net）是为全世界科学家和研究人员提供服务的专业网站，使命是连接科学世界。超过 1700 万的成员使用它分享。目前已经实现了访问数以百万计的出版物和发布数据、解决研究问题、找工作等各方面的功能。

⑦ Linkedin（领英，www. linkedin. com），2002 年创建的职场社交平台，用户已超过 6.45 亿，覆盖全球 200 多个国家和地区。

如果想要了解国内科技与工程领域的专家，可在不同网站进行查询。例如，想了解历年获得国家科技奖励的科学家及主要成就、获奖单位等信息，可以前往国家科学技术奖励办公室网站（www. nosta. gov. cn）查找；如果想要查找中国科学院院士名单、学科分布等信息，可到中国科学院网站查看；同样，到中国工程院网站可以查找中国工程院院士及相关信息。

（5）招聘求职信息　各个国家和地区、各级政府部门都建立了劳动服务网站，一些综合网站也具有求职服务功能。此外，大型职业介绍网站都有大量招聘求职信息，例如，58 同城、找工作网等，可供求职者和招聘方双向选择。典型的求职网还有：新职业网（www. ncss. org. cn）、应届生求职网（www. yingjiesheng. com）、欧盟学术工作网（www. academicjobseu. com）、猎聘网（www. liepin. com）、拉勾网（www. lagou. com）、前程无忧（www. 51job. com）、智联招聘（www. zhaopin. com）等。

不仅如此，不同学科也有其专门的招聘求职网站，如，百大英才化工站（hg.

baidajob. com），该网站设有"应届生"栏目，专门为化学化工类应届毕业生提供招聘信息和相关就业指导；化学人才网（chem. 36hjob. com）；一览·涂料网（dope. job1001. com）；化工英才网（www. chenhr. com）；北极星环保招聘网（hbjob. bjx. com. cn）；一览·环保（www. hbjob88. com）；聚才环保招聘网（www. hbzp88. com）；环保英才网（www. huanbaoyc. com）等。

除此之外，地方政府也建设了相应的人才网站，例如：甘肃人才网（www. gszhaopin. com）。

6.4.3　机构组织开发的"互联网＋"信息

随着互联网技术、信息技术的快速发展，越来越多的机构组织，甚至个人，都认识到了网络的重要作用。他们不但通过网页公开与本单位或个人有关的信息，还提供新闻、会议、讨论、人物传记、招聘求职等诸多动态信息，除了上述基本信息和动态信息之外，其他信息都被归类为"互联网＋"信息，这些正在开发并发展的"互联网＋"信息之中也包含与科技相关的信息。

（1）"互联网＋"科技信息的趋势　当前，"互联网＋"时代正在快速发展中，因此，人们无法对"互联网＋"科技信息进行系统归纳与总结。接下来，通过几个典型实例，初步认识机构组织开发的"互联网＋"科技信息的发展趋势。

第一，以图书、科技论文检索工具为基础开发的手机检索工具，如"手机知网""移动图书馆"等。可以说，以传统科技文献为基础的网络信息大部分都是以检索数据库的形式呈现的，载体从印刷版走向电子版，并可通过电脑或手机检索，但检索的基本方式相似。有关数据库类科技信息的检索，将在第 7 章进行详细介绍。

第二，以传统工具书为基础，开发出了大量基于手机的"在线工具"，也就是人们常用的手机地图、手机词典、手机百科等手机 APP 软件。从某种程度上来说，可以把它们看成基于互联网的图书，可归类为"在线工具书"。

第三，信息技术与互联网技术的发展也改变了科技信息的呈现形式，突破了"图书、论文、专利、标准、科技报告"等典型科技信息源分类模式。例如，化学专业数据库（www. organchem. csdb. cn/scdb）是中科院上海有机所建设的科技信息数据库的一部分，它也是中科院知识创新工程信息化建设的一部分，进入该网站（图 6-11）就会发现，该数据库不但包含基于传统文献源的"化学文献"数据库，而且有基于化学学科特色的数据库，如"化学结构与鉴定"数据库、"天然产物与药物化学"数据库、"安全与环保"数据库、"化学反应与综合"数据库。显然，这样的分类方法与前几章所述的知识体系截然不同，但这种分类方法更符合学科自身的特色，更有利于人们对物质世界与自然规律的认识。此外，该在线数据库还提供了多种形式的"数据检索""中英互译""从结构生成名称""从名称生成结构"以及"数据加工"等多种服务项目。

（2）互联网＋科技信息的检索　在互联网发展初期，大型综合网站与搜索引擎分工不同。如果只是浏览最新成果或拓宽知识面，则通过大型综合网站的分类目录逐级查找相关内容十分方便；如果已选定课题，通过搜索引擎搜索信息则方便、快捷，具有传统图书馆不可比拟的优势。

目前，许多综合网站与搜索引擎都具有分类目录和搜索引擎功能。接下来，重点介绍国内外知名网站与搜索引擎。

① 百度（www. baidu. com），目前全球最大的中文搜索引擎。名称源于"众里寻她千

图 6-11　化学专业数据库网站主页

百度"的中国古诗词。除具有搜索网站的功能外，还有许多功能（图 6-12）。典型的有：百科、词典、地图、常用搜索、大学搜索（将搜索限定在某个大学的网站内）、地区搜索（锁住特定区域，寻找身边信息）、教育网站搜索（帮助用户轻松查找各类教育信息）、文档搜索（报告、论文、申请书，全部文档轻松找到）、政府网站搜索、资讯、百度云等。

② Google（谷歌）（www.google.com），目前全球最大的搜索引擎（图 6-13），支持 132 种语言（包括简体和繁体中文），是一个快速、强大的搜索引擎。它的数据库是目前最大的，能找到别的搜索引擎所不能找到的资料。但是，其中文检索逊于百度。

图 6-12　百度主页　　　　　　　　　　　图 6-13　Google 主页

③ Microsoft Bing（必应）（cn.bing.com）是微软公司推出的搜索引擎服务。搜索内容

包括网页、图片、视频、词典、翻译、资讯、地图等全球信息。对我国用户来说，在检索外文文献时，Bing 是替代 Google 功能的重要工具。

④ Microsoft Academic（academic. research. microsoft. com），微软学术搜索引擎：包括个人资料页、可视化搜索、会议征文、学科趋势、用户编辑等。

⑤ World Wide Science（worldwidescience. org），世界科学搜索引擎，可同时对 70 多个国家的 60 多个数据库进行一站式跨语言（英语、汉语等 9 种）搜索。

⑥ Yahoo（雅虎）（www. yahoo. com）是最早的分类目录搜索数据库，也是最重要的搜索服务网站之一。

⑦ 搜狗（www. sogou. com）是搜狐公司推出的全球首个第三代互动式中文搜索引擎。

还有一些搜索引擎，如：TechExpo（www. techexpo. com）提供工程与科学社团链接。Chemical Week（化工周刊 www. chemweek. com）提供全球化学相关学科的重要新闻和信息。

在这个正在发生革命性变化的时代，如何及时发现新的科技信息源呢？答案是：只要找到最新的科技信息"资源导航"或专业的"搜索引擎"就可以实现。接下来，列举几个方法。

第一，进入"资源门户"网站，了解其分类方式。如前面所说的"化学专业数据库"，就属于"国家科技基础条件平台"（www. nsdata. cn），该平台提供不同学科分类导航，如果进入其门户网站（www. csdb. cn），还会发现正在建设中的科学数据云服务，其将最大程度上实现科技资源共享。

第二，从学科信息门户了解"互联网＋"科技信息新的门类。例如，从"化学学科信息门户"（chin. ipe. ac. cn）就能发现化学学科信息最新的分类方式。这些学科信息门户可以从有关图书馆网站进行查找。

第三，从专业搜索引擎查找最新的科技信息源。例如，化工引擎（www. chemyq. com）包括网站、产品、性质、新闻、词典、图书等多种检索功能。

近几年，手机应用软件发展迅猛，原本需要在计算机上检索的内容，目前绝大多数都可以在手机上进行检索（图 6-14）。出现了许多与化学化工相关的应用软件，如：国家政务服务平台、中国科学院、ACS Mobile、清华出版社；还包括一些数据库网站、专业检索网站、文献管理软件、杂志订阅软件，如：化学加、PubMed Hub、EndNote、Researcher；还有

图 6-14　手机应用软件

一些与科研相关的论坛、社交软件、知识平台、人才招聘网站，如小木虫、Linkedin、X-MOL、化工英才网等。

6.5　化学化工 Internet 信息资源

当今科学技术飞速发展，化学化工凭借自己独特的优势，早已在工业生产中得到了广泛的应用。接下来列举一些与化学化工相关的 Internet 信息资源。

6.5.1　机构组织信息

（1）中国科学院（Chinese Academy of Sciences，CAS）（www.cas.ac.cn）　拥有 12 个分院、100 多家科研院所、3 所大学、130 多个国家重点实验室和工程中心。科学院下属化学化工相关研究所有：中国科学院化学研究所（www.iccas.ac.cn）、中国科学院上海有机化学研究所（www.sioc.ac.cn）、中国科学院长春应用化学研究所（www.ciac.jl.cn）、中国科学院大连化学物理研究所（www.dicp.ac.cn）、兰州化学物理研究所（www.licp.cas.cn）、中国科学院理化技术研究所（www.ipc.ac.cn）、中国科学院过程工程研究所（www.ipe.cas.cn）、中国科学院福建物质结构研究所（www.fjirsm.ac.cn）等。

（2）中国工程院（Chinese Academy of Engineering，CAE）（www.cae.cn）　中国工程科学技术界的最高荣誉性、咨询性学术机构，致力于促进工程科学技术事业的发展。

（3）国家自然科学基金委员会（www.nsfc.gov.cn）　国务院直属单位，根据国家发展科学技术的方针、政策和规划，有效运用自然科学基金，支持基础研究，坚持自由探索，发挥导向作用，发现培养科技人才。

（4）中国教育和科研计算机网（www.edu.cn）　提供了大量相关链接，可以检索教育法规等不同类型的信息。

（5）美国国家标准与技术研究院（National Institute of Standards and Technology，NIST）（www.nist.gov）　为物理、生物和工程方面的基础应用研究以及测量技术和测试方法方面的研究，提供标准、标准参考数据及有关服务。

（6）中国科学技术协会（www.cast.org.cn）　由全国学会、协会、研究会和地方科协组成。目前，中国科协所属全国学会 210 多个，涵盖理、工、农、医和交叉学科五个学科门类。在中国科协网站上可以查询科普知识、科技数据等信息。

（7）中国化学会（www.chemsoc.org.cn）　下设 38 个学科/专业委员会、8 个工作委员会，主办 25 种学术期刊，其中 SCI 收录期刊 14 种。

中国化工学会（www.ciesc.cn）　下设 6 个工作委员会和 35 个专业委员会，主办《化工学报》《化工进展》《中国化学工程学报（英）》《储能科学与技术》四份学术期刊。

国际、国内还有许多单位可以提供大量重要资源，例如，弗吉尼亚大学图书馆（www.library.virginia.edu），从中可搜索到大量专业资源，并提供链接；北京大学化学与分子工程学院（www.chem.pku.edu.cn）；环境化学与生态毒理学国家重点实验室（et.rcees.ac.cn）；环境模拟与污染控制国家重点联合实验室（www.skjlespc.net）；中国食品药品检定研究院（www.nifdc.org.cn/nifdc）；中国广州分析测试中心（www.fenxi.com.cn）；美国阿拉莫斯国家实验室（www.lanl.gov）；美国橡树岭国家实验室（www.ornl.gov）。

6.5.2 化学化工专业网站

（1）X-MOL 科学知识平台（www.x-mol.com） 目前国内化学及其相关领域功能非常全面的一个平台，包括最新科研进展（每日更新）、文献检索、试剂采购与库存管理、投稿杂志选择、网址导航、导师信息查询、求职信息、专业问答等。其中，X-MOL 化学·材料网站（www.x-mol.com/chem）提供了文献、试剂与物性数据等检索方式（图 6-15）。

图 6-15 X-MOL 化学·材料网页

值得一提的是它免费的实验室试剂管理系统，人们可以在此平台上建立实验室试剂库存信息，如试剂名称、CAS 号、纯度、规格、库存量、库存地、库存时间等，也会提供领用、物性、供应商等信息，甚至包括化学试剂的采购和比价功能。

（2）ChemSpy（www.chemspy.com） 为化学专业人员提供了一个大范围的搜索引擎。可以查找化学新闻、资源、数据库、缩写（Acronyms）、定义（Definitions）及化学工业信息。

（3）STN International（www.stn-international.de，The Scientific and Technical Information Network，科技信息网） 提供全世界最新的科技数据。

（4）ChemIndustry（www.chemindustry.com） 化学工业信息资源，包含化学与相关工业的专业目录与搜索引擎。分为如下几大类：化工生产商、实验室设备和消耗品、色谱/分离设备、软件、农用生物材料、工业设备、行业服务等。该网站部分内容已经有相应中文内容。

（5）化学网（www.chemistry.org） 美国化学会下属机构的一个网页。包括的信息特别丰富，与化学有关的信息几乎应有尽有，化学信息资源、化学试剂、化学新闻、化学俱乐部等。与其说是一个化学图书馆倒不如说是一个化学博物馆。

（6）Ingenta（www.ingentaconnect.com） 一个信息量很大的专业网站，其已经收录了 3 万多种出版物、2000 多万篇论文与报告。通过其搜索引擎可以检索数千个出版机构与图书馆收录的论文，并可免费获得摘要。

更多化学化工信息源、检索工具与数据库网站，请参阅本书其他章节。

6.6 材料相关 Internet 信息资源

学科之间，相互融合、演化，呈现出多元化和新概念，是学科发展的必然结果。与化学化工密切相关的材料学也是正在迅猛发展的学科。在我们日常生活中，化学化工材料的身影随处可见。

材料学是研究材料组成、结构、工艺、性质和使用性能之间相互关系的学科，为材料设计、制造、工艺优化和合理使用提供科学依据。从化学属性方面来看，材料可分为无机材料和有机材料，无机材料又可分为金属材料和非金属材料。复合材料是人们运用先进的材料制备技术将不同性质的材料组分优化组合而成的新材料，其必须由两种或两种以上化学、物理性质不同的材料组分构成，且可以通过各组分性能的互补和关联获得单一组成材料所不能达到的综合性能。

6.6.1　材料相关机构组织网站

（1）Materials Research Society（美国材料研究学会）（www. mrs. org）　成立于 1973 年，核心原则就是跨学科。鼓励参与讨论会，鼓励研究人员之间更多地互动。

（2）中国材料研究学会（C-MRS）（www. c-mrs. org. cn）　中国从事材料科学技术研究和产业的科技工作者及单位自愿结合并依法成立的全国性、非营利性法人社会团体，是中国科协的组成部分，挂靠在中国科学院。目前，学会下设分支机构 23 个，团体会员 162 个。

（3）Institute of Materials，Minerals & Mining（IOM³，英国材料、矿物和采矿学会）（www. iom3. org），前身为英国材料学会（Institute of Materials，IOM），是英国最主要的科学和工程机构之一，主要关注材料的勘探、提取、表征、加工应用、回收和再利用方面的研究。

（4）日本材料研究学会（www. jsms. jp/e-index. html）　其广泛涵盖了与材料相关的科技领域，包括机械工程、电气工程、化学工程、建筑、土木工程、农业等，为许多行业的发展作出了很大贡献。

还有相关的机构组织，如晶体之星（www. crystalstar. org）、剑桥大学材料资源（www. doitpoms. ac. uk/index. html）、日本国立材料科学研究所（mits. nims. go. jp）等。

6.6.2　材料相关检索工具与数据库

材料相关的检索工具与数据库如下。

① 美国国家标准与技术研究院（NIST）物性数据库（webbook. nist. gov/chemistry/name-ser. html）；物理常数（physics. nist. gov/cuu/Constants/index. html？/codata86. html）。

② 材料物性数据库（www. matweb. com）；物性数据库和设计软件（www. m-base. de）。

③ 高分子材料设计所需的各种数据（polymer. nims. go. jp）；塑料产品数据库（www. campusplastics. com）；高分子数据手册（www. oup-usa. org/pdh）；中国腐蚀与防护网：材料腐蚀数据库（www. ecorr. org）。

④ 复合材料搜索引擎（www. wwcomposites. com）；陶瓷材料参考指南（www. ceramicindustry. com）。

⑤ 有色金属数据库（www. key-to-metals. com）；磁结构数据库（webbdcrista1. ehu. es/magndata/index. php？show_db=1）。

⑥ AFLOW 电子结构数据库（www. aflowlib. org）；Material Project 电子结构数据库（materialsproject. org）。

⑦ 液晶数据库（liqcryst. chemie. uni-hamburg. de）。

⑧ Arsenal 拓扑材料数据库（ccmp. nju. edu. cn）；Materials Cloud 二维材料数据库（www. materialscloud. org/discover/2dstructures/dashboard/ptable）。

⑨ 第 I 类超导体（www. superconductors. org/Type1. htm）；第 II 类超导体（www. superconductors. org/Type2. htm）。

⑩ 相图（www. crct. polymtl. ca/fact/pdweb. php＃opennewwindow）；二（三）元相图（www. crct. polymtl. ca）；合金材料组成和相图数据（www. msiwp. com）。

⑪ 中国功能材料网 （www. chinafm. org. cn）。

晶体材料是由结晶物质构成的固体材料。晶体的分布非常广泛，自然界中的固体物质，绝大多数是晶体。在一定的合适条件下，气体、液体和非晶物质也可以转变成晶体。其特征为所含的原子、离子、分子或粒子基团等具有周期性的规则排列。

晶体学信息文件 （Crystallographic Information File，CIF） 是以 ".cif" 结尾的数字文件，它包含了每个晶体的详细信息，如晶胞参数、原子坐标、文献资料等。它是进行晶体结构描述、解析、传播和表达时最常使用的文件，广泛应用于晶体结构绘图、XRD 精修以及材料理论计算等各个方面，在材料科学中具有重要的作用。各种晶体材料计算处理软件，如 Vesta、Diamond、GSAS、Mercury、Rasmal、Materials Studio 都以晶体信息文件作为输入或者输出结果，因此认识和获取 CIF 文件就显得极为重要。接下来介绍几个 CIF 文件的 Internet 在线资源。

（1） COD （Crystallography Open Database） （www. crystallography. net/cod）　晶体学开放数据库是一个开方式、可免费使用的海量晶体结构数据库。它包含了有机、无机、金属有机化合物和矿物质的晶体结构，收录了 700 余万条晶体结构。

这里以 $CaCO_3$ 为例介绍 COD （www. crystallography. net/cod） 的使用方法。首先，进入 COD 网站 （图 6-16），点击左边 Search，出现搜索界面。COD 提供了多种检索 CIF 文件的方式：①如果知道物质 （如 $CaCO_3$） 的 CODID 号 （如 1010928），就可以在 CODID 搜索框中直接输入；②如果知道物质的文献源 （如期刊名称、年、卷、期，或者 DOI） 信息，就可使用文献检索晶体结构；③也可用分子式或元素检索。最后的 filters 是过滤器，它可以用来选择检索库或者限定检索条件，以实现更精确的检索结果。第一项为包含 F_{obs} 晶体结构因子，检索时最好勾选。第二项为包含重复结构，第三项为包含错误结构，第四项为包含理论结构，可根据实际情况勾选。

【例 6-6】　使用 chemical formula （in Hill notation） （Hill 化学式），即使用 "C Ca O3" （元素之间必须有空格，图 6-17） 检索，点击 "Send"。得到检索结果后 （图 6-18），点击 CIF 即可下载浸提数据。检索实例也可观看［演示视频 6-5　COD 检索］。

6-5　COD 检索

图 6-16　COD 主页

chemical formula (in Hill notation)	C Ca O3
filters	☐ has F_{obs} ☐ include duplicate entries ☐ include entries with errors ☐ include theoretical structures
Reset	Send

图 6-17　COD 检索 "C Ca O3" 页面

Search results

Result: there are 102 entries in the selection

Switch to the old layout of the page

Download all results as: list of COD numbers | list of CIF URLs | data in CSV format | archive of CIF files (ZIP)

Searching formula like 'C Ca O3'

◄◄ First | ◄ Previous 20 | Page 1 of 6 | Next 20 ► | Last ►► | Display 5 **20** 50 **100** 200 300 500 1000 entries per page

COD ID ▲	Links	Formula ▲	Space group ▲	Cell parameters	Cell volume ▲	Bibliography
1010928	CIF	C Ca O3	R -3 c RS	6.36; 6.36; 6.36 46.1; 46.1; 46.1	121.9	Elliott, N A Redetermination of the Carbon - Oxygen Distance in Calcite and the Nitrogen - Oxygen Distance in Sodium Nitrate *Journal of the American Chemical Society*, **1937**, *59*, 1380-1382
1010962	CIF	C Ca O3	R -3 c RS	6.36; 6.36; 6.36 46.1; 46.1; 46.1	121.9	Wyckoff, R W G The Crystal Structures of some Carbonates of the Calcite Group *American Journal of Science, Serie 4(-1920)*, **1920**, *50*, 317-360
1547350	CIF	C Ca O3	R -3 c :H	4.9876; 4.9876; 17.0575 90; 90; 120	367.476	Nobuo Ishizawa; Hayato Setoguchi; Kazumichi Yanagisawa Structural evolution of calcite at high temperatures: Phase V unveiled *Scientific Reports*, **2013**, *3*, 2832

图 6-18　COD 检索 $CaCO_3$ 结果

（2）ICSD（The Inorganic Crystal Structure Database）（icsd. fiz-karlsruhe. de/index. xhtml）　无机晶体结构数据库是由德国的 FIZ（Fachinformationszentrum Karlsruhe）和 The Gmelin Institute（Frankfurt）联合编辑的。它收集并提供所有试验测定的，除了金属、合金以外，不含 C—H 键的无机物晶体结构信息，包括化学名和化学式、矿物名和相名称、晶胞参数、空间群、原子坐标、热参数、位置占位度、R 因子及有关文献等各种信息。该数据库从 1913 年开始出版，已包含近 10 万条化合物目录。所有的数据都是由专家记录并且经过几次修正的，是国际最权威的无机晶体结构数据库。其为收费数据库，但可注册为试用会员，免费试用一段时间。

（3）ICDD（International Centre for Diffraction Data）（www. icdd. com）国际衍射数据中心　由成立于 1941 年的粉末衍射化学分析联合委员会演变而来，为全球非营利性科学组织，致力于收集、编辑、出版和分发标准粉末衍射数据（PDF 卡片或 PDF 数据库），其主要用于结晶材料的物相鉴定，ICDD 是全球 X 射线衍射领域最为权威的机构。

（4）CCDC（The Cambridge Crystallographic Data Centre）（www. ccdc. cam. ac. uk）英国剑桥大学晶体数据中心。

6.6.3　材料相关软件资源

（1）BIOVIA Materials Studio（www. 3ds. com/products-services/biovia/products/molecular-modeling-simulation/biovia-materials-studio）　专门为材料科学领域研究者开发的一款模拟软件，是许多材料学工作者最常使用的软件。其能方便地建立三维结构模型，并对各种晶体、无定型以及高分子材料的性质及相关过程进行深入研究；能进行构型优化、性质预测和 X 射线衍射分析，以及复杂的动力学模拟和量子力学计算。模拟的内容涉及了催化剂、聚合物、固体及表面、晶体与衍射、化学反应等材料和化学研究领域的主要课题。

（2）MDI Jade（www. icdd. com/mdi-jade，Materials Data，MDI）　多年来专注于开发 XRD 分析软件。自主开发的 Jade 率先采用全谱拟合和 Rietveld 方法来分析 XRD 数据，并且最早使用结构数据计算模拟衍射图。

（3）Crystal Impact（www. crystalimpact. com）　开发了许多高质量的软件，其关键领域是晶体结构的解决、可视化、粉末的相识别以及晶体结构数据库。

（4）Crystal Maker（www. crystalmaker. com）　一款创建、显示和操作各种晶体分子

结构的软件。提供了一个流线型的工作流程，是为化学、固态物理、材料科学、矿物学和晶体学的研究和教学设计创新而开发的软件。可显示和操作各种晶体和分子结构、设计新材料，也可模拟粉末和单晶的衍射特性。

6.6.4　材料相关期刊网站

（1）Nature Materials（自然·材料）（www.nature.com/nmat）　由 Nature 出版集团出版发行。以材料的合成与加工、结构与成分分析、性能与应用及基本理论阐述为目标。

（2）Advanced Materials（先进材料）（onlinelibrary.wiley.com/journal/15214095）Wiley 数据库旗下的材料学杂志，包含材料化学、材料物理、生物材料、纳米材料、光电材料、金属材料、无机非金属材料、电子材料等。

（3）Chemistry of Materials（材料化学）（pubs.acs.org/journal/cmatex）　美国化学会的材料学期刊。领域是固态化学，包括无机和有机化学，以及聚合物化学，特别是用于开发具有新颖和/或有用的光学、电学、磁性、催化和力学性能的材料。

（4）Journal of Materials Chemistry（材料化学杂志，JMC）（www.rsc.org）　分为 A、B 和 C 三辑，JMCA 侧重能源与可持续应用材料，JMCB 侧重生物与医学材料，JMCC 侧重光、磁及电子器件材料。材料化学杂志 A、B 和 C 涵盖了材料化学所有领域的高质量研究。

（5）Biomaterials（www.journals.elsevier.com/biomaterials）（生物材料）　涵盖生物材料科学和临床应用。生物材料的最新定义是一种经过设计的物质，其可以单独或作为复杂系统的一部分，通过控制与生物组成部分的相互作用来指导和控制。

（6）Materials Horizons（pubs.rsc.org，材料视野）　侧重于收录提出新概念，或提供一种新思路的原创性文章，不强调技术的进步。其也收录具有突破性的研究成果。

6.7　生物医药 Internet 信息资源

生命包含大量且分子结构复杂的有机物。目前，从生物信号的检测到疾病治疗药物的大规模合成，都离不开化学化工。因此，化学化工信息也大量分散于生物、医学数据库中。

21 世纪是生命科学的时代，与生命科学相关的生物医药学科，如：生物化学、药物化学、基因组学、蛋白质组学、化学生物学等分支学科正在迅速发展。生物医药可分属生物学、医学和药学三个学科，这三个学科都与化学紧密相关，从生物信息分子的检测、药物的设计合成到工业生产都离不开化学化工。生物医药学科的发展必须紧紧依靠信息。获取生物医药信息的一个重要手段就是进行信息检索，其网络信息检索与化学资源的检索方式密不可分。

临床医学科研的基本特征是对象特殊、方法困难、内容复杂。医学科学分为基础医学、临床医学、预防医学与卫生学、军事医学与特种医学、药学、中医学与中药学。医学科研活动中，基础研究、应用研究和试验发展是整个研究工作中的三个不同阶段，分别属于三个不同的科技活动类型。循证医学数据库，系统评价内容可包括病因、诊断、治疗、预后、预防、卫生经济和定性研究。

权威的医学网站涉及行业的现状、动态、进展、诊疗知识、病例分析、临床实践、临床技巧、继续医学教育、患者教育、医学会议及新闻等。

6.7.1　生物医药相关机构组织

（1）中国科协生命科学学会联合体（简称：学会联合体）（www.culss.org.cn）　由中

国科协所属生命科学领域的 11 家全国学会联合发起的中国科协首个学会联合体。

（2）International Life Sciences Institute（ILSI：国际生命科学学会）（www. ilsi. org）一个非营利性的全球组织，其使命是提供科学，以改善人类健康和福祉，并保护环境。

（3）The American Society for Cell Biology（www. ascb. org）美国细胞生物学学会（ASCB）　当今细胞生物学领域最有影响力的学会。分子生物学、遗传学、生物化学和光学显微镜领域的新技术和新发现迅速拓宽了这一领域。自 1960 年来，32 位 ASCB 成员获得了诺贝尔生理学或医学奖或化学奖。

（4）American Society for Microbiology（ASM：美国微生物学会）（www. asm. org）生命科学领域中全球最大且历史最悠久的会员组织。会员人数超过 4.3 万，涵盖微生物学专业的 26 个学科。学会期刊是微生物学领域最杰出的出版物，其中包括 11 种期刊和 3 种 OA 期刊。所出版文章数量超过微生物学领域全部论文量的 1/4。

（5）中华医学会（www. cma. org. cn）　拥有 67 万名会员、88 个专科分会、462 个专业学组，加入了 42 个国际性/区域性医学组织。中华医学会出版发行 183 种医学期刊，每年主办、承办近 200 个国际、国内医学学术会议。

（6）NIH（www. nih. gov）（National Institute of Health，美国国立卫生研究院）　美国主要的医学与行为学研究机构，任务是探索生命本质和行为学方面的基础知识，并充分运用这些知识延长人类寿命，以及预防、诊断和治疗各种疾病和残障。其下属机构（美国国立辅助替代医学中心：NCCAM）创建了知名的 NIH 替代医学数据库（nccam. nih. gov），包括 Health Information、Clinical Trials 栏目。

（7）Centers for Disease Control and Prevention（CDC：美国疾病控制与防治中心）（wonder. cdc. gov）　其管辖范围不断扩大，除传染性疾病以外，还负责很多慢性病、职业性身体失调及诸如暴力和事故等社会疾病。

（8）National Guideline Clearinghouse（NGC：美国国立指南库）（www. guideline. gov）隶属于美国卫生和公众服务部。使命是为医生和其他卫生专业人员、医疗保健提供者、健康计划整合型医疗卫生服务系统、采购商等提供一种可访问的机制，以获取详细而客观的信息作为临床实践指南，并进一步推广、实施和使用。

（9）BMA（British Medical Association）英国医学学会　不仅包括著名的《英国医学期刊》（*British Medical Journal*），而且还收录有从医疗保健管理到神经学等领域的共 30 种期刊。出版的许多期刊都在其各自领域处于世界领先地位。

（10）中国中医科学院中医药信息研究所（www. cintcm. ac. cn）　提供多个中医药数据库在线检索与服务。

（11）European Medicines Agency（EMA：欧洲药品管理局）（www. ema. europa. eu/ema）　负责对制药公司开发的药品进行科学评估，通过对人类使用的药品进行评估和监督，保护和促进公众健康。

（12）American Association of Pharmaceutical Scientists（AAPS：美国药学科学家协会）（www. aaps. org）　拥有约 7000 名个人成员和超过 10000 名利益相关者，这些利益相关者受雇于世界各地的学术界、工业界、政府和其他与药物科学相关的研究机构。他们的使命是提高制药科学家开发、改善全球健康产品和疗法的能力。

（13）Food and Drug Administration（FDA：美国食品与药物管理局）（www. fda. gov）提供多种与药物监控有关的信息：New Prescription Drug Approvals（新批准处方药物）；

Prescription Drug Information（处方药物信息）；Major Drug Information Pages（主要大类药物信息页）；Consumer Drug Information（针对消费者报告药物信息）；Over-the-Counter Drug Information（OTC 药物信息）；Drug Safety & Side Effects（药物安全及副作用信息）；Public Health Alerts & Warning Letters（公共卫生警报）；Reports & Publications First Data Drug Databases（报告及出版物）；Special Projects & Programs（专门研究课题及项目）。

美国 FDA 药品数据库涵盖了至目前为止所有在美国上市或曾经上市的全部药品，可查询美国 FDA 批准的药品审批注册信息及相关文件、专利数据、市场保护等、美国 FDA 药品专利库、美国 FDA 药品橙皮书数据库中即经过治疗等效性评价批准的药品。FDA 橙皮书是开发仿制药物的重要资料，为药学研究、生物等效试验所需的参比药物或对照药品提供法定依据，并提供专利、市场独占权（市场排他性）等信息。

（14）生物谷（www. bioon. com）　国内生物行业的综合服务商，提供了生物、产业、医学、药学等的专业平台及生物出版物、数据库等信息。

（15）MedlinePlus　由美国国家医学图书馆建立的免费提供相关信息的网站（www. nlm. nih. gov/medlineplus/complementaryandalternativemedicine. html），提供可靠的、最新的有关疾病、环境和健康问题的信息。人们可以获取最新的治疗方法，查找药物或补充信息，查明医学专业词汇的含义，并可以查看医疗视频或插图。

（16）EFCAM（www. efcam. eu）　综合了欧盟成员国中不同的补充和替代医学方式，例如反射治疗及指压治疗等。其主要目标是向整个欧盟成员国公民提供平等的接受补充和替代医学方式治疗，并为补充和替代医学方式从业者提供实践机会。

（17）MedicineNet（www. medicinenet. com）　一个在线的医疗媒体出版公司。以用户为中心的交互式网站，向读者提供明晰易懂的、深入的、权威的医疗信息。

（18）Bandolier（www. bandolier. org. uk）　向英国乃至世界范围的医疗人员及读者提供最优质的循证医学资源。Research Council for Complementary Medicine（英国补充医学研究委员会）（www. rccm. org. uk）该委员会提供补充和替代医学的相关课程。

（19）Cochrane Library（www. cochranelibrary. com）　汇集了六个数据库，能够提供不同类别独立的最佳临床证据的评价系统，可以帮助医生作出最佳临床决策。

（20）American College of Physician-American Society of Internal Medicine 美国内科医师学会（APC）-美国内科学会（www. acponline. org）　国际影响最大的内科学社会团体。其网站的对象为内科医生和相关人员，服务内容涉及临床、科研和教育各方面。

（21）Doctor's Guide（www. docguide. com）医师指南　提供了大量医学信息。

6.7.2　生物医药相关检索工具与数据库

（1）BIOSIS Preview（BP）数据库　由美国生物科学信息服务社（BIOSIS）建立的数据库（www. ebsco. com/products/research-databases/biological-abstracts），世界上最大的有关生命科学的文摘和索引。BP 收录了世界上 100 多个国家和地区的 5500 多种期刊和 1650 多个会议的会议录和报告。报道的学科范围广泛，涵盖所有的生命科学。该数据库对应的出版物是《生物学文摘》（*Biological Abstracts*）、《生物学文摘——综述、报告、会议》（*Biological Abstracts/RRM*）和《生物研究索引》（*BioResearch Index*）。

《生物学文摘》（BA）一直是各综合性院校、医学院校、农业院校的重要工具书。BP 检索有 40 多种不同检索字段，包括：①输入学科主题查询相关研究领域文献；②利用生物分类名称（拉丁学名、俗名）检索；③进行概念检索；④输入生物体的大分子结构，包括组织、器官、系统等检索；⑤输入各种动物、植物、人类的疾病及异常现象检索；⑥输入化学合成物质和生化物质（包括药物）检索；⑦利用化学物质登录号检索；⑧输入大分子物质序列进行检索。

（2）MEDLINE 数据库（www. medline. com）　由美国国家医学图书馆（National Library of Medicine，NLM）于 1997 创建，并免费向全世界开放。MEDLINE 是目前世界上最权威的大型生物医学数据库和检索系统，是全面反映世界医学进展动态的重要窗口，覆盖了医学的所有领域。它对应 Index Medicus、Index to Dental Literature 和 International Nursing Index 的印刷版索引。目前包含了 4800 多个索引题录和 1100 多万篇论文，其在 ProQuest 上的平台提供全文服务。

（3）Protein Data Bank（PDB：蛋白质数据银行）（www. rcsb. org）　是美国结构生物学合作研究协会 RCSB（Research Collaboratory for Structure Bioinformatics）建立的全世界最完整的包括蛋白质、核酸、蛋白质-核酸复合物及病毒等生物大分子的三维结构数据库，收录了生物大分子（包括蛋白质、核酸及复合组装体）的三维结构信息。其使用方法参见第7 章。

（4）Pubmed 检索系统（pubmed. ncbi. nlm. nih. gov）　覆盖全世界 70 多个国家、4300 多种主要生物医学期刊的摘要和部分全文，是医学、生物医学领域使用最多的免费文摘数据库。Pubmed 数据库包含引自 MEDLINE、生命科学期刊和在线书籍等的 2400 万份文献数据。其使用方法参见第 7 章。

（5）NLM（www. nlm. nih. gov，National Library of Medicine，美国国家医学图书馆）提供医药卫生知识和信息的事实型数据库，有卫生专题、药物信息、医学百科全书、医学词典、新闻、医生和医院名录等。可以查询药物化学相关物质的结构、性质等信息。

（6）Medical World Search（医学世界检索）（www. mwsearch. com）　由美国理工学院（The Polytechnic Research Institute）建立的一个医学专业搜索引擎，收集了数以千计的医学网点、近 10 万个 Web 页面。可免费下载全文。

（7）Trip（www. tripdatabase. com）　临床搜索引擎，旨在让用户快速、方便地找到和使用高质量的研究依据，为临床医疗提供支持和指导。

（8）Cliniweb（国际临床网，www. cliniweb. com）　由美国 Oregon 医学院组建，基于分类目录的临床医学搜索引擎。其特别适用于预防保健专业的医学生和开业医生，不适于科研人员。

（9）EMBASE（荷兰医学文摘，www. embase. com）　提供世界范围内的生物医学和药学文献，重要的综合性索引，是医学领域著名的数据库之一。

（10）国家药监局基础数据库（app1. nmpa. gov. cn/data _ nmpa/face3/dir. html？type ＝yp）　包括中国上市药品数据库、国内进口药品数据库、中药保护品种数据库、OTC 中西药说明书数据库、OTC 药品数据库等多个数据库。

（11）Drugfuture 药物在线（www. drugfuture. com/drugdata）　提供了大量国内外药物数据库及检索信息，提供了中国、美国、欧洲专利打包下载的链接（图 6-19）。

【例 6-7】　进入药物合成数据库（www. drugfuture. com/synth/synth _ query. asp），使用 "Aspirin"（阿司匹林）一词检索（图 6-20），就能够找到与阿司匹林相关的药物名称、结构式及其合成方法（图 6-21）。可参见[演示视频 6-6　药物在线]。

6-6 药物在线

您现在位置：药物在线 >> 药物数据

Drugfuture药物在线网站开发的药物数据库

美国FDA药品数据库

本数据库涵盖了至目前为止所有在美国上市或曾经上市的全部药品，可查询美国食品药品管理局（U.S. Food Drug Administration）批准的药品审批注册信息及相关文件、专利数据、市场保护等。 查询地址：www.drugfuture.com/fda

美国FDA药品橙皮书数据库

美国FDA药品橙皮书（U.S. FDA Orange Book: Approved Drug Products with Therapeutic Equivalence Evaluations），即经过治疗等效性评价批准的药品。FDA橙皮书是开发仿制药的重要资料，为药学研究、生物等效试验需要的参比药物或对照药品提供法定依据，并提供专利、市场独占权（市场排他性）等信息。

药物数据库

- 美国FDA药品数据库
- 美国FDA药品专利库
- 美国FDA药品橙皮书数据库
- 中国药品注册数据库
- 仿制药参比制剂目录数据库
- 药品标准查询数据库
- 化学物质索引数据库
- 化学物质毒性数据库

图 6-19　Drugfuture 药物在线首页

药物合成数据库检索系统
Drug Preparation Database

输入检索的药物名称：　Aspirin　　注：包含通用名、商标名、研发代号、异名等。如Loratadine、Cefpirome.

输入检索的化学名称：　　　　　　注：包含CA命名、普通命名等。

输入检索的CAS登记号：　　　　　注：美国化学文摘登记号。

查询　重置

图 6-20　Drugfuture 药物合成数据检索系统

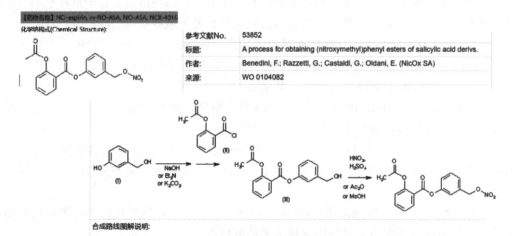

【药物名称】NO-aspirin, m-NO-ASA, NO-ASA, NCX-4016

化学结构式(Chemical Structure):

参考文献No.	53852
标题:	A process for obtaining (nitroxymethyl)phenyl esters of salicylic acid derivs.
作者:	Benedini, F.; Razzetti, G.; Castaldi, G.; Oidani, E. (NicOx SA)
来源:	WO 0104082

合成路线图解说明：

Basic treatment of 3-hydroxybenzyl alcohol (I) with either NaOH in dichloromethane, Et3N in toluene or K2CO3 in acetone, followed by reaction with acetylsalicyloyl chloride (II) in the respective solvents, gives 2-acetoxybenzoic acid 3-(hydroxymethyl)phenyl ester (III). NCX-4016 is obtained by nitration of compound (III) with steaming nitric acid in dichloromethane in the presence of either sulfuric acid, acetic anhydride or methanesulfonic acid.

图 6-21　阿司匹林的检索结果

此外，由下列网站也可获得一些在生物、医药以及医疗方面有价值的信息：

（1）中国生物医学文献服务系统（SinoMed）（www. sinomed. ac. cn）　由中国医学科学院医学信息研究所/图书馆开发，整合了中国生物医学文献数据库（CBM）、西文生物医学文献数据库（WBM）、协和医大博硕学位论文数据库等多种资源。

（2）生命科学图书馆（www. slas. ac. cn）　由中国科学院上海生命科学信息中心建立，提供了大量生物信息资源的链接。

（3）国家人口与健康科学数据共享平台中医药学科学数据中心（dbcenter. cintcm. com）国家人口与健康科学数据的共享平台，建有期刊文献类、中药类、方剂类、药品类、不良反应类、企业类等数据资源，有多库融合检索平台。

（4）EFCAM（www. efcam. eu）　综合了欧盟成员国中不同的补充和替代医学方式。

（5）Bandolier（www. bandolier. org. uk）　向英国乃至世界范围的医疗人员及读者提供最优质的循证医学资源。

（6）Research Council for Complementary Medicine（RCMM：英国补充医学研究委员会）（www. rccm. org. uk）　提供补充和替代医学的相关课程。

（7）华源医药网（www. hyey. com）　医药行业最大的电子商务交易平台。

6.7.3　生物医药期刊网站

（1）Nature Biotechnology（自然·生物技术）（www. nature. com/nbt/index. html）一本涵盖生物技术科学和商业的月刊。

（2）Nature Medicine（自然·医学）（www. nature. com/nm/index. html）　发表生物医学科学所有学科的原创研究。

（3）BMC（bmccomplementmedtherapies. biomedcentral. com）　该杂志收录的文章重点关注对干预疗法生物学机制的探索，以及对其有效性、安全性的研究。

（4）Cell（细胞）（www. cell. com）　细胞出版社（Cell Press）发行的关于生命科学领域最新研究发现的杂志，与 *Nature* 和 *Science* 并列，是全世界最权威的学术杂志之一。

（5）中医药在线（www. cintcm. com）　由北京中研信中医药信息网络有限公司创办，提供中医药学信息服务的专业化信息网站。

总之，在互联网大背景下，许多机构组织正在开发与自媒体、新媒体充分融合的"互联网＋"科技信息，这些科技信息的传播和发展为我们带来了新的挑战、新的机遇，只有主动适应科技发展变化，提高自身科技信息素养，提高获取科技信息的能力，才能持续学习、不断创新。

▶▶ 练 习 题 ◀◀

1. 机构组织化学信息有哪些类别？基于互联网的机构组织科技信息有哪些类型？

2. 科技报告与技术档案有何特点？有何用途？

3. 如何区分机构组织的基本信息、动态信息、开发信息？

4. 列举一些本章没有提及的新型"互联网＋"科技信息。

5. 从 Internet 下载的非 10 类传统文献源的化学化工信息，在论文参考文献中如何著录？

6. 从下列网站能检索到什么信息？①中国教育科研网；②中国化学会；③科学网。

▶▶ 实践练习题 ◀◀

1. 练习用我国的"国家科技报告服务系统"检索本专业科技信息（例如，智能涂料、功能材料）。

2. 从我国的政府网站查找有关"新材料开发"的政府文件。

3. 查找最近评选的诺贝尔奖获者的个人信息与主要成就。

4. Internet 上有许多可以免费检索物理常数的网站，例如 NIST 的基本常数检索（physics. nist. gov/cuu/Constants）等。请查询玻尔兹曼常数（Boltzmann Constant）、法拉第常数（Faraday Constant）、光速、理想气体的摩尔体积、^{12}C 的摩尔质量等常数。

5. 查下列有关资料，注明资料来源：①精制蓖麻油的规格及分析方法；②注射用葡萄糖的质量指标及检验方法；③H 酸单钠盐的含量测定；④EPA（"脑黄金"的主要成分）的化学结构；⑤植物生长调节剂的主要种类及简介。

第7章 化学化工相关在线检索工具与数据库

导语

信息技术与互联网的发展推动科技信息源走向数字化，且大部分以数据库形式呈现，并且实现了在线检索。目前，在线检索工具已成为获取专业信息的常规手段。本章将化学化工相关的在线检索工具与数据库进行实用分类，并介绍重要的专业数据库及其检索实例，从而使读者能够选择适当的在线数据库检索目标，并快速获得信息源与专业知识。

关键词

数据库；搜索引擎；在线检索工具；全文数据库

信息技术与 Internet 的高速发展有效推动了无纸化办公，也推动了网络数据库的高速发展。网络数据库为主的在线检索工具已成为科技工作者检索科技信息的常规手段。另外，我们可以通过免费的搜索引擎或付费使用的学科专业在线检索工具，找到网络数据库中原始科技信息源的"题录＋摘要"信息，并通过阅读其摘要内容，筛选有价值的原始文献，从而大幅度降低获得有价值原始信息的成本。

本章将分门别类地介绍化学化工相关的在线检索工具与数据库，对那些在前面章节中已详细介绍过的在线检索工具与数据库（如：超星发现、中国知网、中国专利检索等），本章只简单介绍其主要用途并进行适当补充。而对那些在其他章节未涉及的数据库，本章则进行举例说明。

7.1 在线检索工具与数据库简介

7.1.1 从印刷版索引到搜索引擎的检索工具

印刷版科技文献为现代科学技术的发展做出了巨大的贡献，但其分散在成千上万种文献源中，使得快速寻找完整的科技成果变得越来越困难。为了从大量而分散的文献源中对有价值文献进行有效检索，一些机构专门收集原始文献线索并将其体系化（文献存储），然后提供检索线索或手段，使读者从中检索所需文献（文献检索），这就是检索工具（Retrieval Tools）：用来存储、报道和查找文献资料线索的工具。典型印刷版检索工具有：美国《化学文摘》（CA）、《科学引文索引》（SCI）、《工程索引》（EI）、《全国报刊索引》等。

高级检索工具有如下特征：①对收录文献外部特征（如篇名、著者、出版地等）和内容特征（摘要、目录）进行描述；②能提供各种检索标识和途径；③有比较完备的检索体系。因此，使用检索工具，科技工作者可以从大量文献源中快速、准确地获取有价值的情报信息。学会使用检索工具，是了解和掌握科技动态，进行科学研究的捷径。

基于计算机的互联网网站，为了方便用户找到有价值的信息，从综合网站的目录浏览、目录索引，逐渐走向具有强大检索功能的搜索引擎（Search Engine）：即根据一定策略，运用计算机程序将互联网信息进行组织和处理后，为用户提供检索服务的系统。为了适应大量出现的内容与形式各异的网站，诞生了综合搜索引擎网站，即提供互联网信息资源检索服务的网站。

搜索引擎是网络时代的免费检索工具。它可以帮助用户从海量的网络信息中查找到所需要的各类信息。搜索引擎不但具备了传统检索工具的基本功能，又超越了其检索方式与检索特征，并节省了大量时间。随着智能手机的普及，搜索引擎使用更加便捷。

目前，部分知名的传统手工检索工具（如 SCI、CA）建立了文献数据库（WoS、SciFinder），并已实现了在线检索。这些在线检索工具的基础是数据库，其优点是功能强大，但需（单位或个人）付费方可使用。目前还出现了基于互联网的新型检索工具。

7.1.2　在线数据库的发展与分类

数据库（Database）是按照数据结构来组织、存储和管理数据的仓库。不同类型的数据库，从最简单的存储各种数据的表格，到能够进行海量数据存储的大型数据库系统，已经被广泛应用。数据库技术是管理信息系统、办公自动化系统、决策支持系统等各类信息系统的核心部分，是进行科学研究和决策管理的重要技术手段。

需要指出的是：绝大多数在线检索工具是在相应数据库基础上开发的，也是数据库的延伸产物，因此，在线检索工具可以归类为数据库。

文献数据库是指计算机可读的、有组织的传统文献与信息的集合。文献数据库起源于二次文献（检索工具）的计算机化编辑与出版。20 世纪 60 年代，为克服因信息爆炸而带来的困难，CAS（化学文摘社）引进计算机技术，将经过整理、加工的文献信息由计算机进行编辑、排版、印刷文摘刊物和各种索引。同时，仍保留计算机中的机器可读的文献信息，作为二次文献编辑出版的副产品，发展成为《化学文摘数据库》。

随着互联网快速发展而出现的网络数据库，使文献数据库资源可通过在线检索。一方面，网络文献数据库可以将传统文献源（包括图书、论文、专利、标准、政府出版物等）记录在网络载体上，并实现远程检索与下载利用。另一方面，网络数据库不但收录传统的文献源，还可以收录基于网络的新型文献源，如科技新闻，软件，各种组织机构、生产销售单位在线资源；不但可以以文字、图形、符号等方式记录，还可以通过声频、视频等方式记录信息资源。网络数据库的商品化是其成熟的重要标志，检索平台增多、检索功能多样化。

由于一些基于检索工具发展起来的数据库提供了全文（文献源）链接，所以，搜索引擎、在线数据库及在线检索工具的功能与形式（检索界面）越来越接近。

化学化工相关网络数据库种类繁多，可以按照内容特征、学科类型、收费方式分类，也可以按照文献源种类分类（表 7-1）。

表 7-1　化学化工相关在线数据库的主要类型

分类方式	数据库主要类型	分类方式	数据库主要类型
按内容特征	检索工具数据库 全文数据库 特色工具数据库	按文献源种类	综合文献数据库
按学科类型	学科综合数据库 学科专业数据库		单一文献数据库（如：图书、论文、专利、标准、产品资料、政府出版物等）
按收费方式	免费数据库 付费数据库		

按照内容特征，数据库或检索工具分为三大类，即检索工具数据库、全文数据库、特色工具数据库。这里，检索工具数据库包括学科综合检索工具数据库与专业（如化学、化工类）检索工具数据库；特色工具数据库主要包括特定检索的内容。

目前，一些数据库可以通过搜索引擎实现免费在线检索。还有许多专业数据库，经过（订购）授权，也可以实现在线检索。

7.1.3　重要在线检索工具与数据库

为了便于读者有一个整体认识与选择，对一些重要化学化工在线检索工具与数据库进行了分类（表 7-2）。主要分为检索工具数据库、全文数据库、特色工具数据库三种类型，其中，检索工具分为综合检索工具、化学专业检索工具。当然，大部分搜索引擎（检索工具）可以免费使用，但大部分专业数据库与全文数据库需要付费（单位或个人）方可使用。

表 7-2　重要在线检索工具与数据库内容特征及内容介绍章节

类型	名称	内容特征【免费或订购范围】	章分布
综合检索工具	百度；Google Bing 学术	中、英文检索工具。可搜到 30% 以上与主题相关的文献线索。都有学术搜索。【免费】	7
	WoS	检索高水平期刊（SCI）与会议论文（CPCI）的摘要及引用情况，WoS 为网络版，提供全文链接。【部分单位订购】	3；7
	EV	EI 摘录全球工程技术领域的文献源，包括期刊、会议、图书、技术报告和学位论文等，EV 为在线检索工具数据库。【部分单位订购】	7
专业检索工具	SciFinder	在线检索工具数据库，收录全世界 98% 以上的化学相关文献（包括论文、图书、专利、科技报告等）及商业信息。【部分单位订购】	8
	Pubmed	生物医学相关文摘数据库。【摘要免费】	7
全文数据库	中国知网（CNKI）	基于网络的数据库，收录以中文为主的论文（期刊、博硕士、会议）全文，及部分专利、标准等多种类型的文献源，提供专业翻译助手。【大部分单位订购】	3；7
	万方；维普	涵盖期刊与会议论文、学术成果、专利、标准、图书，文献共享平台、论文检测系统等。【部分单位订购】	7
	ScienceDirect Wiley 数据库 SpringerLink	世界三大知名科技期刊与图书出版商（Elsevier、Wiley、Springer），为其出版的期刊与图书提供的在线检索工具。【摘要免费；部分单位订购全文】	7
	ACS 数据库 RSC 数据库 期刊数据库	世界知名化学相关学会（如：ACS 美国化学会、RSC 英国皇家化学学会）出版的期刊全文数据库，以及一些知名期刊（如：Nature、Science）的数据库。【摘要免费；部分单位订购全文】	7
	ProQuest	ProQuest 博硕士论文数据库收录欧美 1000 多所大学的逾 200 万篇博、硕士学位论文的题录和摘要	3

续表

类型	名称	内容特征【免费或订购范围】	章分布
全文数据库	数字图书	超星数字图书较早的中文图书全文在线。【大部分单位订购全文】	2
	专利数据库	各国专利局网站,检索下载专利文献全文。【免费】	4
	标准数据库	各国机构网站,专业网站。【免费】	5
特色工具数据库	NIST 化学手册	检索已知化合物的谱图与热动力学数据。【免费】	2;7
	Reaxys 数据库	结构式、化学反应式检索。【免费】	2;7
	溶剂数据库	Murovs 提供多种溶剂理化参数。【免费】	7
	OA 免费资源	OpenAccess 资源;DOAJ;Highwire;Socolar。【免费】	7
	学科数据库	各专业学科相关网络数据库。【检索免费】	7
	政府网站	各国政府网站(如 www.science.gov)。【免费检索】	6
	试剂仪器网站	Sigma-Aldrich 查阅化合物相关数据。【免费】	5

另外,还有一些重要的检索工具,但是目前国内尚未大量使用,如:

(1) Scopus(斯高帕斯) Elsevier(爱思唯尔)旗下的检索工具,收录了来自 5000 多个出版商的 2 万多种科技与医学期刊,以及会议录、专利、科学网页;可直接链接到全文、图书馆资源。Scopus 比 Google 容易使用,针对的是科研人员信息的需求。但属于付费检索工具。

(2) Socolar(www.socolar.com) 中国教育图书进出口公司建设的 OA(Open Access)资源一站式服务平台(搜索引擎),收录全球范围内重要的 OA 资源,是国内首个综合性的开放式资源获取平台。我们可以方便快捷地在学科庞杂的文献中找到所需要的资料。

(3) 期刊数据库 目前,国内外绝大多数高水平期刊都有独立的数据库网站,读者可以直接从相关网站浏览近期与以往发表的论文及摘要信息。如:*Nature*《自然》、*Science*《科学》、《中国科学》、《科学通报》、《化学进展》等。

更多数据库资源的分类与检索,请参阅国内外一些知名图书情报机构,如:清华大学图书馆(https://lib.tsinghua.edu.cn/find/find.html)。

7.2 搜索引擎与免费检索工具

7.2.1 免费搜索引擎与学术检索工具

搜索引擎是在线检索工具的典型代表。目前,许多综合网站与搜索引擎的功能不断拓展,其搜索信息时的方便、快捷性是传统检索工具不可比拟的。检索中、英文信息的典型搜索引擎是百度学术(xueshu.baidu.com)、搜狗学术(scholar.sogou.com);检索英文信息的典型搜索引擎是 Google 学术(谷歌学术)、Bing 学术(微软学术)、Yahoo(雅虎)等。

许多用户虽然经常使用搜索引擎,了解搜索引擎的特点,但经常会忽略一些问题,这里需要进行如下提醒:①习惯一种检索模式,就会忽略更好的检索模式;②了解已有的检索功能,容易忘记开发更新的检索功能。如:大家都知道 Google 有学术搜索,但以为百度没有学术搜索,事实上,2014 年百度学术搜索就出现了。此外,检索一个课题资料时,初次使用的主题词与关键词,并不一定是最合适的词汇,需要阅读百科或相关原文,经过筛选与优化，找到更合适的词汇或词汇组合，这样才能精准或大范围地找到原始文献。

7.2.2　搜索引擎的使用技术

由于常见搜索引擎覆盖的范围越来越广，检索结果有时会过于繁杂。为了得到更准确的内容，必须使用一些技巧，明确搜索目标，选择合适的搜索引擎。如果主题范围狭小，可简单地使用 2～3 个检索词。

检索词之间使用一定的语法，可以提高搜索的精确度。一般而言，不同的搜索引擎的一些语法是通用的，如布尔逻辑运算符"与"（and）（"＋"或"＆"）、"或"（or）（";"）、"非"（not）（"—"）。使用引号组合关键词，可以通过搜索引擎将关键词或关键词的组合作为一个整体在其数据库中进行搜索。当组合操作时，布尔逻辑操作符优先级不同，and 和 not 命令通常在 or 命令前执行。可通过括号［"（"和"）"］改变顺序。

7.2.3　百度学术搜索及其检索实例

百度学术搜索（xueshu.baidu.com）：提供海量中英文文献检索的学术资源搜索平台，收录了包括知网、维普、万方、Elsevier、Springer、Wiley、NCBI 等 120 多万个国内外学术站点，索引了超过 12 亿学术资源页面，建设了包括学术期刊、会议论文、学位论文、专利、图书等在内的 4 亿多篇学术文献，成为全球文献覆盖量最大的学术平台。通过时间、标题、关键字、摘要、作者、出版物、文献类型、被引用次数等细化指标提高检索的精准性。

百度学术数据获取途径有如下 3 种：①题录数据，来自数据商合作、OAI（Open Archives Initiative）、搜索引擎收录；②引文数据；③全文数据，来自数据商合作、学术网站解析、PDF 解析。

（1）百度学术检索功能　包括基本检索、高级检索及分面检索等。

① 基本检索（简单检索功能）　当输入词为某关键词或主题时，搜索结果会综合考虑文献的相关性、权威度、时效性等多维度指标，提供与输入词最相关的多篇文献（图 7-1），并且提供排序、筛选、研究点分析等功能。另外，提供了"免费下载""批量引用""引用""收藏"等拓展功能。

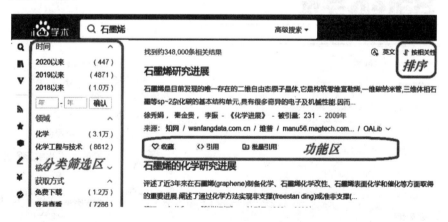

图 7-1　百度学术关键词（主题）检索界面与功能区

当点击某一论文标题或键入特定标题后，搜索结果能够识别并显示特定文献的详情页，该页面具有不同功能区域，如：题录区、下载区、推荐区、引用统计区、研究点分析区等（图 7-2）。

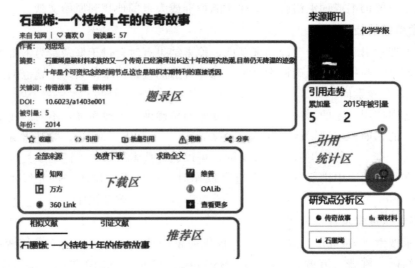

图 7-2　百度学术标题检索结果页面及功能区

接下来，再介绍一个论文写作时有用的功能，即"<>引用"功能，它能复制并粘贴一种已设定好的引用格式，或利用其中一个链接导入到文献管理软件（如：BibTeX、EndNote、RefMan、NoteFirst 或 NoteExpress）中。若用户需要对一批文献进行导出使用，则可使用"批量引用"功能，在文献功能区将文献加入批量引用文件夹，并在文件夹选择所需操作。

② 高级检索可以利用高级语法进行检索（见图 7-3），一是区分"全部检索词"（系统会对检索词做自动分词处理，并用逻辑运算符 and 连接）和"精确检索词"（系统不对检索词做自动分词处理）；二是可以限定标题字段、作者、出版物、发表时间以及语种，所有选项用逻辑运算符 and（与）连接。

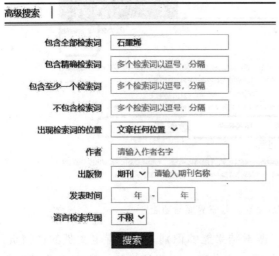

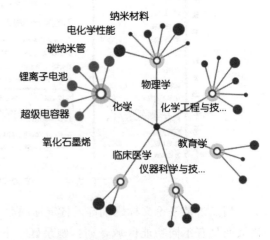

图 7-3　百度学术高级检索功能区　　　　图 7-4　石墨烯相关研究领域及渗透学科

（2）百度学术检索实例　　通过"百度学术"检索相关文献成果，演示如何通过"百度学术"进行给定课题研究现状、研究重点以及发展趋势的分析。这里只给出关键结果，详细过程可观看[演示视频 7-1　百度学术]。

【例 7-1】　采用百度学术搜索对石墨烯研究态势进行分析。

7-1　百度学术

石墨烯（Graphene）是一种由碳原子以 sp^2 杂化轨道组成六角型呈蜂巢晶格的二维碳纳米材料。石墨烯具有优异的光学、电学、力学特性，在材料学、微纳加工、能源、生物医学和药物传递等方面具有重要的应用前景，被认为是一种未来革命性的材料。英国学者用微机械剥离法成功从石墨中分离出石墨烯，因此获得 2010 年诺贝尔物理学奖。接下来采用百度学术搜索对该领域的研究论文进行统计分析。

通过对 2020 年之前的论文进行检索，"石墨烯"至今共有 362000 篇相关论文。论文分布结果显示，石墨烯研究总体呈上升趋势，近年来的关注有所下降，但随着科学研究的发展，测序技术的成熟，近年来有关石墨烯方面的研究正向纵深发展，关于硅柱阵列异质结太阳能电池、石墨烯的研究取得了较大突破。

随着人们对石墨烯研究的不断深入，越来越多与石墨烯相关的研究出现了，形成了庞大的研究网络。人们根据石墨烯高相关性的研究点及其研究走势发现，石墨烯相关研究共涉及 10 个领域，主要分布在氧化石墨烯、复合材料、超级电容器、锂离子电池、电化学以及光催化等领域。随着科学技术的高速发展，学科内部的分支更加精细，从而出现了众多学科分支；此外，学科之间广泛渗透，使得交叉学科层出不穷。石墨烯的跨学科研究已深入到化学、物理学、化工等多个学科（图 7-4），并衍生出多个交叉学科主题。石墨烯研究进程中，大量优秀文献源自中国学者和学术机构，他们推动并引领着学科的发展与进步。

为促进相关领域的深入研究及学术交流，应对核心研究者进行分析和把握。根据结果，石墨烯研究发文量最高作者是杨全红，其发文量为 143 篇。同时，文献被引频率是评价相关学术论文质量和影响力的重要指标，被引频次越高，其学术价值越大。根据分析结果，石墨烯研究发文被引最高的作者是胡耀娟。通过对论文第一作者和通讯作者所在机构进行梳理，2020 年前石墨烯领域发文量排第一的机构为天津大学化工学院；排第二的机构为北京工业大学激光工程研究院。这些机构在石墨烯的研发和应用上发挥了积极的作用。

7.2.4　Google（谷歌）学术搜索

Google Scholar（scholar.google.com，谷歌学术搜索），提供了基本检索界面和高级检索界面，我们可以通过关键词、题名、作者、出版物等途径检索信息，其具有较强的逻辑组配检索功能；提供被引次数链接功能，可以进行引文检索；提供较多的链接功能，方便扩展检索。链接说明如下：①标题，链接到文章摘要或整篇文章（如果可在网上找到）；②引用者，提供引用该组文章的其他论文；③相关文章，查找与本组文章类似的其他论文；④图书馆链接，通过已建立联属关系的图书馆资源找到该项成果的电子版或藏有这项学术成果的图书馆；⑤同组文章，可查找同属这组学术研究成果的其他文章，可能是初始版本，还可能是预印本、摘要、会议论文或其他改写本。

化学化工及相关专业工作者可以利用 Google 进行专业知识与资源、图书的检索，可以查阅中英文对照字典以帮助阅读英文文献。Google 学术搜索提供可广泛搜索学术文献的简便方法，人们可以从一个位置搜索众多学科和资料来源：来自学术著作出版商、专业性社团、各大学及其他学术组织经同行评论的文章、论文、图书、摘要和文章。

7.2.5　其他免费检索工具

百度学术搜索与 Google 学术搜索是当前查找中、英文科技信息的强大检索工具。接下来再介绍几种知名的免费检索工具，它们各具特色。

（1）微软学术搜索（academic. research. microsoft. com）　微软学术服务推出的免费学术搜索引擎，可以帮助用户全面、准确地查找学术论文、国际会议、权威期刊、研究专家及领域等专业学术资源。而为了方便用户使用，微软学术搜索已嵌入必应（Bing）搜索引擎，在必应搜索首页就能找到。必应（Bing）是微软公司于 2009 年推出的全新搜索引擎服务，为用户提供网页、图片、视频、学术、词典、翻译、地图等全球信息搜索服务。

（2）BASE 学术搜索引擎（Bielefeld Academic Search Engine）　又称为比菲尔德学术搜索引擎（www. base-search. net），是基于开源软件建设的具有世界级海量内容的学术搜索引擎之一，专注于学术开放获取网络资源。Bielefeld University Library（比菲尔德大学图书馆）负责 BASE 营运、BASE 采集、标准化和索引化这些数据。BASE 提供来自 6000 多个来源的 1.2 亿多份文件，可以免费访问（Open Access）近 130 万篇大约 60% 的索引文档的完整文本。

（3）科塔学术（www. sciping. com）　国内领先的科研与学术资源导航平台，为科研人员提供科研网站导航、网址库、学术资讯聚合等服务，也为社会公众提供科研活动中涉及的基金项目、创新基地、基础设施、人才荣誉和成果产出等数据统计分析等。

（4）爱学术（www. ixueshu. com）　一家专业的学术文献分享平台，覆盖各个行业期刊论文、学位论文、会议论文、标准、专利等各类学术资源，是国内最大的学术文献交流中心和论文资源免费下载网站。除了论文分享外，还有 PPT 模版、爱图书、论文查重、论文组稿、期刊投稿、知网检测等内容，为科研人员提供科研网站导航、网址库、学术资讯聚合等服务。

（5）ResearchGate（www. researchgate. net）　研究之门，是全球性学术社交平台，被称为"面向科学家的 Facebook"，旨在推动开源科学和实现全球的科学世界连接。其有来自 193 个国家的超过 1600 万注册用户，包括 79 个诺贝尔奖得主在内的相关科研的学者、技术人员、学生及编辑等。科研人员可以关注领域内的"大牛"及其学术网站，获取更多有用的信息，编辑也可以从中寻找潜在的审稿人。ResearchGate 提供研究成果的开放存取，用户可以在网站上公开上传自己的预印本、会议论文、学术报告、研究数据、研究方法等。目前，网站上发布的出版物、问答、研究项目和方法等已超过 1.3 亿。

在 ResearchGate，科研人员可以分享自己的学术研究，下载其他人发布的内容，ResearchGate 还鼓励研究人员分享他们的早期研究，包括原始数据、负面结果以及不受版权保护的预印本；和同事、同行、合作者以及其他领域的专家开展交流与合作；发现对作者研究感兴趣的读者，并追踪论文的统计数据；提出问题，寻求其他学者的帮助，从而解决研究中遇到的难题；通过网站筛选专门针对研究人员的招聘信息以寻找合适的工作；分享正在研究项目的最新进展，了解最新研究动态。此外，ResearchGate 还提供一些小工具，以便于研究人员更好地进行在线交流：Restory 可用于与同事合作编写和编辑文档，Remeet 可用于在线安排会议和电话会议，ReVote 可用于创建关于主题的调查和投票等。该网站还提供了强大的搜索功能，人们可以搜索其内部资源，并获取重要的外部研究数据库，包括 Pubmed、Citeseer、Arxiv、NasaLibrary 等。

7.3　重要检索工具数据库

专门检索化学化工相关信息的重要检索工具数据库有：WoS 数据库、EV 数据库、CA（印刷版、网络版）、Pubmed、Pubchem（网络版）以及 PDB 数据库等。

7.3.1　WoS（Web of Science）数据库

WoS（Web of Science）是在 SCI（Science Citation Index 科学引文索引）基础上开发的综合检索工具数据库（相关信息参阅第 3 章），其收录范围与功能还在拓展中。目前，WoS 归属于 Clarivate Analytics（科睿唯安）（www.clarivate.com.cn）。

（1）WoS 简介　**WoS** 平台所包含的数据库如图 7-5 所示，主要包括 Web of Science Core Collection（WoS 核心集）、Patent & Data Collections（专利与数据集）、Specialty Collections（专业集）、Specialty Hosted Collections（专业托管集）、Regional Citation Databases（区域性的引文数据库）等几类子集。Web of Science Core Collection（WoS 核心集）包括 SCIE、CPCI、SSCI、A&HCI 等子库。这里简单介绍。

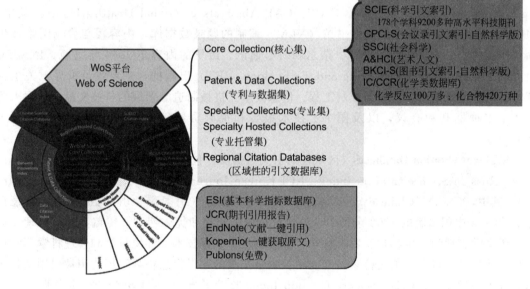

图 7-5　WoS 包含的子数据库

SCIE（Science Citation Index Expanded）是科学引文索引扩展版（包含 SCI），是针对科学期刊文献的多学科索引。它为 178 个学科 9200 多种高水平科技期刊编制了索引，包括从索引文章中收录的所有被引参考文献。

CPCI（Conference Proceedings Citation Index）是会议录（论文）引文索引数据库。CPCI-S 是 WoS 数据库中的自然科学子库。

SSCI（Social Sciences Citation Index）是针对社会科学期刊文献的多学科索引，它为跨 50 个社会科学学科的 1950 多种期刊编制了全面索引；同时为从 3300 多种世界一流科技期刊中单独挑选的相关项目编制了索引。

A&HCI（Arts & Humanities Citation Index）是艺术与人文学引文索引，完整收录了 1160 种世界一流的艺术和人文期刊。同时还为从 6800 多种主要自然科学和社会科学期刊中单独挑选的相关项目编制了索引。

BkCI（Book Citation Index）包括 Book Citation Index-Science（BkCI-S）和 Book Citation Index-Social Sciences & Humanities（BkCI-SSH）。数据来源于自 2005 年至今从全球甄选的 8 万多种学术专著和丛书，记录对图书及其中的章节进行深入标引，充分揭示各章节的被引用情况。

IC/CCR：Current Chemical Reactions（CCR）收录了 1985 年以来的最新化学反应。Index Chemicus（IC）收录了 1993 年以来的化学物质的事实型数据。

Patent & Data Collections（专利与数据集）包括 DII、DCI。其中 DII（Derwent Innovations Index）是世界上最大的专利文献数据库，覆盖约 60 个知识产权组织公开的专利文献。DCI（Data Citation Index）提供了一个访问全球高质量研究数据的入口。

Specialty Collections（专业集）包括 Current Contents Connect、Zoological Record、BIOSIS（BIOSIS Citation Index；BIOSIS Previews；Biological Abstracts）。其中，BIOSIS Previews 收录了大量自 1926 年至今来自期刊、会议、图书、专利的揭示生命科学各领域的研究成果。

Specialty Hosted Collections（专业托管集）包括 MEDLINE、Food Science & Technology Abstracts（FSTA）、CABI：CAB Abstracts & Global Health、Inspec。其中，MEDLINE 是由美国国家医学图书馆（NLM）编制的题录数据库，内容覆盖生物医学和生命科学。内容来源于期刊、报纸、杂志和时事通讯。最早的内容于 1950 年出版。INSPEC 由 The Institution of Engineering and Technology（IET）出版的，主要收录世界上关于物理学、电气电子技术、计算与控制工程、信息技术、机械制造等领域的科技文献。数据来源于 4 千多种期刊和会议，以及图书、技术报告和视频资料等。最早的回溯数据出版于 1898 年。

Regional Citation Databases（区域性的引文数据库）包括 Chinese Science Citation Database、Russian Science Citation Index、KCI Korean Journal Database、SciELO Citation Index。其中，CSCD（Chinese Science Citation Database）（中国科学引文数据库）：收录自 1989 年至今中国出版的 1200 余种中、英文科技核心期刊和优秀期刊，覆盖数学、物理、化学、天文学、地学、生物学、农林科学、医药卫生、工程技术、环境科学和管理科学等学科领域。数据库支持中、英文检索，既能用被收录文献的题录信息检索，还能用被引用文献的著者和来源检索。Russian Science Citation Index 收录了自 2005 年至今 700 多种期刊的文献，源文献语种主要为俄文，但数据库中的记录有英文和俄文对照。用户可以用英文或俄文进行检索。KCI Korean Journal Database 收录逾 2000 种韩国学术期刊。

ESCI（Emerging Sources Citation Index）：展示自 2005 年以来重要的新兴研究成果。为及时反映全球快速增加的科技和学术活动，ESCI 收录数千种尚处于严格评审过程、后期可能进入 BKCI 和 CCR 两个期刊引文数据库的期刊，关注重点为一些区域的重要期刊、新兴研究领域以及交叉学科。因而 ESCI 成为上述 BKCI 和 CCR 期刊引文数据库的有益补充。

除上述数据库外，还有 ESI 和 JCR 等如下数据库或实用工具。

ESI（基本科学指标数据库，Essential Science Indicators）是在汇集和分析 WoS（SCI/SSCI）所收录学术文献及其所引用参考文献的基础上建立起来的一个深层分析评价数据库。它可以系统地、有针对性地分析国际科技文献，并提供对科学家、研究机构、国家/地区和期刊论文排名的数据，探究科研绩效统计和科学/学科发展趋势的数据，并且具有确定学科领域的科研成果和影响力以及分析评价员工、合作者、评审人和竞争对手的能力。

JCR（期刊引用报告）是重要的期刊评价工具，通过对科学引文索引（SCI）和社会科学引文索引（SSCI）的数据进行分析，帮助用户评价、比较各学科期刊的影响力。JCR 分为 Science Edition 和 Social Science Edition 两辑。

InCites（科研评估工具数据库）：是基于 WoS Core Collection 引文数据建立的综合性科研评估工具。主要功能包括：实时跟踪机构的研究产出和影响力，将本机构的研究绩效与其他机构及全球平均水平进行对比，了解和发掘机构内具有学术影响力或具有发展潜力的研究人员，建立评价基准，准确合理地分配研究基金，了解本机构的合作研究状况。

EndNote：WoS 强大的管理文献功能，支持对文献进行归纳和整理，并定制搜索策略，定时将检索结果发到科研人员的邮箱，节省查阅文献的时间。科研人员还可以通过 EndNote Web 边写边引用，自动生成参考文献，从而节约调整文献格式的时间。

Publons（免费）：现已将学术出版物、引用指标、同行评议记录和为学术期刊提供的编辑工作整合在一个易于管理的统一平台，便于研究人员及时跟踪其学术成果及展示个人影响力。

Kopernio（www. kopernio. com）：WoS 提供的全文获取小插件。

更多 WoS 信息请参阅网站（clarivate. com/webofsciencegroup/support/home）的科研人员信息（Highlycited. com）。

（2）WoS 检索指南　WoS 最突出的功能是检索高水平期刊论文，相关检索方法可参见第 3 章。目前，WoS 的"基本检索"提供了中文界面，可直接在输入框中输入主题、标题、作者、出版物名称、出版年、基金资助机构、机构扩展、文献类型等信息，点击"检索"进行检索。"添加行"可以增加输入框的数量。"时间跨度"可以选择所有年份、最近 5 年、自定义年份等进行一定时间范围内的文献检索。在检索过程中，可以选择检索方式、检索字段和限制条件。

【例 7-2】　练习检索近 5 年有关 carbon dots 的文献，具体过程请参见［演示视频 7-2　WoS 检索方法］。接下来，重点介绍"文献库分析"。在 WoS 检索结果（图 7-6）界面，左侧为精炼检索结果功能，中间上侧是排序选项，用户可以按照时间、被引频次、作者、期刊等对检索结果进行排序，默认的排序选项是时间排序，右侧为分析检索结果，还可以创建引文报告。同时，

7-2　WoS
检索方法

WoS 数据库可以提供期刊的分区以及影响因子。在科学研究过程中，科研人员可以通过获取综述性文献来方便、高效地找到信息，从而从宏观上把握国内外在某一研究领域或专题的主要研究成果、前沿问题、研究现状、最新进展、发展前景等内容。

用户可以通过精炼检索结果功能，快速了解该课题的学科、文献类型、作者、机构、国家等信息，通过文献类型选项以及被引频次排序锁定该课题的高质量综述文献。查询文献时，通过统计每篇文章在 WoS 范围内的被引用频次，用户可以在海量的检索结果中直观地看到每一篇论文的被引用情况。用户可以选择对被引频次进行排序，进而简便、快速地从检索结果中锁定高影响力论文。当完成了某项研究之后，研究人员可以利用检索结果分析功能（Analyze），结合科研成果，快速找到最适合其研究领域的期刊以发表论文，从而节约科研人员的投稿时间。

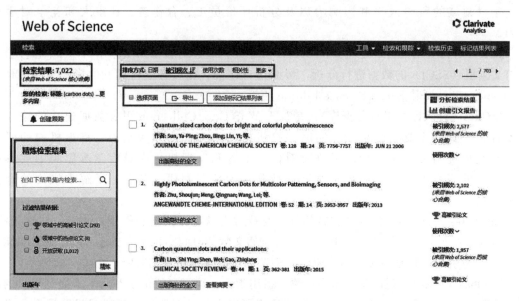

图 7-6　WoS 检索结果界面

7.3.2　EV（Engineering Village）数据库及其检索实例

EI（The Engineering Index，美国《工程索引》）是工程技术领域权威的综合性文献索引系统，由美国工程信息公司（Engineering Information Inc.）编辑出版，涵盖了工程的各个分支学科，数据库资料来自 5100 多种期刊、行业杂志、会议论文集和技术报告，可检索到自 1969 年至今的数据，成为国际通用的文献统计源。EI Compendex Web 是 EI 开发的网络版。

EV（Engineering Village，工程村）（www.elsevier.com/solutions/engineering-village）是基于 EI 开发的有多个数据库支持的综合工程信息检索平台。收录文献内容涉及工程技术的所有学科，其中化工和工艺类的期刊文献最多，约占 15%。国内部分高校与科研院所已经订购了其使用权。

EV 检索平台界面提供三种检索方式，即：Quick Search（快速检索）、Expert Search（专家检索）和 Thesaurus Search（叙词检索）（图 7-7）。

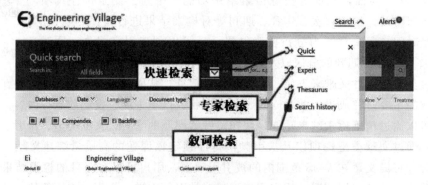

图 7-7　EV 数据库检索平台界面

（1）Quick Search（快速检索）　通过单一检索框，默认对篇名、作者、出处、主题词、摘要等字段进行全字段统一检索，即 Allfields 检索。同时还支持对单一字段进行检索，包括主题/标题/摘要（Subject/Title/Abstract）、作者（Author）、作者单位（Author affiliation）等。

【例 7-3】　使用"二氧化碳共聚"（首先转换为正确英文表达：carbon dioxide copolymerization）这一词组，通过 Quick Search 可以找到 EI 收录的 1049 篇文献（图 7-8），默认为按相关性（Relevance，右上角）排序。并提供预览（Preview）和全文链接（Full Text），具体实例参见［演示视频 7-3　EV 检索实例］。

7-3　EV 检索
实例

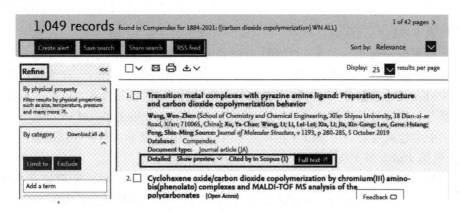

图 7-8　EV 数据库检索界面

另外，EV 也提供精细的二次检索，利用左侧 Refine 的 Limit to（限定）或 Exclude（排除）功能，对文献库进行 Author、Author affiliation、Country、Document type、Year 等字段的二次精炼。

（2）Expert search（专家检索）　使用命令行方式进行文本检索，使熟悉该领域和专业的用户能更快速且准确地得到所需的信息。专家检索中有一独立的检索框，以书写格式"｛检索词组｝wn 检索字段代码"进行检索，其中 wn 指"within"命令，字段代码是将检索限定在特定的字段内进行。用户既可用单一字段进行检索，也可以通过逻辑运算符对多个字段进行组合检索。

可独立检索的字段及代码见表 7-3。常见检索命令与逻辑运算符（含义）如下：wn（within 命令）：将检索限定在特定字段内；AND，检索结果中必须出现所有的检索词；OR，检索结果中出现任一检索词；NOT，检索结果中不出现 NOT 后的检索词；括弧，对检索词进行分组，确定优先执行顺序。

表 7-3　Expert search 可独立检索字段代码与含义

检索字段代码：英文含义【中文】	检索字段代码：英文含义【中文】
AB：Abstract【摘要】	DT：Document type【文献类型】
AN：Accession number【序列号】	BN：ISBN【国际标准刊号（图书）】
AU：Author【作者】	SN：ISSN【国际标准刊号（期刊）】
AF：Author affiliation【作者单位】	LA：Language【语言】
CL：Classification code【分类号】	PN：Publisher【出版社】
CN：Coden【期刊代码】	KY：Subject/Title/Abstract【主题/标题名/摘要】
CC：Conference code【会议代码】	TI：Title【标题】
CF：Conference information【会议信息】	TR：Treatment type【论文类型】
CV：Controlled term【EI 受控词】	FL：Uncontrolled term【自由词】

检索字段代码:英文含义【中文】	检索字段代码:英文含义【中文】
TS:Topic【主题】	SG:Suborganization【子组织】
MH:EI main heading【EI 主题词】	SA:Street Address【街道名】
GP:Group Author【团体作者】	CI:City【城市】
SO:Source【来源刊名】	PS:Province/State【省/州】
AD:Address【作者单位】	CU:Country【国家】
OG:Organization【组织】	ZP:Zip/Postal Code【邮编】

常用检索字段【含义】检索目的为：①All Fields【所有字段】，将从表 7-3 中所有字段中检索，执行此检索时不必加 wn ALL 代码；②Subject/Title/Abstract【主题/标题/摘要】，将在摘要、题目、EI main heading（EI 主标题词）、Uncontrolled terms（自由词）等字段中检索；③Author【作者】，EI 引用的作者姓名为原文中所使用的名字。姓在前，接着是逗号，然后是名。作者名可用截词符（＊）截断；④EI Controlled Term【EI 受控词】，EI 受控词表是一个主题词列表，用来以专业和规范的形式描述文献的内容；⑤Document type【文献类型】，根据文献类型来检索文献。

【例 7-4】 检索与 Smith 有关的自主导航或雷达方面的文献时，可用如下检索格式：Smith wn AU and（"autonomous navigation" or radar ＊）。检索北京大学在 2012 年有关石墨烯方面的期刊论文，可用如下检索格式："Peking University" wn AF and graphene wn KY and 2012 wn YR and JA wn DT。

（3）Thesaurus Search（叙词检索） 当我们使用主题词检索时，常发现会面临短语或术语拼写不同的问题，如：colour 和 color，defence 和 defense，atomisation 和 atomization。缩略词也常带来歧义，如 PC 可能是 microcomputers，也可能是 printed circuits，甚至是 programmable controllers。有限元分析 finite element analysis 和场发射阵列 field emitter arrays 的缩写均为 FEA。专业术语的表达方式在不同文献之间也有不同，如红外的表达就有 infrared、infra red、infra-red 或 IR 等。这些情况均使得检索结果不精确，漏检率高。

叙词检索可以帮助识别控制词，查找同义词和相关词以及使用推荐的窄义词修正检索策略，有 Search（搜索）、Exact Term（精确术语）、Browse（浏览）三种选择（如图 7-9）。其中，Search 显示包含要检索词汇的控制词术语，主要指 Broader Term（上位词）、Narrower Term（下位词）和 Related Term（相关词）三种情况，可判断被检索词在叙词表中的正确表达方式。

【例 7-5】 检索 solar cell（太阳能电池），将检索到上位词有 Direct energy converters（直接能量转换器）、Solar equipment（太阳能设备）；相关词有 Conversion efficiency（转换效率）、Electric batteries（电池）、Electric power generation（发电）、Photovoltaic cells（光伏电池）等；下位词有 Cadmium sulfide solar cells（硫化镉太阳能电池）、Dye-sensitized solar cells（染料敏化太阳能电池）等。Exact Term 用以判断输入词是否为叙词表中的词。Browse 利用叙词及 EI 分类号限定可从主题而不是从自由词的角度定位文献，可以提高文献的查准率。

7.3.3 SciFinder 检索工具数据库

CA 美国《化学文摘》作为化学相关领域最为宏大且方便使用的检索工具，最早借助计算机、网络开发出最先进的检索方式。目前，已经升级为 SciFinder（科学搜索器）。

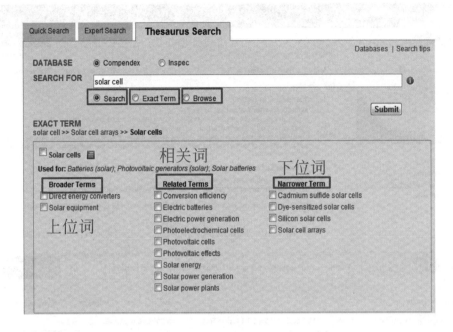

图 7-9　EV 数据库检索界面

由于 SciFinder 检索方式先进、使用方便、检索内容全面，已成为化学、生命和医学科学研究领域中不可或缺的参考和研究工具。

SciFinder 具体内容将在第 8 章详细介绍。

7.3.4　PubMed、PubChem 及其检索实例

（1）PubMed 检索工具数据库及其使用实例　　PubMed（医学出版物）是生物医学领域使用最多的免费摘要数据库，由美国国家医学图书馆（NLM）所属国家生物技术信息中心（NCBI）开发，提供世界范围内生物医学方面的论文搜寻。其数据库来源为 MEDLINE、生命科学期刊和在线书籍等 3000 多万份文献数据。其核心主题为医学，同时包含了大量化学相关信息。PubMed 界面提供与综合分子生物学数据库的链接，如：DNA 与蛋白质序列、基因图数据、3D 蛋白质构象、人类孟德尔遗传在线，也包含与提供期刊全文出版商网址的链接等。

PubMed（www.ncbi.nlm.nih.gov/pubmed）有 Search（快速检索）和 Advanced（高级检索）两种检索模式。

【例 7-6】　以"Vitamin C"（维生素 C，抗坏血酸）为关键词，举例说明如何使用 PubMed，详细方法请参见［演示视频 7-4　PubMed 检索实例］。

首先打开 PubMed 快速检索（www.ncbi.nlm.nih.gov/pubmed），在检索框中输入"Vitamin C"，点击 Search 后得到 6 万多条消息源（图 7-10）。检索界面中有许多相关信息，可通过多种方式筛选，如：年代、时间、是否为综述、是否为全文等。进一步缩小范围，检索与伤口愈合（wound healing）相关的 Vitamin C 信息，使用 AND（逻辑算符），即："Vitamin C AND wound healing"，然后点击 Search，结果减少到 500 多条消息源。点击第 2 条，看到摘要与信息出处（图 7-11），点击右上角"Full Text"给出的链接可以直接打开全文。

7-4　PubMed
检索实例

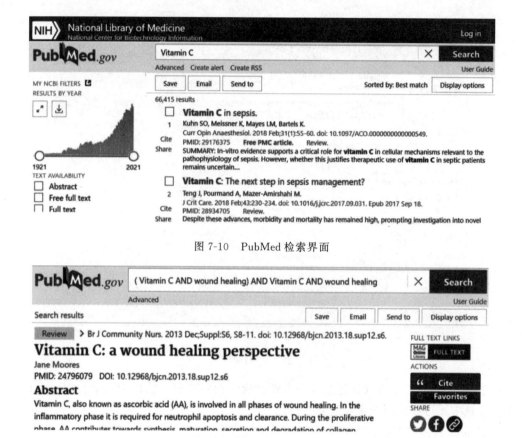

图 7-10　PubMed 检索界面

图 7-11　PubMed 单篇文献详细信息页面

其次，使用 Advanced（高级检索），在 PubMed 检索框下方点击"Advanced"进入高级检索界面（pubmed. ncbi. nlm. nih. gov/advanced）。选择范围、逻辑算符，如将"Vitamin C"限定在 Title（标题），"wound healing"限定在 Title/Abstract（标题/摘要），二者关系是 AND。点击"Search"就可检索到 53 篇信息源，此范围大幅度缩小。

为提高检索效率，以最短时间获得所需文章，以下几个技巧可供参考：①明确关键词；②通过布尔逻辑检索提高检索效率，在检索框中键入布尔逻辑运算符（AND、OR 或 NOT）；③点击检索界面的"Limits"按键，通过限定 DATES、STUDY GROUP 等，精炼检索范围。

（2）PubChem 及其检索实例　PubChem（化学出版物）是专门查询小分子结构与生物活性的搜索引擎，由美国国家生物技术信息中心（NCBI）维护，有上百万组化学结构和相关数据，可免费由 FTP 下载。

PubChem 是一个化学结构相似性的快速搜寻工具，提供多种符合化学研究者需求的贴心搜索功能（如：化学结构、名称片段、化学式、分子量、油水分配系数、氢键给体和受体数等），还可在线绘制结构或片段来进行搜寻，并有 CID、SMILES、InChI 系统输入和输出所有常用化学档案格式。因此，它是 SciFinder 的最大竞争对手。

PubChem 是由 NCBI 的 Entrez 信息检索系统内三个相互链接的数据库组成：①PubChem Compound，可利用名称、同义词或关键词来检索独特的化学结构，并提供与每一种化合物有关的生物特征信息链接；②PubChem Substance，可利用名称、同义词或关键词来检索所收录的化学物质数据，并提供有关生物特征信息和收录者网站地址；
③PubChem BioAssay，利用源自生物测定描述的术语检索生物测定记录，并提供有关活性
复合物和生物测定的链接，包含生物活性数据。

【例 7-7】　继续以"Vitamin C"为例，说明 PubChem 检索过程。

首先进入 PubChem 网站（pubchem. ncbi. nlm. nih. gov），键入"Vitamin C"后搜索，
检索出大量结果（图 7-12），该网站提供了不同的筛选方式。检索界面第 1 个是系统推荐的
最佳结果，点击后得到 Vitamin C 详细信息界面（图 7-13），其不但提供结构信息，而且提
供生物医学及制造、农业等多领域信息。

需要提醒的是：通过药物名称，检索较为容易，但是通过化合物名称，有时候不能直接
得到结果，此时需要更换检索词。

图 7-12　PubChem 数据库检索界面

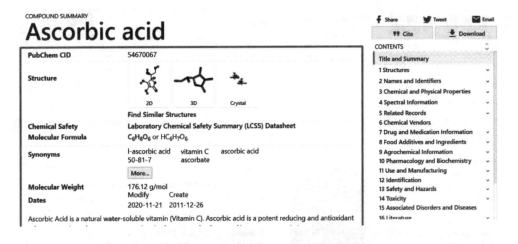

图 7-13　PubChem 数据库检索"抗坏血酸"获得的结果页面

7.3.5　PDB（蛋白质数据银行）及其检索实例

PDB（Protein Data Bank，蛋白质数据银行）收录了生物大分子（包括蛋白质、核酸及
复合组装体）的三维结构信息。用户可直接查询、调用和观察库中所收录任何大分子的三维

结构。自 1971 年建立以来，PDB 发展迅速，目前已有 17 万条生物大分子信息。PDB 主要由生物大分子三维结构信息组成，其具有以下几种功能：能够查找与下载目的蛋白质的结构及相关信息，进行结构的简单分析；与 Internet 上的其他一些数据库，如 GDB、GenBank、SWISS-PROT、PIR 等链接。

目前，有多个网站提供 PDB 入口，如：the Research Collaboratory for Structural Bioinformatics（RCSB）PDB（www.rcsb.org/pdb），Worldwide PDB（www.wwpdb.org）。

PDB 可通过关键词或 PDB 标识符等进行查询。在序列分析中，PDB 主要应用于蛋白质结构预测和结构同源性比较。

PDB 数据库支持以下多种检索方式。①基本检索：当输入主题词时，还会在搜索栏下面的下拉菜单中看到建议，查看仅匹配该特定属性的结果。②高级搜索：通过广泛的结构属性指定值来构造复杂的布尔逻辑运算。任何查询及其结果都可以通过从"Refinements"面板中选择额外的条件来进一步精炼。③序列检索：使用 mmseqs2 方法搜索蛋白质和核酸序列，在 PDB 中寻找相似的蛋白质或核酸链。

【例 7-8】 以血红蛋白（Hemoglobin）为例，举例说明 PDB 检索方法。

首先，进入 PDB 主页（www.rcsb.org/pdb），在主界面输入"Hemoglobin"，检索结果如图 7-14 所示。我们可按照左侧来源生物的学名（Scientific Name of Source Organism）、分类学（Taxonomy）、实验方法（Experimental Method）、大分子实体类型（Polymer Entity Type）、精化分辨率（Refinement Resolution）、发布时间（Release Date）、酶分类名称（Enzyme Classification Name）、膜蛋白名称（Membrane Protein Name）以及对称类型（Symmetry Type）等进行二次精炼。

其次，选择"1SI4"（人血红蛋白 A2）晶体结构 ［图 7-14(b)］，查看该蛋白质的详细结构信息，包括名称、数据来源、实验数据快照等。蛋白质的结构数据提供多种下载格式。既可以在线预览 3D 结构，也可以下载保存至本地，还可以局部放大 ［图 7-14(c)］。

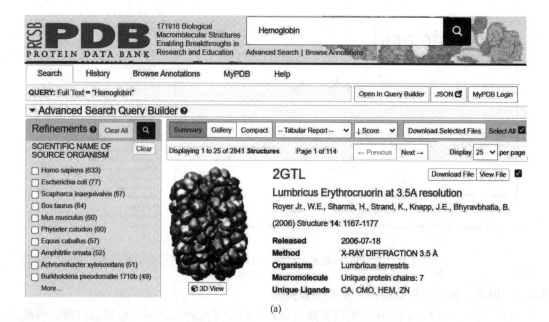

(a)

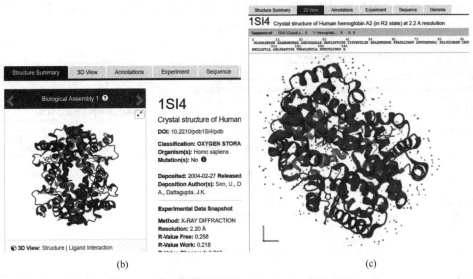

图 7-14 PDB 数据库检索 Hemoglobin 结果页面

7.3.6 ChemSpider 数据库及其检索实例

ChemSpider（www.chemspider.com）是一个免费的化学结构式与文献数据库，是将化学结构式与其相关信息整合在一起的数据库。可通过文本和结构对 6800 多万个结构、特性和来自数百个数据源（包括期刊、专利等）信息进行搜索访问。

ChemSpider 为化学相关用户免费提供很多理论与实验数据，包括光谱、熔点、沸点等物理性质及各商业、学术数据库对该化合物的收载情况等。对于从事药化研究或药物设计的人来说，可以依据靶点来检索化合物。

ChemSpider 数据库（图 7-15）的主要功能如下：可以根据化学名称来检索，包括系统名称、同义词、商业名称及数据库标识符；根据化学结构来检索，包括创建结构查询；在网页上绘制结构查询；查找参考数据，包括参考文献查询、物理特性查询、交互式光谱查询及化学品供应商查询。

图 7-15 ChemSpider 数据库检索信息界面

【例 7-9】 以二氧化碳（CO_2，carbon dioxide）为例，举例说明 ChemSpider 数据库的检索方法。

进入 ChemSpider 数据库首页（www.chemspider.com），在主页面输入"carbon dioxide"，检索结果如图 7-16 所示。

7.3.7 Chemistry Index 数据库

Chemistry Index 数据库（kirste.userpage.fu-berlin.de/chemistry/index_en.html）是由德国柏林自由大学（Freie Universität Berlin）创立的检索生物、化学及药学等学科在线期刊与图书馆目录的信息服务网站。包括 Online journals for chemistry and biochemistry（German only）（化学与生物化学在线期刊，仅德语）、Library portal PRIMO of FU Berlin (literature search)（柏林富城图书馆门户网站，文献检索），以及 Chemie. DE：a Chemistry Internet Information Service（化学因特网信息服务）。

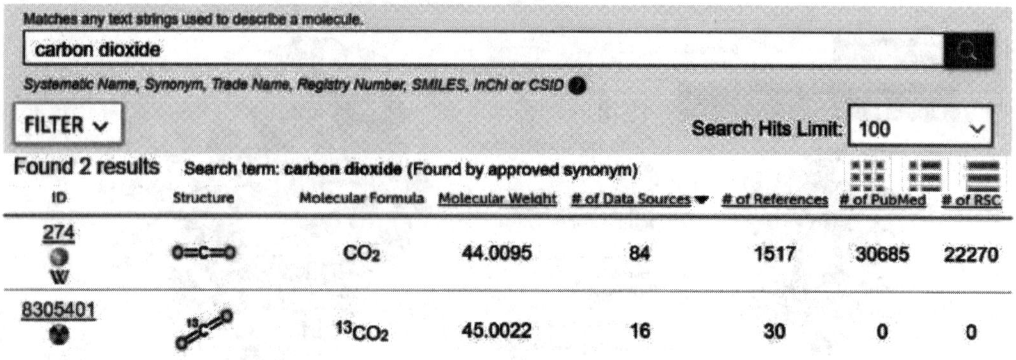

图 7-16　ChemSpider 数据库检索结果界面

其中，Chemie. DE：a Chemistry Internet Information Service（化学因特网信息服务）包含 General chemistry（普通化学）；Biochemistry（生物化学）；Organic chemistry，polymers（有机化学，聚合物）；Chemicals（化学品）；Safety（安全）；Magnetic Resonance (NMR，EPR)（核磁共振）；Mass Spectrometry（质谱）；Molecular Modeling and Visualization（分子建模与可视化）；Data Bases（数据库）；Miscellaneous chemistry software（杂项化学软件）；Short biographies of some chemists（一些化学家的短片传记）；Chemistry world-wide（化学世界）；Selected Chemistry Pages（化学选页）；FUB CHEMnet exclusively（FUB 化学网）。

7.4　重要全文数据库

国际科学研究领域，检索高水平学术论文（第 3 章）的检索工具为 SCI，目前已升级更新为 WoS 数据库。在工程技术领域，检索高水平成果的检索工具为 EV 数据库。国内检索期刊论文、学位论文等学术成果的数据库为中国知网。国际上有多个大型出版社，其中 Elsevier、Wiley、Springerr、ACS、RSC 出版社与化学化工学科密切相关。

接下来，对可在线使用的几种重要全文数据库进行介绍。

7.4.1　中国知网（CNKI）数据库

中国知网（www.cnki.net）即中国期刊网，是我国自主开发数字图书馆技术，建成的世界上全文信息量规模最大的 CNKI 数字图书馆。所有用户都可免费阅读文摘。目前，国内大多数单位都购买了其网络使用权，高校，科研、企事业单位的科研工作者可以免费使用。数据库包括学术期刊、学位论文、会议论文、国家科技成果、专利全文等多个数据库，是目前中文成果检索的最权威数据库。通过知网检索科技论文的方法已经在第 3 章中进行了介绍。接下来进行拓展介绍。

① 目前，知网提供三种方式阅读或下载全文，即 CAJ 全文浏览或下载、PDF 全文浏览或下载，以及网页浏览。使用 CAJ 或 PDF 格式浏览时，需要下载相应的全文浏览器。这些浏览器可以免费下载。

② 知网不仅提供科技论文（期刊论文、会议论文、博硕士学位论文）的检索与全文下

载，还提供其他诸多类型的科技信息源，如专利、标准、工具书、科技报告、政府出版物、成果等，并提供了"知识元检索"和"引文检索"。此外还有功能强大的 CNKI 词典。

【例 7-10】 以"碳点"为例，介绍 CNKI 数据库的拓展功能。

首先，进入中国知网（www.cnki.net）网页，此时可看到多种文献源，可根据需要选择所需要的文献（如期刊、博硕士论文等）以及文献分类（基础科学、工程科技等），检索词条可自由选择范围（全文、主题、篇名等）。选择"主题"，输入"碳点"，可以选择"文献"进行检索。

检索结果（图 7-17）按照"相关度、发表时间、被引、下载"排序。此外还可以对在检索结果进行精炼（缩小范围），如：更换文献源（如博硕士论文、专利、标准等）；也可以选择结构、作者等。

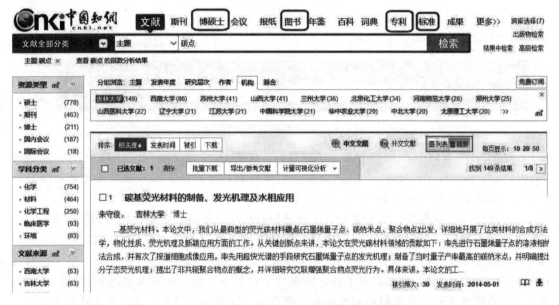

图 7-17 中国知网（CNKI）数据库拓展功能

③ CNKI 翻译助手（dict.cnki.net）：以 CNKI 总库所有文献数据为依据，不仅提供英汉词语、短语的翻译检索（图 7-18），还可以提供句子的翻译检索。已知所有的词典都有其时代局限性，但 CNKI 翻译助手不同于一般的英汉互译工具，它借助最新科技论文中的中文摘要，不但对翻译需求中的每个词给出准确翻译和解释，还给出大量与翻译请求在结构上相似、内容上相关的例句，方便人们参考后得到最恰当的翻译结果。这对于专业词汇的翻译很有帮助。

7.4.2 万方、维普数据库

（1）万方数据库 由万方数据公司开发，目前已陆续推出五个检索利用平台，不仅为用户提供对信息的检索、对深度层次信息的分析，而且能够为用户确定技术创新和投资方向提供决策。其包括如下网络数据库。

万方数据知识服务平台（www.wanfangdata.com.cn）：涵盖期刊、学位论文、学术会议论文、专利、标准、图书等资源（图 7-19）。其收录包括理、工、农、医、人文五大类、70 多个类目、共 7600 多种科技期刊。其中外文文献包括外文期刊论文和外文会议论文。

除与化学化工相关的万方数据知识服务平台外，还有针对企业、政府、科研院所等单位研发的中国学术搜索网（企业知识服务平台）（www.sciinfo.cn）；专门针对中小学教学应用

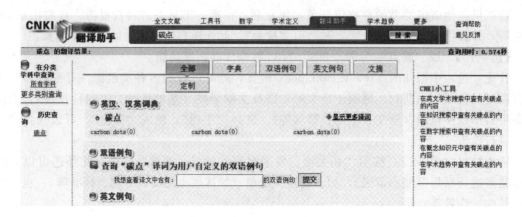

图 7-18　CNKI 翻译助手

图 7-19　万方数据知识服务平台

的中小学数字图书馆（基础教育事业部）（edu. wanfangdata. com. cn）；以及万方医学网（med. wanfangdata. com. cn）；包含天文学、地球科学、环境科学三大学科的地球与环境产品中心（万方视频）（video. wanfangdata. com. cn）。

（2）维普网络数据库　重庆维普资讯有限公司产品，包括《中文科技期刊数据库》、《中文科技期刊数据库（引文版）》、《中文科技期刊评价报告》、《外文科技期刊数据库》、中国基础教育信息服务平台、维普-Google 学术搜索平台、《中国科学指标数据库》、《中国科技经济新闻数据库》、维普考试服务平台、图书馆学科服务平台、文献共享服务平台、维普期刊资源整合服务平台、维普机构知识服务管理系统、文献共享平台、维普论文检测系统等。

维普网络数据库主页如图 7-20 所示。收录有中文期刊 1.2 万多种、外文期刊 6000 余种、报纸 1000 余种，相应平台还提供信息的检索下载、深度分析和处理，已成为我国图书情报、教育机构、科研院所等系统获取资料的重要来源。

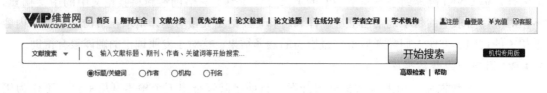

图 7-20　维普网络数据库

7. 4. 3　ScienceDirect（SD）全文数据库

Elsevier（爱思唯尔）是世界上最大的科技出版集团，总部位于荷兰，合并了包括 Pergamon、Academic Press 等出版社的产品，旗下有 ScienceDirect、Scopus、Scirus、Embase、Engineering Village、Compendex、Cell Press 等多个检索工具和数据库。Science-Direct 数据库（简称 SD）是世界著名的科学文献全文数据库之一，包含超过 2500 多种由Elsevier 所出版的期刊。目前，国内大部分高校与科研机构征订了 SD 数据库，单位所属用户可以免费使用。

　　SD 全文数据库资源主要涉及四大学科领域，即自然科学与工程、生命科学、医学/健康科学、社会科学与人文科学，收录超过全世界 $\frac{1}{4}$ 的相关文献，涵盖 24 个学科。

　　【例 7-11】　举例说明 SD 数据库的使用方法，检索关键词为：Chitosan 与 polymer materials，以期检索 SD 数据库中有关壳聚糖（Chitosan）与高分子材料（polymer materials）相关的研究论文。使用实例详细过程可观看［演示视频 7-5　SD 全文数据库］。

　　首先，进入本单位的 ScienceDirect 数据库网页（www. sciencedirect. com），单击 "Advanced Search" 进入高级检索，在 Title，abstract orauthor-speci fied keywords 处键入 "Chitosan AND polymer materials"，进一步筛选年代（2010—2020）［图 7-21(a)］、Articles ［图 7-21(b)］，然后点击 Search，得到检索结果 ［图 7-21(c)］，共有 1 千多条结果。

7-5　SD 全文
数据库

　　进一步缩小检索结果范围。如果看到哪条信息有价值，可以下载 PDF 全文，也可以浏览摘要、图文摘要，这里点击第 3 条，其标题为 "Chitosan-based biodegradable functional films for food packaging applications" 进入该论文（发表在 Innovative Food Science & Emerging Technologies，2020，62，102346）全文界面 ［图 7-21(d)］。滑动鼠标，我们就可以浏览全文，或者下载全文 PDF 文件。

7.4.4　Wiley、Springer 数据库

　　（1）Wiley Online Library（onlinelibrary. wiley. com）（Wiley 全文数据库）　John Wiley & Sons Inc. （约翰威立父子出版公司）是一家全球性的印刷和电子产品出版商，创立于 1807 年，是世界第二大期刊（自然科学、工程技术、生命科学和医学领域）出版商，出版期刊、百科全书（工具书）、实验室操作指南以及其他参考资料。目前出版超过 1500 种期刊，拥有众多国际权威学会会刊和推荐出版物，例如：*Angewandte Chemie*（德国《应用化学》）、*Advanced Materials*《先进材料》、*Advanced Synthesis & Catalysis*《先进合成和催化》等，大多数被 SCI、EI 和 SSCI 收录

　　Wiley Online Library 提供在线检索出版期刊、图书等功能，浏览出版物时可以按照英文名或主题内容查找，同时系统也提供简单检索、高级检索以及检索结果的后处理等功能。

　　（2）SpringerLink（link. springer. com）（Springer 全文数据库）　全球知名的在线科学、技术和医学（STM）领域学术资源平台，是 Springer-Verlag（德国施普林格）出版集团研发的在线全文电子期刊数据库。收录多学科全文电子期刊与图书。

　　Springer 的电子图书数据库包括各种 Springer 图书产品，如专著、教科书、手册、地图集、参考工具书、丛书等。SpringerLink 在 2009 年就已经出版超过 3 万余种的在线电子图书，提供包括化学和材料科学、生物医学和生命科学、工程学、医学在内的 12 个分学科子库。

7.4.5　各国化学会出版社的全文数据库

　　（1）ACS Publications（pubs. acs. org）全文数据库　American Chemical Society（ACS，美国化学会）的在线数据库。ACS 是世界上最知名的科技学会，其出版的化学及相关学科期刊具有很高的质量，其期刊被 Journal Citation Report（JCR）评为 "化学领域中被引用次数最多的化学期刊"。ACS 出版的期刊内容涵盖了 24 个主要的化学研究领域，包括生化研究方法、药物化学、有机化学、科学训练、普通化学、环境化学、材料学、燃料与能

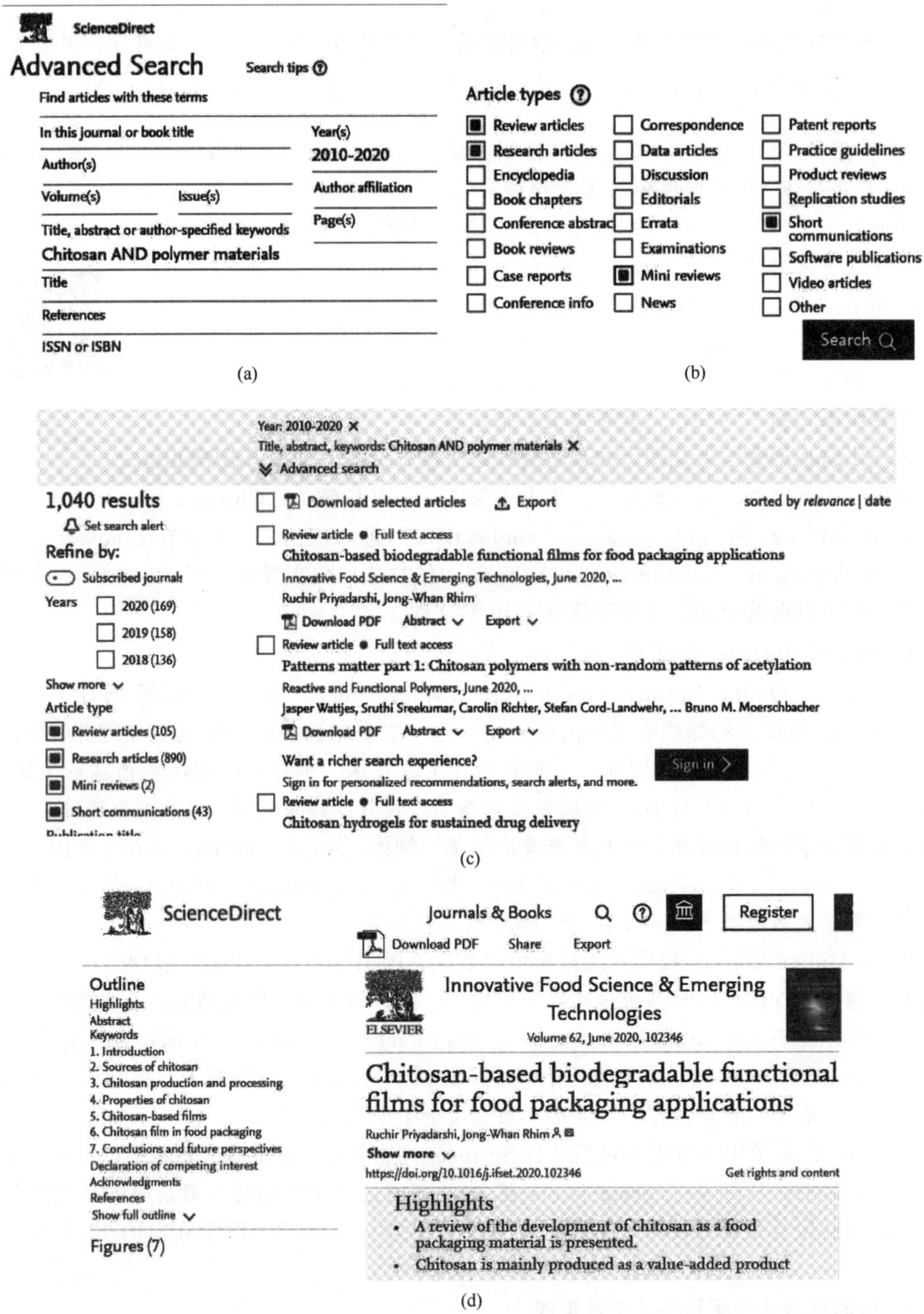

ScienceDirect

Advanced Search　　Search tips ⑦

Find articles with these terms

In this journal or book title

Author(s)

Volume(s)　　Issue(s)

Title, abstract or author-specified keywords
Chitosan AND polymer materials

Title

References

ISSN or ISBN

Year(s)
2010-2020

Author affiliation

Page(s)

(a)

Article types ⑦

☑ Review articles　　☐ Correspondence　　☐ Patent reports
☑ Research articles　☐ Data articles　　　☐ Practice guidelines
☐ Encyclopedia　　　☐ Discussion　　　　☐ Product reviews
☐ Book chapters　　 ☐ Editorials　　　　 ☐ Replication studies
☐ Conference abstrac☐ Errata　　　　　　☑ Short communications
☐ Book reviews　　　☐ Examinations　　　☐ Software publications
☐ Case reports　　　☑ Mini reviews　　　☐ Video articles
☐ Conference info　　☐ News　　　　　　☐ Other

Search Q

(b)

Year: 2010-2020 ✕
Title, abstract, keywords: Chitosan AND polymer materials ✕
❯❯ Advanced search

1,040 results　　☐ 📄 Download selected articles　⬆ Export　　sorted by *relevance | date*

🔔 Set search alert

Refine by:
⊙ Subscribed journals

Years　☐ 2020 (169)
　　　☐ 2019 (158)
　　　☐ 2018 (136)
Show more ⌄

Article type
☑ Review articles (105)
☑ Research articles (890)
☑ Mini reviews (2)
☑ Short communications (43)
Publication title

☐ Review article ● Full text access
Chitosan-based biodegradable functional films for food packaging applications
Innovative Food Science & Emerging Technologies, June 2020, ...
Ruchir Priyadarshi, Jong-Whan Rhim
📄 Download PDF　Abstract ⌄　Export ⌄

☐ Review article ● Full text access
Patterns matter part 1: Chitosan polymers with non-random patterns of acetylation
Reactive and Functional Polymers, June 2020, ...
Jasper Wattjes, Sruthi Sreekumar, Carolin Richter, Stefan Cord-Landwehr, ... Bruno M. Moerschbacher
📄 Download PDF　Abstract ⌄　Export ⌄

Want a richer search experience?
Sign in for personalized recommendations, search alerts, and more.　　Sign in ❯

☐ Review article ● Full text access
Chitosan hydrogels for sustained drug delivery

(c)

ScienceDirect　　Journals & Books　Q　⑦　🏛　Register
📄 Download PDF　Share　Export

Outline
Highlights
Abstract
Keywords
1. Introduction
2. Sources of chitosan
3. Chitosan production and processing
4. Properties of chitosan
5. Chitosan-based films
6. Chitosan film in food packaging
7. Conclusions and future perspectives
Declaration of competing interest
Acknowledgments
References
Show full outline ⌄

Figures (7)

Innovative Food Science & Emerging Technologies
Volume 62, June 2020, 102346

ELSEVIER

Chitosan-based biodegradable functional films for food packaging applications
Ruchir Priyadarshi, Jong-Whan Rhim 👤 ✉
Show more ⌄
https://doi.org/10.1016/j.ifset.2020.102346　　Get rights and content

Highlights
- A review of the development of chitosan as a food packaging material is presented.
- Chitosan is mainly produced as a value-added product

(d)

图 7-21　SD 数据库中全文检索与浏览过程

源、植物学、毒物学、食品科学、药理与制药学、物理化学、环境工程学、工程化学、微生物应用生物科技、应用化学、分子生物化学、分析化学、聚合物、无机与原子能化学、资料系统电脑化学、学科应用和农业学。ACS 目前出版的期刊有 40 余种，其中多种期刊已成为相关领域的顶级期刊，例如：*Journal of the American Chemical Society*（化学综合方面）、

Chemical Reviews（化学综述方面）、*Analytical Chemistry*（分析化学方面）、*Inorganic Chemistry*（无机化学方面）、*Macromolecules*（高分子化学方面）、*Journal of Agricultural and Food Chemistry*（农业和食品化学方面）、*Industrial & Engineering Chemistry Research*（化学工程方面）、*Journal of Medicinal Chemistry*（药用化学方面）等。另外，ACS Symposium Series 数据库还提供高质量化学化工类书籍。

　　ACS Publications 数据库有浏览与检索功能。进入 ACS Publications 主页，就可以通过 Browse Publications 浏览 ACS 出版物（图 7-22），看到 ACS 的所有期刊和杂志名称。能顺序浏览论文，也能看到该杂志 Just Accepted Manuscript（刚接收文章）、Articles ASAP（在线文章）、Most Read（高阅读文章）。点击所需要文章条目下的 Abstract，能看到该文章的摘要，点击 HTML 或 PDF 能分别以 HTML 或 PDF 两种形式查看全文。

图 7-22　ACS Publications 数据库检索界面

　　在 ACS 数据库检索界面，可以在 Search 栏中输入 Publications（出版商）、Title（标题）、Author（作者）、Dois（数字目标标识符）、Keywords（关键词）等字段进行论文的快速检索，也可以使用 Citation（引用检索）来检索。此外，在关键词经快速检索后出现的文献结果页面中，还可以选择 Advanced Options（高级检索选项）来实现内容的更精确检索。

　　【例 7-12】　以"optical fiber sensor 或 film sensor"为检索关键词，举例说明 ACS 数据库的使用方法，详细过程可观看［演示视频 7-6　ACS 数据库的使用实例］。

7-6　ACS 数据库的使用实例

　　（2）RSC Publishing（www.rsc.org）全文数据库　Royal Society of Chemistry（RSC，英国皇家化学学会）是一个国际权威的学术机构，是化学信息的一个主要传播机构和出版商。RSC Publishing 是 RSC 旗下的非营利出版单位，出版了许多在化学领域具有相当权威及核心的期刊、资料库、杂志及书籍。

　　RSC 出版的期刊均被 SCI 收录，其中影响因子（IF）高于 5.0 的期刊达 43%。涉及化学化工、食品加工、制药、能源与环境、生命科学、材料等领域。RSC 目前提供 60 余种期刊、杂志和年报等定期出版物，具有代表性的刊物包括：综合化学（*Chemical Communications*、*Chemical Science*、*Chemical Society Reviews*）、食品科学（*Food & Function*、*Analytical Methods*、*Soft Matters*）、制药与生物化学（*MedChemComm*、*Natural Product Report*、*Molecular Biosystems*）、材料科学（*Biomaterials Science*、*CrystEngComm*、

Journal of Materials Chemistry）、生命科学（*Integrative Biology*、*Photochemical & PhotobiologicalSciences*、*Metallomics*）等。

RSC 数据库检索功能与 ScienceDirect 和 ACS 相似。

7.5 特色在线工具数据库

特色网络数据库主要集中在特定方面信息内容的收录，读者可以根据自己的检索目的选择查询。

7.5.1 NIST Chemistry WebBook

NIST Chemistry WebBook（webbook. nist. gov/chemistry）是对美国国家标准与技术研究院（NIST）汇集数据进行访问的一个入口。可在线访问 NIST 标准参考数据计划所编辑和发布的全部数据。现阶段 NIST Chemistry WebBook 提供免费查找。

其内容包括 4000 多种有机和无机化合物的热化学数据、1300 多个反应的反应热、5000 多种化合物的红外光谱、8000 多种化合物的质谱、12000 多种化合物离子能量数据。我们可通过名称、分子式、CAS 登录号、分子量、电离能或光子亲和力来查找化合物的各类数据。

7.5.2 Reaxys 数据库

Reaxys 数据库（www. reaxys. com）是一个全新的辅助化学研发的在线解决方案，它将著名的 CrossFire Beilstein、Gmelin、Patent Chemistry 数据库进行整合。目前归 Elsevier 所属，需要付费使用，相关介绍参见网页（www. elsevier. com/zh-cn/solutions/reaxys）。

7.5.3 SWISS-MODEL 数据库

SWISS-MODEL 数据库是一个蛋白质 3D 结构数据库，库中收录的蛋白质结构都是对 Swiss-Prot 数据库和其他相关模式生物数据库中的序列进行自动同源建模分析（homology-modelling）之后得来的。建立 SWISS-MODEL 数据库的主要目的就是为了给全世界的科研工作者提供一个最新的蛋白质 3D 注释结构信息平台。SWISS-MODEL 数据库保持定期更新，保证了收录数据的全面性和准确性。同时，它允许用户对数据库中的模型质量进行评价，允许用户搜索另一种可变模板结构（alternative template structures），用户还可以使用 SWISS-MODEL 工作平台构建模型。对结构模型的注释信息包括功能信息以及与其他数据库的交叉链接，这些数据库包括 PSI Structural Genomics Knowledge Base 下的 Protein Model Portal。通过这些链接，用户可以在蛋白质序列数据库和结构数据库之间自由切换。

7.5.4 Organic Chemistry Portal

Organic Chemistry Portal（有机化学门户）免费提供有机化学相关反应与专题、重要的化学试剂。不但给出基本的反应原理、保护基，而且提供相应反应的实例（论文结果），便于读者查找与利用。

7.5.5 氨基酸数据库

氨基酸数据库（www. chemie. fu-berlin. de/chemistry/bio/amino-acids _ en. html）由德国柏林自由大学（Freie Universität Berlin）化学与生物化学研究所建立并维护，提供 20 种氨基酸的结构式和 3D 模拟结构以及相关数据。

互联网还有不同类型的特色根据数据库，如：溶剂数据库 Murovs（Properties of Solvents Used in Organic Chemistry，murov. info/orgsolvents. htm），汇编了 1000 多种有机物

的沸点、熔点、密度、溶解度及折射率等数据。

需要提醒大家的是，大部分特色在线工具数据库是可以免费使用的，为我们提供便利。但缺点是变化较快。例如：因被大型商业公司收购，变更为收费数据库，或者因为经费困难而很少更新或者关闭。这就需要关注最新出现的具有相同功能的一些免费数据库。

7.6　在线检索工具与数据库的使用策略

基于目前大量在线检索工具与数据库在信息获取中的重要性，实际使用过程中我们应熟悉其收录内容和应用特点，根据自己的检索目的和检索环境，综合考虑，有效利用。

7.6.1　在线检索工具及数据库的选择

在线检索工具与数据库逐步增多，为我们查找科技消息源提供了多种途径。但是数据库差异较大，专业数据库的检索范围仅限于本专业数据库收录内容，而综合数据库或者在线检索工具检索内容比较全面。因此，选择适当的检索平台很重要。举例如下。

首先是检索内容的熟悉程度，如果不熟悉，应该先考虑通过常用的百度、谷歌等搜索引擎检索、了解检索内容，包括其名称、学科分类、应用等，为后面的检索做准备。

其次是检索目的，要明确检索是为了全面了解，还是追踪最新进展，还是调研其在某个领域的应用等。明确检索目的，再根据检索内容，结合网络数据库及在线检索工具的收录内容和特点，从而确定获取相应检索内容应该选择的检索平台。例如，想要知道一种新型化合物或材料是否有前人合成过，或者有哪些合成技术、哪些性能与应用，这时候就应该使用SciFinder进行全面详细的检索，如果只是想了解国内的研究现状，就可以使用中国知网进行检索。

最后，由于很多网络数据库全文的获取收费，因此，若以详细了解和全文下载为目的，应该考虑自己实际所处的检索环境。付费的数据库可以看到相应信息的摘要。

7.6.2　检索方法选择

确定选择相应的网络数据库及在线检索工具后，具体检索的实施应该考虑检索方法，从而提高检索效率。目前专业数据库和综合数据库都提供收录内容的浏览功能及检索平台，首先要了解两种方法的优缺点。

浏览功能：网络文献数据库一般都具有图书、期刊等信息资源的浏览功能，其主要是基于数据库对于所收录信息资源的分类。为了有效介绍收录信息资源，数据库一般都按照一定的方式分类，可以是学科分类，或者信息资源英文名称首字母排序分类等。读者可以根据自己的兴趣，按照数据库的分类，检索浏览相应的信息资源。浏览功能有利于读者了解该数据库收录的信息资源，定期、全面浏览专题资源，系统掌握相应信息资源。但是，基于学科交叉和跨学科应用等方面的研究内容难以全面检索。

专题检索：主要是利用数据库的检索平台，通过相应检索界面的功能菜单实现，是数据库目前主要的检索方式。数据库检索平台一般提供简单检索（Search）和高级检索（Advanced Search），能够实施关键词、作者、题目、期刊名等检索。优点在于操作简单，检索速度快，但是要求读者明确检索内容。

7.6.3　检索结果总结与利用

目前在线检索工具与数据库都提供了检索结果的处理功能，包括检索结果的精炼、分析和统计、下载、保存和追踪等，有效利用检索结果的处理功能将全面了解检索信息。对于检索结果的精炼可以分为检索结果的扩大和缩小，其中扩大功能是为了更全面了解检索内容，包括交叉学科领域；缩小功能是为了更准确了解检索内容，直接找到所需信息。对于检索结果的分析和统计，是为了更深入了解检索结果，以实施检索结果的分类，按照不同的分类，明确检索内容的研究方向、发展过程、应用领域、研究者及单位分布等，便于读者深入掌握检索内容的相关信息。

在线检索工具与数据库可以提供检索结果的下载和保存，全文的下载可以是直接下载，也可以通过文献管理软件实施。但是要注意，一般专业数据库直接提供全文下载，而综合数据库和在线检索工具主要提供全文下载链接。对于检索历史的保存和检索结果的追踪，一般需要读者在数据库页面注册建立账号，通过账号管理和电子邮箱提醒获取。

▶▶ 练习题 ◀◀

1. 说明化学化工相关网络数据库主要类型。
2. 介绍几种化学化工重要的专业网络数据库及其特点。
3. Elsevier（爱思唯尔）出版集团有哪些检索工具？
4. 分析 Web of Science 数据库的用途。
5. EV 数据库有何特点？
6. 简单介绍几种有机化学专业的特色在线检索工具。

▶▶ 实践练习题 ◀◀

1. 选择本单位订购的化学化工相关网络数据库，通过检索实践，说明该数据库可以检索哪些文献源。
2. 以"角蛋白"为检索关键词，通过在线检索工具检索近期有关"角蛋白材料"的研究成果，并记录检索过程。
3. 使用 EV 数据库、ACS 或 RSC 数据库，检索近 5 年来"二氧化碳聚合"的相关研究成果。
4. 在 PubMed 中检索新型冠状病毒（COVID-19 或 SARS-CoV-2）的相关生物医药文献。
5. 在 PubChem 中查找三聚氰胺（melamine）的毒理学性能。
6. 在 PDB 中检索并下载细胞色素 P-450 分子结构的信息。

第8章 SciFinder 数据库

导语

基于美国《化学文摘》（CA）开发的SciFinder（科学搜索器）在线检索工具数据库，是全世界化学化工及其相关科技信息数据量最完备的检索工具，所收录的文献源有论文、专利、图书、科技报告等多种类型。其检索方式具有化学专业特色，如结构检索、分子式检索、主题检索等多种检索方式。本章在简单介绍CA的基础上，主要介绍SciFinder及其使用方法，以便读者利用该工具快速准确地获得化学化工信息。

关键词

SciFinder；检索工具数据库；化学文摘；CAS登录号；索引体系；结构式搜索

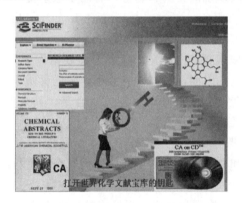

在印刷版时代，*Chemical Abstract*（CA，《化学文摘》）因收录最为广泛，检索体系最为完备，从而自称为"打开世界化学文献宝库的钥匙"。CA 一直借助最新技术与载体（如缩微胶片、光盘、网络）开发新产品。SciFinder（科学搜索器）就是以文摘为核心的在线检索工具数据库，提供全球最权威、最全面的化学及相关学科文献、物质和反应信息；涵盖化学及相关领域（如化学、生物医药、材料、工程、农学、物理等）多学科、跨学科的科技信息，几乎覆盖了这些领域 98％的科技文献（期刊与会议论文、专利、科技报告和图书）。因此，学会使用 SciFinder，有助于我们从海量的化学信息源中快速准确地找到目标信息。

8.1 从 CA 到 SciFinder

CA 由 American Chemical Society（ACS，美国化学会）旗下的 Chemical Abstracts Service（CAS，化学文摘社，位于俄亥俄州首府哥伦布市）编辑出版。CA 创刊于 1907 年，前身是美国 1895—1901 年出版的 *Review of American Chemical Research*《美国化学研究

评论》和 1867—1906 年间出版的 *Journal of the American Chemical Society*《美国化学会杂志》中的文摘部分。

　　CA 不断拓展内容与形式，如：1969 年兼并具有 140 年历史的 *Chemisches Zentralblatt*《德国化学文摘》（1830 年创刊）；最早借助缩微技术、电子技术与互联网技术开发新产品，如缩微版、磁盘版、光盘版及在线数据库。1966 年创建了计算机可读取数据库，1977 年提供光盘检索系统（CA on CD）。光盘版 CA 结构基本上与印刷版相同，如"普通主题""高级检索""化学物质""分子式"等几个主要检索入口的检索结果与印刷版完全相同。

　　1995 年 CAS 开发的 SciFinder，是基于 CA 开发的用于搜索化学及其相关科学领域信息的在线检索工具数据库。2008 年发布了 SciFinder 网页版（印刷版 CA 同时停刊），实现了 CA 及相关数据库资源的在线检索。

8.1.1　CAS 开发的重要检索工具与数据库

　　CAS（化学文摘社）作为美国化学会的分支机构（www.cas.org），秉承"运用化学的力量改善人们的生活"的愿景。有化学化工学科专业背景的 CAS 团队成员，鉴别、收集和整合所有公开的化学信息，并从阅读的文献中提取、整理和关联有价值的详细内容，创建了全世界最大的化学信息数据库，并为科技与商业工作者提供一些针对性的解决方案，有助于他们发现那些单靠技术无法发现的见解和趋势，有助于探索发现和推动创新。

　　CAS 开发了多种产品与服务（www.cas.org/zh-hans/products），接下来，简单介绍几个重要检索工具与数据库：

　　（1）SciFinder（科学搜索器）　化学类检索工具数据库中最具化学专业特色的关联引擎，可以缩短人们查找文献的时间，提高研究效率，降低科研成本。

　　（2）Formulus　拥有世界最大的制剂（配方）合集，其来源涵盖期刊、专利及产品资料，并包含详尽的供应商规范和监管资源。

　　（3）STN　可用于检索全球已公开的科学技术研究信息。支持整合式检索，可对全球最新、最全面的公开专利和非专利以及科学和技术内容合集进行综合访问，为关键的商业决策提供信息支撑。

　　（4）MethodsNow　用于检索和对比最新发表的科学方法，提供分步讲解，使方法可直接应用到实验室中，涵盖药理学、高效液相色谱、食品分析、天然产物分离分析和水分析等领域。其可解决如下问题：大多数科学研究以实验室中使用的实验和分析技术的详细描述为基础，在文献中查找这些方法非常耗时。

　　（5）NCIGlobal　提供全球范围内几十万种受监管化合物的最新管控信息，可通过 CAS 登录号、化学名称等进行检索。其收录近 150 份国际监管库存目录和清单。

　　（6）PatentPak　提供来自全球 31 个主要专利局的 1000 多万个可检索全文专利。CAS 的编辑已经为重要的化学信息添加了注释，用户可以直接点击相关的化合物；在交互式专利化学查看器中查看带注释的专利，快速查找最重要的信息。

　　上述数据库在单位或个人付费订购后方可使用。另外，CAS 还提供了可自定义检索的官方研究服务 Science IP，在准确、专业、全面的全球资源合集中提取精确、可行的答案，有助于作出业务决策，当然，这也是有偿服务。

8.1.2　CA 与 SciFinder 的特点

　　（1）CA 的特点　CA 是纸质版中收录化学化工文献最为广泛的检索工具，其有如下特点。

① 收录面广：CA 摘录 98％的世界化学文献，收录化学、化工及相关学科（如：生物医学、农业、冶金、轻工业等）领域的文献；摘录 150 多个国家和地区 50 多种文字的近 1.5 万多种期刊论文、30 多国的专利说明书，以及多国的技术报告、会议论文、学位论文、政府报告及图书等。CA 不报道的内容有：化工经济、市场、化工产品目录、广告、化工新闻消息。

② 检索途径多：若从名称分类，CA 先后出过 10 种索引，它通过各种渠道检索所需文献；若从时间划分，有期索引、卷索引及累积索引，检索时间大为缩短。

③ 报道迅速：CA 为周刊，原始文章在刊物上发表 3～4 个月之内，CA 上即可有报道。美国国内最快一周即可报道。目前，CA 升级版——网络版 SciFinder 已经被广泛使用。

④ 忠于原文：CA 摘录内容为原始文献的缩影，不另作评价。当然，相关专业领域博士或硕士学位的 CA 团队成员，能够发现并改正原文中的明显错误。

⑤ 出版形式多样化：CA 除了书本检索工具外，还有磁带、缩微胶卷与缩微平片。另外，从 1976 年起出版《化学文摘选辑》（*CA Selects*），至 1986 年已发展到 164 个专题文摘。这些选辑都是双周刊，内容选自 CA 中有关该专题的全部文摘和目录情报。

（2）SciFinder 的特点　SciFinder 数据库秉承了上述 CA 的主要特点，并增加了如下功能或特点。

① 结构式检索：利用计算机能够绘制化合物结构式的优点，SciFinder 可以进行结构式的精确与模糊检索。

② CHEMCATS（化学品供应商数据库）：集成在 SciFinder 中，为数百家供应商的数百万种可购买化学品提供经过验证的可用数量、价格以及供应商联系信息。其是检索可商业购买的化学品及其全球供应商信息的市场领先检索工具。

③ ChemZent：对德语原文进行全面翻译并以数字化形式发布，将 SciFinder 的检索时间范围回溯扩展至 1830 年。其为研究人员获取化学历史研究资料提供了便利。

SciFinder 数据库每天更新，为科研人员提供了最新的科研进展信息。

8.1.3　CA 主题内容的分类

CA 以化学主题内容为依据进行分类。创刊时分为 30 类，从 1982 年起改成 80 类，包含 5 部分（Sections）中。接下来，将这 5 大部分 80 类的名称（中英文）进行罗列，以便读者了解化学及其相关学科主要研究的领域。

Section 1：Biochemistry Sections（生物化学部分）包括如下 20 类：①Pharmacology（药理学）；②Mammalian Hormones（哺乳动物激素）；③Biochemical Genetics（生物化学遗传学）；④Toxicology（毒理学）；⑤Agrochemical Bioregulators（农业化学生物调节剂）；⑥General Biochemistry（普通生物化学）；⑦Enzymes（酶）；⑧Radiation Biochemistry（放射生物化学）；⑨Biochemical Methods（生物化学方法）；⑩Microbial，Algal and Fungal Biochemistry（微生物、藻类及真菌生物化学）；⑪Plant Biochemistry（植物生物化学）；⑫Nonmammalian Biochemistry（非哺乳动物生物化学）；⑬Mammalian Biochemistry（哺乳动物生物化学）；⑭Mammalian Pathological Biochemistry（哺乳动物病理生物化学）；⑮Immunochemistry（免疫化学）；⑯Fermentation and Bioindustrial Chemistry（发酵和生物工业化学）；⑰Food and Feed Chemistry（食品和饲料化学）；⑱Animal Nutrition（动物营养学）；⑲Fertilizers，Soils and Plant Nutrition（肥料、土壤与植物营养学）；⑳History，Education and Documentation（历史、教育及文献学）。

Section 2：Organic Chemistry Sections（有机化学部分）包括如下 14 类：㉑General Organic Chemistry（普通有机化学）；㉒Physical Organic Chemistry（物理有机化学）；㉓Aliphatic Compounds（脂肪族化合物）；㉔Alicyclic Compounds（脂环族化合物）；㉕Benzene，Its Derivatives and Condensed Benzenoid Compounds（苯及其衍生物和稠环化合物）；㉖Biomolecules and Their Synthetic Analogs（活质分子及其合成类似物）；㉗Heterocyclic Compounds（One Hetero Atom）［杂环化合物（一个杂原子）］；㉘Heterocyclic Compounds（More Than One Hetero Atom）［杂环化合物（多杂原子）］；㉙Organometallic and Organometalloidal Compounds（有机金属与有机准金属化合物）；㉚Terpenes and Terpenoids（萜烯与萜类化合物）；㉛Alkaloids（生物碱）；㉜Steroids（甾族化合物）；㉝Carbohydrates（碳水化合物）；㉞Amino Acids，Peptides and Proteins（氨基酸、肽和蛋白质）。

Section 3：Macromolecular Chemistry Sections（高分子化学部分）：包括如下 12 类：㉟Chemistry of Synthetic High Polymers（合成高聚物化学）；㊱Physical Properties of Synthetic High Polymers（合成高聚物的物理性质）；㊲Plastics Manufacture and Processing（塑料制造及加工）；㊳Plastics Fabrication and Uses（塑料制品及用途）；㊴Synthetic Elastomers and Natural Rubber（合成弹性体与天然橡胶）；㊵Textiles and Fibers（纺织品及纤维）；㊶Dyes，Organic Pigments，Fluorescent Brighteners and Photographic Sensitizers（染料、有机颜料、荧光光亮剂及照相敏化剂）；㊷Coatings，Inks and Related Products（涂料、油墨及有关产品）；㊸Cellulose，Lignin，Paper and Other Wood Products（纤维素、木质素、纸及其他木制产品）；㊹Industrial Carbohydrates（工业碳水化合物）；㊺Industrial Organic Chemicals，Leather，Fats and Waxes（工业有机化学品、皮革、脂肪及蜡）；㊻Surface-Active Agents and Detergents（表面活性剂与洗涤剂）。

Section 4：Applied Chemistry and Chemical Engineering Sections（应化与化工部分）包括如下 18 类：㊼Apparatus and Plant Equipment（仪器和工厂设备）；㊽Unit Operations and Processes（单元操作和工艺过程）；㊾Industrial Inorganic Chemicals（工业无机化学品）；㊿Propellants and Explosives（推进剂和炸药）；51 Fossil Fuels，Derivatives and Related Products（矿物燃料、衍生物及有关产品）；52 Electrochemical，Radiational and Thermal EnergyTechnology（电化学能、辐射能和热能技术）；53 Mineralogical and Geological Chemistry（矿物和地质化学）；54 Extractive Metallurgy（萃取冶金学）；55 Ferrous Metals and Alloys［黑色（铁类）金属及合金］；56 Nonferrous Metals and Alloys（有色金属及合金）；57 Ceramics（陶瓷）；58 Cement，Concrete and Related Building Materials（水泥、混凝土和有关建筑材料）；59 Air Pollution and Industrial Hygiene（空气污染和工业卫生）；60 Waste Treatment and Disposal（废物处理与处置）；61 Water（水）；62 Essential Oils and Cosmetics（香精油和化妆品）；63 Pharmaceuticals（药物）；64 Pharmaceuticals Analysis（药物分析）。

Section 5：Physical，Inorganic and Analytical Chemistry Sections（物化、无机及分析化学部分）包括如下 16 类：65 General Physical Chemistry（普通物理化学）；66 Surface Chemistry and Colloids（表面化学与胶体）；67 Catalysis，Reaction Kinetics and Inorganic Reaction Mechanisms（催化、反应动力学和无机反应机理）；68 Phase Equilibriums，Chemical Equilibriums and Solutions（相平衡、化学平衡和溶液）；69 Thermodynamics，Thermochemistry and Thermal Properties（热力学、热化学和热性质）；70 Nuclear Phenomena

（核现象）；⑦Nuclear Technology（核技术）；⑦Electrochemistry（电化学）；⑦Optical，Electron and Mass Spectroscopy and Other Related Properties（光谱、电子光谱、质谱及其他有关性质）；⑦Radiation Chemistry，Photochemistry and Photographic and Other Reprographic Processes（辐射化学、光化学、照相和其他复制过程）；⑦Crystallography and Liquid Crystals（结晶学与液晶）；⑦Electric Phenomena（电现象）；⑦Magnetic Phenomena（磁现象）；⑦Inorganic Chemicals and Reactions（无机化学制品及反应）；⑦Inorganic Analytical Chemistry（无机分析化学）；⑧Organic Analytical Chemistry（有机分析化学）。

8.1.4　CA 著录格式

CA 对于各种文献源的著录格式大致相同，主要包括："卷号：文摘号＋字母""标题（粗体）""作者（单位）""出处（文种）""文摘正文"等几部分。其中，文摘号后的字母为计算机核对字母，便于查找文摘位置。计算机核对字母是由卷号和文摘号按公式计算出来的，核对字母只与前面的文摘号有关，与文摘内容无关。

当然，有些位置因文献源不同，使用特定标志进行区别。接下来举例说明。

（1）期刊论文、会议与学位论文、图书及科技报告的著录格式　期刊论文（Serial-Publications Abstract Heading）的特定标志是刊名及卷号和期号。CA 期刊论文的著录格式参见图 8-1。

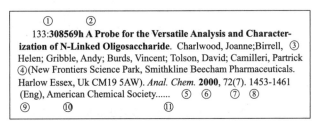

图 8-1　期刊论文的 CA 著录格式

著录格式说明如下。①卷号＋文摘号＋核对字母：卷号后的文摘号以黑体字表示，全卷连续编号。②论文题目（各文种均译成英文）。③作者姓名（全名），姓前名后。有数位作者合著时，每一人名之间用分号隔开，按原文顺序排。如果人数太多，加"et al"。④作者单位及地址：姓名后括号中的单位及地址为第一作者的单位及地址。⑤刊物名称：用斜体字印刷，缩略词采自"List of Serial Title Word Abbreviations"（缩写表）。有关期刊刊名、参考本、收藏图书馆及刊名变更等情况可参见化学文摘社源索引（CSAAI）。⑥出版年份，用黑体字印刷。⑦卷号（期号）：卷号后括弧中为期号。⑧论文起-止页码。⑨原始文献的语种，放在括弧内。⑩出版商。⑪摘要正文（这里省略）。

CA 会议录和汇编（Proceedings and Edited）的特定标志是"Proc."（Proceeding：会议录）、"Inst."（Institute：学会）、"Symp."（Symposium：讨论会）、"Conf."（Conference：会议）等。学位论文（Dissertation）的特定标志是"Diss"。CA 中所包括的学位论文来自《国际学位论文摘要》（*International Dissertation Abstracts*）的文献目录。新书及视听资料（New Book and Audio-Visual Material Announcement）包括科技新书、教材、手册、影片、录音带及其他资料和实习资料。其识别著录种类的特定标志是总页数"pp."及出版国货币价格。电子预印版（Electronic Preprint）特定标记为：预印集名、preprint、网

页上张贴时间、网页所有者名称、网址及预印号。

技术报告（Technical Reports）著录格式与期刊论文相似，如系已制定系列的部分内容时，题目用缩略的斜体字印刷；如不属部分内容时，用斜体"*Report*"印刷。

（2）专利文献与科技报告的著录格式　专利文献（Patent Document）在 CA 文摘中的著录格式见图 8-2。相关说明如下。①卷号＋文摘号＋核对字母。②专利题目：经 CA 加工的原始专利文件题目。⑥专利出版日期。⑧专利页数，包括未注明页码题目页、插图在内的总页数。⑮被授予专利权的单位、个人或发明者名称。⑯发明者（单位）与国别。⑰国际标准化组织（ISO）规定的专利国代号，该专利类别的代号及特定专利文献号。⑱专利分类号，位于专利号后的括号内。美国专利在本国分类号后还列出国际专利分类号。⑲优先权国家的代号。无优先权国家代号时，表示国内申请。⑳专利申请号，前面以"Appl"表示。有优先权国家时，也列入该国代号及申请号。㉑专利申请日期。㉒国内有相关内容的法定参考专利号或申请号。

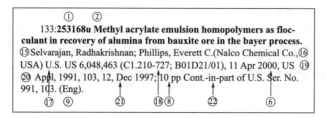

图 8-2　专利文献的 CA 著录格式

8.1.5　CA 索引类型与检索途径

CA 各种索引为文献检索提供了极大便利。常见各种索引及其出版情况见表 8-1。

表 8-1　常见 CA 索引及其出版情况

项目	期（或卷/累积）索引（出版年）
关键词索引（KI）	期索引（1963—）
作者索引（AI）	期索引（1949—）；卷索引、累计索引（1907—）
分子式索引（FI）	卷索引（1920—）；累计索引（1947—）
专利索引（PI）	期索引（1958—）；卷索引、累计索引（1935—）
主题索引	卷索引（1907—）；累计索引（1907—）
环系索引	卷索引（1916—）；累计索引（1957—）
杂原子索引	卷索引、累计索引（1967—1971）
索引指南	卷索引、累计索引（1968—）
登记号索引	卷索引（1969—）
资料来源索引	卷索引（1920—）；累计索引（1970）
母体化合物手册	

CA 在每一期后都附索引（Index），称为期索引，期索引包括关键词索引（Keywords Index，KI）、作者索引（A 或 AI）、专利索引（P 或 PI）。其中，关键词索引为每期文摘后面的索引之一。关键词可选自文摘标题、文摘内容或原始文献。专利索引（PI）最初是专利号索引、专利对照索引。

CA 为每卷提供索引，即卷索引，每 10 卷提供累积索引，有作者索引、分子式索引（F 或 FI）、专利索引（专利对照索引、专利号索引）、主题索引（普通主题索引 GS、化学物质索引 CS）、环系索引（Index of Ring System）、杂原子索引、索引指南（Index Guide）等，还有登记号索引（Registry Number Index，登记号手册）、资料来源索引、母体化合物手册等。

接下来简单介绍几种索引。

（1）作者索引（Author Index）　包括各个作者的姓名、合作者的姓名、专利申请人的姓名、专利权人姓名。在第一作者的名下列出所有合作者的姓名。用相互参照（Cross-reference）可以从合作者查第一作者。作者索引中作者姓名的拼写按照他们在文章发表时的拼写。但是读者要考虑作者因出版物要求而拼写不同的可能。

编排特点：在论文中署名时，署名方法可能有所不同。但在 CA 编制索引时，规定姓放在前面，按姓的英文字母次序排列。姓与名之间必须加逗号。在英文论文中，西方人的姓名著录格式是先名后姓（表 8-2），如：Keith John Smith。姓（Surname，Last name）也称为家族的名字（Family name），一般在正式场合或尊称时用。如 Mr. Smith, Prof. Smith。熟悉的人之间往往直呼其名（First Name），如同学或同事就称 Keith，而不称 Mr. Smith。Middle Name 通常是教名，一般情况下不告诉别人。

表 8-2　西方人姓名"Keith John Smith"结构与排列次序

姓名	西文含义(中文含义)		论文著作署名	CA 索引排列
Keith	First Name(名；第一个名字)	名全缩写	K. J. Smith	Smith，K. J.
John	Middle Name(教名；第二个名字)	教名缩写	Keith J. Smith	Smith，Keith J.
Smith	Last Name(Family Name) 姓(家族的姓)	全称	Keith John Smith	Smith，KeithJohn

在期刊发表论文时，部分期刊要求前两个名字缩写，部分期刊要求第一个名字写全，第二个名字（教名）缩写。少数情况下要求第一个和第二个名字都写全。所以在查找某一作者的文献时，要考虑到所有的可能。

作者索引（期索引、卷索引）的著录格式如图 8-3 所示：作者姓名用粗体字印刷，姓放在前面（用逗号隔开），后面跟第一个名字（First Name）和第二个名字（Middle Name，如果有的话）的缩写，如：Smith，Arthur B。对于多位作者，提供相互参照。只在第一作者的名下列出文章题目、文摘号等信息，其他作者名下参照第一作者。一些主要规则如下。

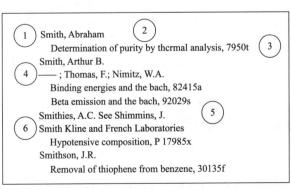

图 8-3　CA 作者索引著录格式

当原文是非英语语种时，根据原文特点转换为英文。例如：在把两个字符（如"ae"和"oe"）印成一个字符（"æ"和"œ"）时，把它们分成两个字符。作者姓名中有德文"ä""ö"和"ü"时，可将它们简单表示为"a""o"和"u"，或者直译为"ae""oe"和"ue"。

原文为汉字的中国大陆作者姓名用汉语拼音，其他地区（中国台湾、中国香港和新加坡等）华人作者采用威吉制（Wade-Gille）音译。原文为日语的日本姓名用黑本式（Hepburn）对译。

（2）普通主题索引（GS）与化学物质索引（CS）　主题索引（Subject Index）是 CA 10 多种索引中篇幅最多、应用最广的一类。自 76 卷，主题索引分为普通主题索引（General Subject Index，GS，包括概念性主题和化学物质类）及化学物质索引（Chemical Sub Stance Index，CS）两种。普通主题索引包括所有不适合特定化学物质的主题词。如：某一类化学物质、组成不完全明确的物质与材料、物理化学概念和现象、反应、工业化学和化学工程的装置和过程、生物化学和生物学、动植物俗名和科学名称等。化学物质索引收录所有具体化学物质的主题词，它们是由化学文摘社（CAS）登录系统予以登记的。对于每一种具体化学物质，CAS 都给予一个特定的登录号，称为化学物质登录号（CAS 登录号：CAS Registry Number）。

（3）分子式索引（Formula Index，FI）　提供了一个能迅速找到有关化合物文献的方法。识别所需化合物的分子式索引名称比从结构式中得到相同的名称要简单得多。分子式索引中的索引名称与化学物质索引中印出的名称完全相同。但是，有几个化合物的分子式已知，而其结构式未知，只列入分子式索引。

FI 著录格式主要包括：分子式＋标题说明语（CAS 登录号）＋文摘号。主要规律如下：对聚合物结构中重复的单元，把分子式中重复的单元放在括号内，重复数 n 用下标表示。化合物按结构式先列出各种元素的原子数目，再查分子式索引；无机物分子式按字母顺序排列。如 H_2SO_4 排成 H_2O_4S，Na_2CO_4 排成 CNa_2O_4；含碳化合物（包括有机物）分子式排列时先 C 及 H，按原子数目编排，其他元素按字母顺序及原子数目编排。

一个分子式代表多种化合物时，各同分异构体的名称按母体名称的字母顺序编排，取代基后面加一横线，排在母体之后；结晶水不列入分子式索引中计算，只在名称中提及；化合物与另一物质聚合、加成、成盐时，常在分子式下标出 polymer with. ，compd. with，salt with 等词，此后化合物不计算字母。共聚物、分子加成化合物、离子配合物的组分：酸、醇、胺的金属盐，碱性母体化合物的酸盐，均不列入分子式索引中计算字母。对于简单或普通物质的分子式，只在分子式下告知：see Chemical Substance Index。

除上述几种重要的索引体系，CA 还提供了环系索引、登记号索引（Registery Number Index）、化学文摘社来源索引（CASSI）与索引指南（Index Guide）等诸多索引。其中，环系索引是专门为查找环状有机化合物文献编制的一种索引，在线检索工具 SciFinder 中的结构式检索功能要比环系索引方便快捷。

索引指南是使用 CS 和 GS 的重要工具。其 1968 年首次出版，包括正文和附录部分。正文是将原来分散在主题索引中的 See（见）、See Also（参见）、Indexing Notes（索引注释）、Synonyms（同义词）、Structural Diagram（结构式图解）等内容全部抽出来，进行统一标准化，按标题词字顺排列而成。

CA 是一种索引体系比较完整，检索途径较多的工具。图 8-4 列出 CA 卷索引检索途径，即通过 CA 主题、分类、著者、序号和分子式等多种途径可以找到目标信息。

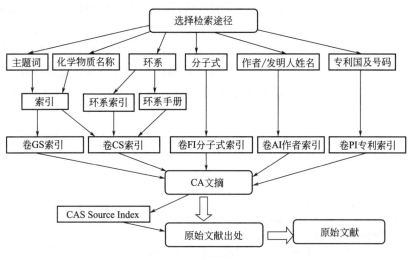

图 8-4　CA 卷索引检索途径

8.1.6　CAS 登录号与来源索引（免费在线资源）

（1）CAS 登录号及 Common Chemistry　近百年来，化学家们合成了大量的化合物与材料，也发现了许多天然物质。不少物质有不同的名称（如：学名、通用名、专有名或俗名），这增加了科研人员交流的难度。CAS 使用独特的 CAS Registry Number（CAS 登录号，简称 CASRN 或 CAS 号）标识每一个化学物质，避免了化学命名的模糊性。

CAS 登录号是化学物质的唯一标识符，本身不具备内在的化学含义，但在多种名称共存时，提供一种明确的方法来鉴别化学物质或分子结构，可看作 CA 所提供的物质身份证号（ID）。

CAS 登录号由三部分组成，用短线连接，用××-××-× 或者××××××-××-× 的格式表示。不同同分异构体分子有不同的 CAS 号，例如，左旋葡萄糖是 921-60-8，右旋葡萄糖是 50-99-7，α-右旋葡萄糖是 26655-34-5。偶尔也有一类分子用一个 CAS 号，比如一组乙醇脱氢酶（Alcohol dehydrogenase）的 CAS 号都是 9031-72-5，猪胆、牛胆提取液（Bile extract）的 CAS 号均是 8008-63-7。

目前，不但在 CAS 出品的所有数据库中都可使用 CAS 登录号，而且在众多公共和商业数据库以及化学品目录中也均可使用。

Common Chemistry（共有化学）（www. commonchemistry. org）是 CAS 提供的一种开放性化学信息资源（免费网络资源），涵盖公众感兴趣的约 7900 种化学物质的 CAS 登录号。人们可免费使用 Substance Search（物质搜索），并提供 Chemical Name（化学物质名称）或 CAS Registry Number（CAS 登录号）两种检索方式。对于那些要了解某种通用化学物质名称或 CAS 登录号并希望将两项信息进行匹配的人非常实用。

CAS 与 Wikipedia（维基百科）（en. wikipedia. org/wiki/Main _ Page）联合开发了免费检索平台，鼓励使用维基百科链接或其他一般化学信息来源，了解有关此类化学品的更多信息。

（2）CAS 来源索引（CASSI）　CAS 为了节省字数，将 CA 所摘录的刊物或图书名称以缩写形式表示。名称中的介词（如 of、in、for）和冠词（如 the）一律省去，并将非拉丁语系统的杂志名称音译为英文名称，也采用缩写形式表示。这增加了读者寻找不太熟悉的期刊原文的难度。为便于读者了解 CA 所摘录的期刊名称，1970 年出版了《化学文摘社来源索引》(*Chemical Abstracts Service SourceIndex*：*CASSI*) (CASSI^(SM))。

CAS 来源索引检索工具 (cassi. cas. org) 是 CAS 提供的免费在线资源。使用此免费工具可快速识别或确认 CAS 自 1907 年以来索引出版物的刊名及缩写，包括持续和非持续出版的科技刊物，快速轻松地定位所需的文献著录详情。通过刊名、缩写、CODEN、ISBN 或 ISSN 进行检索。

【例 8-1】 键入 "Polymer Chemistry" 一词，在 "Title or Abbreviation" 栏目，进行 "Exact match" 检索，就能找到名称为 "Polymer Chemistry" 的出版物 (图 8-5) 及其出版机构。

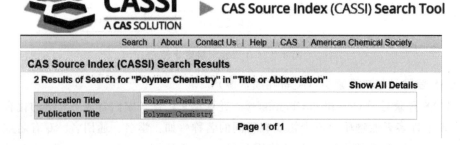

图 8-5　CAS 来源索引检索 (Polymer Chemistry) 结果

8.2　SciFinder 数据库及其检索方式

8.2.1　SciFinder 数据库简介

用户通过 SciFinder 可以同时检索 CAS 多个每日更新的数据库和 MEDLINE 数据库。接下来将主要数据库进行简单介绍。

(1) CAplus (文献数据库)　收录化学及相关学科的文献题录记录，数据来自从 1907 年至今出版的 5 万多种期刊 (包括已停刊或被其他期刊继承的) 论文、会议论文 (摘要和网络预印本)、学位论文、60 多家专利授权机构的专利文献、技术报告、图书等。此外，数据库回溯了期刊 *J. Am. Chem. Soc.* 和 *J. Phy. Chem.* 从创刊至 1906 年出版的内容，回溯了英国皇家化学学会 (RSC) 期刊中 1896—1906 年出版的文献，接收了德国化学文摘 (Chemisches Zentralblatt) 1897—1906 年的记录。有多种检索模式。

(2) CAS REGISTRY (物质信息数据库)　是查找结构式、CAS 化学物质登录号和特定化学物质名称的有效工具。收录了超过 1 亿个有机和无机化合物 (包括合金、络合物、矿物、混合物、聚合物、盐)，以及超过 6000 万个序列，人们可用化学名称、CAS 化学物质登录号或结构式检索。

(3) CHEMLIST (管控化学品信息数据库)　收录约 35 万种备案/被管控物质，是查询全球重要市场被管控化学品信息 (化学名称、别名、库存状态等) 的工具。

(4) CASREACT (化学反应数据库)　收录自 1840 年以来的近 1 亿个化学反应。记录内容包括反应物和产物的结构图，反应物、产物、试剂、溶剂、催化剂的化学物质登录号，反应产率，反应说明。数据每日更新。用户可用结构式、CAS 化学物质登录号、化学名称

（包括商品名、俗名等同义词）和分子式进行检索。

（5）CHEMCATS（化学品商业信息数据库）　包含数百万个化学品商业信息，可用于查询化学品提供商信息、价格、运送方式，或了解物质的安全和操作注意事项等信息。记录内容还包括目录名称、定购号、化学名称和商品名、化学物质登录号、结构式、质量等级等。

（6）MARPAT（马库什结构专利信息数据库）　收录了超过 100 万个可检索的马库什结构，数据来源于自 1961 年至今的专利文献。

（7）MEDLINE（美国国家医学图书馆数据库）　美国国家医学图书馆（NLM）建立的题录型免费数据库，收录自 1946 年以来与生物医学相关的 5000 多种期刊文献。

SciFinder 更多信息请登录其使用指南（www.cas.org/zh-hans），目前提供了中文介绍。登录可看到相关功能的介绍及使用演示。国内一些知名图书馆（如清华大学图书馆）也有相关介绍。

8.2.2　SciFinder 数据库注册与使用教程

SciFinder（科学搜索器）（scifinder.cas.org）无须安装软件，使用浏览器就可以直接检索，其检索功能比客户端更加强大。如果单位购买了使用权，个人用户通过邮箱注册（自己的 SciFinder 用户名和密码）后就可以使用。需要注意的是：①如果进入系统 20 分钟后没有操作，系统将自动断开连接；②有并发用户限制；③填写注册信息时，Last Name 部分务必填写"姓"的汉语拼音全拼，First Name 部分务必填写"名"的汉语拼音全拼，否则账号会快速失效。

SciFinder 在其网站（www.cas.org/support/training/scifinder）提供了免费的视频培训教程，以便读者高效使用。目前，部分内容用中文进行了标注（图 8-6），建议读者根据需要进行选择性观看与浏览。

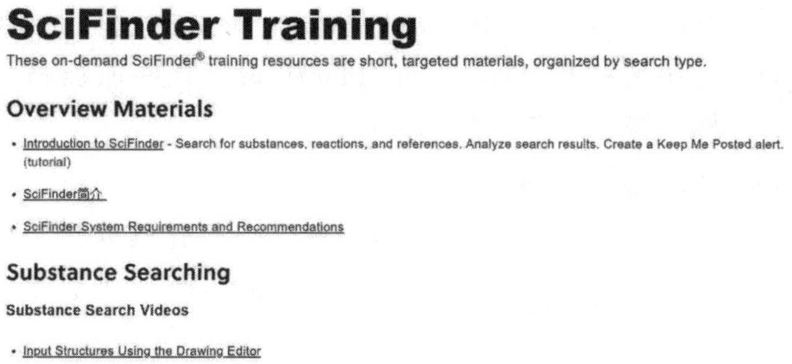

图 8-6　SciFinder 视频培训教程界面

8.2.3　SciFinder 检索的途径与方式

注册并成功登录 SciFinder 主界面（scifinder.cas.org）后，页面上方菜单提供三种功能区：Explore（检索）、Saved Searches（检索保存）和 SciPlanner（科学整合器）。其中最关键的是 Explore。左侧菜单显示三种检索途径：References（文献检索）、Substances（物质检索）和 Reactions（反应检索），具体检索方式见表 8-3。Explore 页面中间提供了 Search（简单检索）和 Advanced Search（高级检索）两种检索模式。

SciPlanner（科学整合器）的功能：能整合检索结果（包括文献、物质和反应）；能够可视化地选择图像、结构和反应路径，并以用户可看见和可理解的方式排列；发挥信息枢纽的作用（集中化），将用户从众多物质、反应和文献检索结果中选择的信息存储在一处；还具有交互式功能：通过灵活的内容导航选项"实时"链接到目标数据库。当然，此功能对在专业领域进行深入研究的科技人员提供了帮助，对新手而言有点难度。

表 8-3　SciFinder 检索方式

检索途径	检索方式(中文)	检索界面
References (文献检索)	Research Topic(研究主题)	
	Author Name(作者姓名)	
	Company Name(公司名称)	
	Document Identifier(文件识别码)	
	Journal(期刊)	
	Patent(专利)	
	Tags(标识符)	
Substances (物质检索)	Chemical Structure(化学结构式)	
	Markush(马库什　通式检索)	
	Molecular Formula(分子式)	
	Property(理化性质)	
	Substance Identifier(物质标识符)	
Reactions (反应检索)	Reaction Structure(反应结构式)	

8.3　SciFinder 文献检索方法与实例

文献检索（References）主要包括 Research Topic（研究主题）、Author Name（作者姓名）、Company Name（公司名称）、Document Identifier（文件识别码）、Journal（期刊）、Patent（专利）、Tags（标识符）等 7 类检索方式。

8.3.1　Research Topic（研究主题）检索

【例 8-2】　以"carbon dioxide copolymerization"（二氧化碳共聚反应）为检索关键词，举例说明从研究主题（Research Topic）进行文献检索的步骤。详细过程也可参阅［演示视频 8-1　SciFinder 主题检索］。

① 进入 References 下 Research Topic（研究主题）检索界面，输入检索主题词"carbon dioxide copolymerization"，检索结果如图 8-7(a) 所示。

研究主题检索有两种结果：a. 文献题目中包含检索词且其出现形式和输入格式一致；b. 文献中所含词语概念（containing concept）与检索词（carbon dioxide copolymerization）相同，但出现形式和格式不一定相同。用户可以根据自己的检索要求，选择完全一致的检索结果 a.，也可以选择范围

8-1　SciFinder
主题检索

广泛且概念相同的 b.。当然，第 a. 种结果（8 篇文献）与第 b. 种结果（587 篇文献）文献数量差异很大。

因此，检索结果按照输入检索内容的相关性排列，包括完全一致的，同时出现在句子或者标题中的，同时出现在标题、摘要、索引中的，包含同义词和近义词的。用户根据自己的

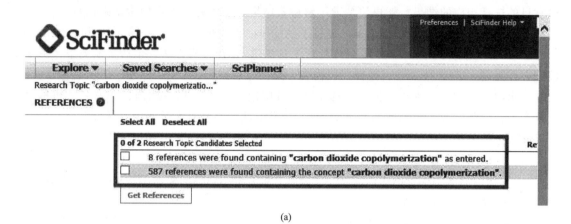

(a)

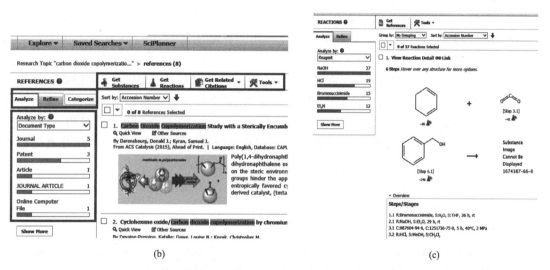

(b)

(c)

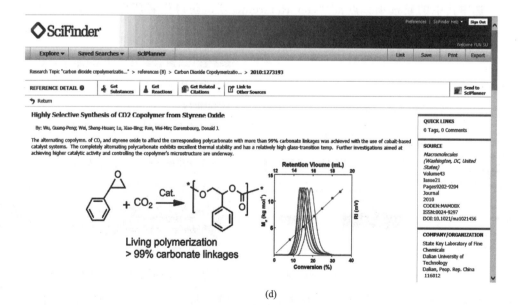

(d)

图 8-7　从研究主题进行文献检索的步骤

检索目的选择相应的结果，能更清楚地了解检索结果，最大程度获得检索结果信息。

② 在检索结果页面的左边菜单，提供了 Analyze（分析）、Refine（精炼）和 Categorize（分类）三种功能。其中，Analyze（分析）工具提供 12 种分析方法，包括文献类型［图 8-7 (b)］、作者名、CAS 登录号、题目、机构名、数据库、索引词、CA 标题、期刊名称、文献语种、出版年限和附加术语。精炼工具提供 7 种限定方法（包括主题词、作者名、机构名、文献类型、出版时间、数据库和文献语种）。分类工具主要是对文献按照学科方向进行分类，可以逐级进行分类。

③ 检索结果页面的上部菜单，包括 Get Subtances（物质获取）、Get Reactions（反应获取）［图 8-7(c)］、Get Related Citations（文献获取）和 Tools（文献工具）等，可以有效从检索结果中获取所需要的文献信息。

④ SciFinder 提供检索结果和历史的存储（Save）和输出（Export）等功能菜单。点击相应文献题目，可以浏览文献摘要［图 8-7(d)］。SciFinder 也提供相应文献全文链接，特别是专利文献，提供 PDF 格式全文链接，可以方便、直接地从 SciFinder 获取美国专利的全文，而不需要通过访问美国专利局官网。

在使用时需注意如下问题。a. 输入检索内容时，一般最好选择 2～3 个关键词；最好使用介词而不用布尔运算符（如 AND、OR、NOT 等）；介词能被识别；常用缩写、复数、过去式能被识别；输入必须规范，否则会自动要求重输；输入时不同元素之间可用空格隔开，系统也会自动分割。b. 有效使用化学物质检索和化学反应检索，实现物质信息及其反应信息资源的准确获取。c. 对于检索结果，多使用 Analyze、Refine 和 Categorize 功能，以获得更多的参考信息，深入了解检索结果，达到检索目的；可以随时查看检索历史，了解自己的检索历程，多尝试检索路线。

8.3.2 **AuthorName（作者姓名）检索**

在 SciFinder 检索界面中，通过 Author Name（作者姓名）输入作者信息，如：Christiansen（姓）、Michael（名）（图 8-8）。姓相同，缩写名相同的作者及其发表文章数量见图 8-9。选中其中的候选项，点击"Get Referemces"，获得作者所发表的文献结果。在结果中，可以进行二次检索，如图 8-10 所示。

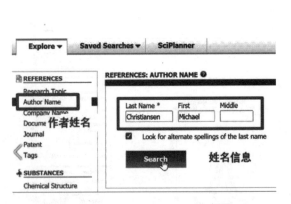

图 8-8　SciFinder 中的作者姓名检索界面

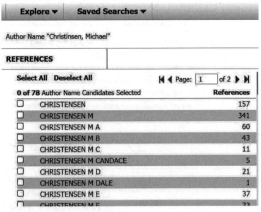

图 8-9　检索结果中匹配的作者与发表文章数量

此外，CAS 推出了 PatentPak 服务，其是 SciFinder 提供的一种功能强大的专利工作流程解决方案，旨在从根本上减少获取和检索多项专利所花费的时间，以便更快查找重要化学信息，此外通过以用户了解的语言提供即时访问专利和专利族中难以查找到的化学信息。找到我们感兴趣的专利后，利用 PatentPak 选项可立即查看全文文件，且通常可提供各种源语言文件，具体取决于专利族。CAS 分析师在 PatentPak 中批注了专利中的重要化学信息。

图 8-10　SciFinder 检索结果中的文献信息

8.4　SciFinder 物质检索方法与实例

SciFinder 中 Substances（物质检索）包括 Chemical Structure（化学结构式）、Markush（马库什检索）、Molecular Formula（分子式）、Property（理化性质）、Substance Identifier（物质标识符）5 种检索方式。一般来说，用化学结构式检索有机化合物和天然产物，用分子式检索无机化合物和合金类物质等，高分子化合物则采用分子式和化学结构式检索。

8.4.1　Chemical Structure（化学结构式）**检索**

通过化学结构式检索时需先使用 SciFinder 物质结构编辑器，绘制化学结构式，如图 8-11 所示。物质结构编辑器工具栏包含新建文件、导入文件和 T 转化按钮等，左栏为绘图工具栏。绘制结构后，点击不同的检索方式进行检索。

SciFinder 的物质结构编辑器还可以和 ChemDraw 联用。首先，打开 ChemDraw 软件，绘制相应的结构。进行检索时，可以采用如下方式：①选中被检索的结构，点击工具栏中的"Search"，选择"Search SciFinder"；②选中被检索的结构，点击"Edit"，选择"Copy As"的"SMILES"，复制该结构的"SMILES"，然后在 SciFinder 的 T 转化按钮，粘贴"SMILES"即可；③选中被检索的结构，点击"Fiel"，选择"Save As"，保存成 SciFinder 可以识别的后缀名为"mol"的文件，然后再使用 SciFinder 的导入文件即可。

在 Chemical Structure（化学结构式）检索时，提供了如下三种检索方法。

（1）Exact search（精确结构检索）　可以是检索结构式，或者是检索同位素标记物、立体异构体，或者是包含结构的混合物、盐、配合物，或者是以结构单元（单体结构）表达的聚合物等。被检索的结构不能发生任何取代。

（2）Substructure search（亚结构检索）　检索结果中可以包含精确结构检索结果，或者被检索结构的开放位点均可以允许发生取代，但是母核结构本身不能有任何改变。

（3）Similarity search（相似结构检索） 进行相似结构检索时，首先会有相似结构结果候选项，一般来说相似分值越高，结构越相似，如图 8-12（a）所示。检索结果中，会包含亚结构检索结果，此外，物质的母核结构可能发生改变或者取代。图 8-12（b）是图 8-11 中结构的相似结构检索分值在 85～94 之间的检索结果。

8-2 化学
结构式检索

有关 Chemical Structure（化学结构式）检索实例可观看［演示视频 8-2 化学结构式检索］。

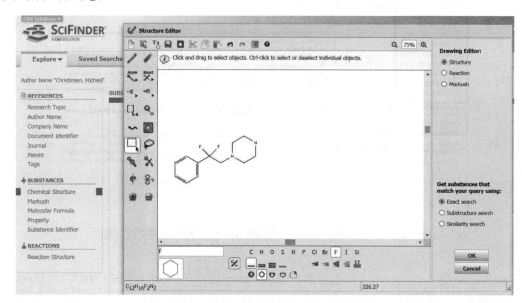

图 8-11 化学结构式检索的化学结构式绘制与检索界面

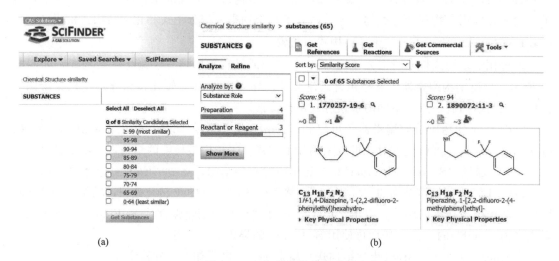

图 8-12 相似结构检索的结果

8.4.2 Markush（马库什通式结构）检索

Markush structure（马库什结构）是专利中的一种通式结构，一个 Markush 结构可以表示成百上千个化学物质，可以被 MARPAT 数据库收录。任何被 Markush 结构定义的表观化合物，即使没有在实验室被合成出来，依然受到专利的保护。这类物质也被称为 Prophetic substance（预测性物质），它与 Specific substance（确定物质）不同，确定物质会被 CAS 收录到物质数据库 Registry 中，并被分配 CAS 登录号。专利中的确定结构与通式结构如图 8-13 所示。

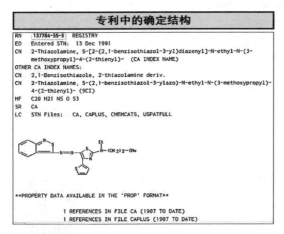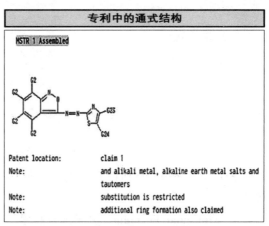

图 8-13　专利中的确定结构与通式结构

　　CAS 不但收录专利中报道的确定结构，还收录专利中的通式结构。Markush 检索能够获得为公开报道但被隐含在专利通式中的专利。因此，在 SciFinder 中进行 Markush 检索，可以获取相似物质，检索和分析现有技术，发现相似专利和潜在的侵权风险，拓展检索的全面性和完整性，补充物质和文献检索等。

　　在 Markush 检索中，系统会根据绘制的图形进行 Markush 结构匹配。在进行化合物新颖性和创造性检索时，需要同时进行结构检索和 Markush 检索，以免漏检。首先，绘制好检索结构，选择"Structure"，然后选择"Substructure search"，进行亚结构检索，以获得扩展的检索结果。在此过程中可以使用"环锁定"工具，来锁定结构中的环，以避免检索过程中出现其他结构。如图 8-14 所示，此例中所用物质结构进行结构检索的结果为零。

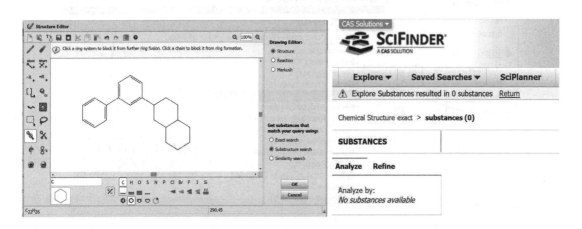

图 8-14　SciFinder 中的结构检索

　　此时，需要进行 Markush 检索，如图 8-15 所示，同样的结构进行 Markush 结构检索，可得到 25 项专利。因此，如果对一个结构进行全面的检索查新，需要同时进行结构检索和 Markush 检索，以免漏检。

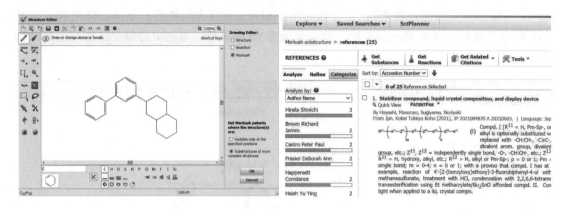

图 8-15　SciFinder 中的 Markush 检索

有关马库什通式结构检索实例，可参阅［演示视频 8-3　Markush（结构通式）检索］。

8-3　Markush
（结构通式）
检索

8.4.3　Molecular Formula（分子式）检索

检索无机化合物或者聚合物时，可以优先使用分子式检索。相关理念与 CA 分子式检索相似，输入分子式时需要遵守 Hill 排序规则：不含碳化合物，按元素符号的字母顺序排列；含碳化合物，"C" 在前；如果有氢则紧随其后，其他元素符号按照字母顺序排在氢的后面。对多组分物质，例如金属盐，金属离子与阴离子间需要用 "." 分开。

8.4.4　Property（理化性质）检索

用户可以通过理化性质（实验属性或者预测属性）对物质进行检索，输入的数值可以为具体数值或者区间值，如图 8-16 所示。在属性的检索结果中，用户可以通过化学结构、同位素、金属原子、属性值等进一步筛选。

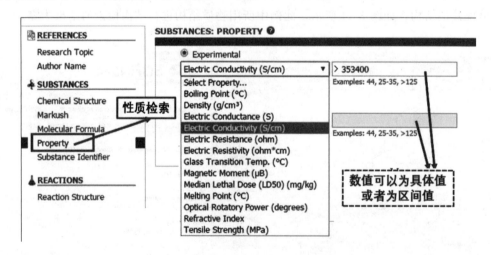

图 8-16　SciFinder 中的理化性质检索

8.4.5　Substance Identifier（物质标识符）检索

Substance Identifier 检索是利用物质的化学名称或者 CAS 登录号来检索物质。化学名称可以是通用名、商品名和俗名等，如图 8-17 所示。找到物质后，点击物质 CAS 登录号，查看物质的详细信息，获得与该物质相关的内容。物质的详细信息中，包括物质的实验属性、实验谱图、预测属性、预测谱图、管控信息、文献分布等。此外，用户还可以获得该物质的文献、反应和供应商等信息。例如，在"Get References"中，用户可以通过物质获得相应的文献。

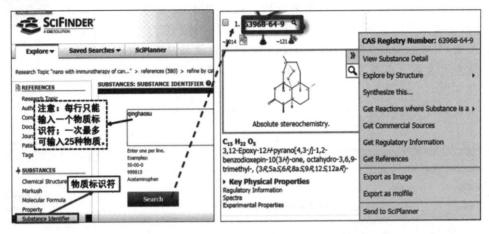

图 8-17　SciFinder 中的物质标识符检索

8.5　SciFinder 反应检索方法与实例

SciFinder 提供了化合物结构式及其 Reaction（反应）的检索。通过 Reaction 检索，用户可以准确查找一个具体物质或反应，同样也可以查找一类物质或反应，获取相应物质和反应的详细信息，提高检索效率，扩大检索途径。

首先，在 SciFinder 的 Reaction 界面中，选择检索栏的"Reaction Structure"，然后点击结构编辑器"Structure Editor"，通过反应绘制工具，精准绘制所需要检索的反应。SciFinder Scholar web 版提供了反应式撰写界面，不需要安装 Java 插件即可编辑物质结构和反应，基本和 Chemdraw、Chemoffice 画法类似（图 8-18）。接下来选择检索类型，

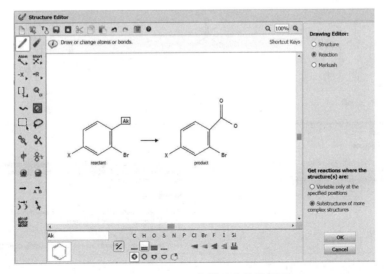

图 8-18　SciFinder 化学反应检索界面

一种是绘制的结构被环和原子锁定，一种是除了结构上被锁定的位置，其他位置均可以被取代。

　　点击检索后，得到如图 8-19 所示的反应检索结果。可以根据"Sort by"进行结果排序，可以根据"Group by"进行结果分组。

　　可以根据"Analyze by"进行结果分析。点击"MethodsNow"，可以获得 CAS 科学家人工增值标引的全面的反应详细信息。对于来自专利中的反应信息，点击"Document Type"，PatentPak 授权用户就可以通过在线浏览器，高效阅读专利文献。点击"Experimental Procedure"，可以查看原文的实验详情（图 8-20）。

8-4　Reaction （反应）检索

　　检索实例可观看［演示视频 8-4　Reaction（反应）检索］。

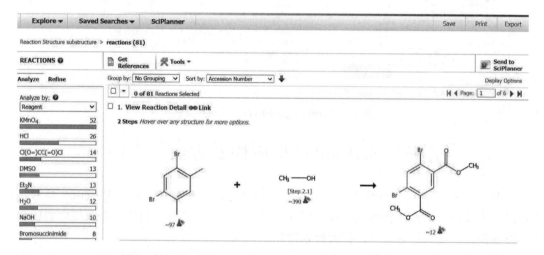

图 8-19　反应检索结果排序、分组与分析

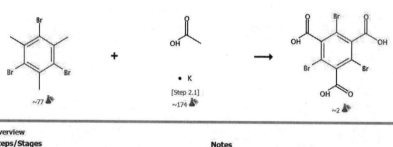

图 8-20　通过 Experimental Procedure 查看原文的实验详情

8.6　用 SciFinder 快速准确获得所需结果的方法

总之，SciFinder（科学搜索器）就是以 CA《化学文摘》为核心的在线检索工具数据库，其承接了 CA 的突出特色，摘录 150 多个国家和地区 50 多种文字的近 5 万种期刊论文、学位论文、会议论文（摘要和网络预印本），60 多家专利授权机构的专利文献、技术报告、图书等不同类型的文献源等；收录化学化工及其相关学科（如生物医学、农业、冶金、轻工业等）领域世界 98% 的文献，还提供化工信息链接。

作为全世界化学化工及其相关科技信息数据量最大的检索工具，SciFinder 数据库每天更新，为科研人员提供最新的科研进展信息，是化学化工、材料、药学及生命等相关学科人员必不可少的科研助手。例如：研究选题、定题、论文撰写、实验中具体的合成方法研究、基金项目申请、研究项目论证等。

因此，如果本单位订购了该数据库，强烈建议化学化工专业的研究生、本科生练习使用：

① 要充分利用 SciFinder 丰富的数据库资源，获取详细信息，但也要学会提炼精华，通过关键词组合及检索方式的精炼，快速获得所需结果。

② 要充分利用 SciFinder 的结构式（Structure）检索、马库什通式结构（Markush）检索、反应（Reaction）检索这几项功能，其是快速获得结果的重要方法。

③ CAS 为每一个化学物质提供 CAS Registry Number（CAS 登录号、CAS 号）标识具有唯一性，而且可以免费使用。同时，在诸多数据库与产品库中也使用 CAS 号。因此要记得利用这一免费资源来区分与识别化学物质。

▶▶ 练习题 ◀◀

1. 简述美国《化学文摘》与 SciFinder 的主要特点。
2. CA 与 SciFinder 收录了哪些类型的文献源？CA 包含哪五大部分？包含哪 80 类？
3. SciFinder 数据库包含哪些内容？
4. SciFinder 文献检索有哪几种方式？
5. SciFinder 结构式检索有哪几种方式？

▶▶ 实践练习题 ◀◀

1. 浏览 CAS 主页（www.cas.org），了解有哪些免费信息，有哪些培训文件。
2. 将自己选定课题的主题词译为英文，然后在 SciFinder 数据库中进行检索，记录检索过程，并对检索结果进行分析、总结。

第 9 章 化学化工信息检索与利用——策略与技巧

导语

　　信息检索的目的是知识利用，那么，所获知识如何被利用呢？本章从准备从事科研活动的本科生或研究生角度出发，以撰写一遍综述论文或课程论文为目标，讨论如何有效检索与收集化学化工信息；如何将获得的信息进行记录、整理与阅读；以及如何总结知识与创新，并撰写论文、提出科研设想。

关键词

　　检索策略；综合创新；信息利用；实例

✔灵感源于阅读与思考！
✔信息利用是目的！
✔综合需要创新！

　　前面章节已分门别类地介绍了科技图书、科技论文、专利信息、标准信息与产品资料、机构组织科技信息数据库 6 大类重要科技信息源的特点、用途及其检索方法。那么，如何开展科技信息的检索？在检索过程中，如何记录这些信息源（题录）？如何准确或详实地获得有价值或所需要的知识？如何将获得的知识进行分类整理、阅读吸收及综合创新呢？

　　本章，从在化学化工及其相关领域（如生物医学、材料科学、环境科学等）即将从事科学研究、生产技术的新手角度出发，探讨科技信息检索、记录、收集、阅读、利用的一些策略与方法。

9.1 化学化工信息检索与收集策略

　　对于从事科学研究的工作者而言，"科学无国界"就是指只有从全世界范围内获得信息，才有可能不落后。因此，我们不但需要查找所需的中文文献，还需要查阅外文文献（尤其是英文文献）。那么，在浩瀚如海的信息源中，如何快速、精确地检索到对自己工作（检索目标）有价值的信息呢？

9.1.1　检索科技信息的主要步骤

将快速、准确找到目标信息的过程用流程图（图 9-1）表示，关键步骤分为以下四步。

（1）找什么　即认清课题目标，如果是自己选择的课题（如课程论文或创新创业项目），我们会对背景知识与目标有所了解；如果是指定课题（如学年论文或毕业论文），可以先听听指导老师的讲解与要求，查阅图书（教材）、百科知识，明晰课题目标，初步确定课题所属领域，然后准备好"检索关键词"。

（2）怎么找　根据"课题领域"，选择适当的"检索工具"，找到"题录"或"题录＋摘要"。如果有多种检索工具可选择，则可以根据检索目标进行筛选。若只是泛泛寻找，可使用"百度学术"免费的"检索工具"；如果需要查询高水平成果，就可以使用 WoS（Web of Science）等进行查找；如果想找到最全面的信息，建议使用专业检索工具（如 SciFinder）进行查找。此时，如果检索结果太少或太多，应该更换或增加"检索关键词"。

（3）哪里找　获得"题录＋摘要"后，记录题录信息，阅读、筛选出与目标有关的知识内容。同时，下载、阅读最有价值的全文，原文获取途径如表 9-1 所示。此时，需要进行知识总结，判断是否已经获得所需要的或全面的知识。

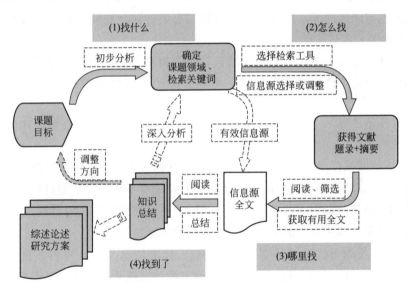

图 9-1　化学信息检索与利用流程图

（4）找到了　如果认为已经找得到了所需知识，就可以撰写综述或课程论文，此处的综述也可以是毕业论文、或学位论文或创新创业论文中的综述部分，然后进一步开展相关研究。如果发现找到的知识与预期有偏差，则考虑更新检索词或检索领域，甚至调整课题目标，并再次开展检索过程。

经过多次练习，重复这一过程，就会熟能生巧，从而掌握快速、准确找到目标信息的方法与策略。

按照上述正常的流程，我们已经基本完成了对科技信息目标知识的检索。但是，如果在最后一步，对所获得科技信息源的完整性与准确性难以判断时，该如何处理呢？建议进行小组讨论，或找老师讨论，帮助进行判断，从而确定是否已经完成了上述正常流程。

那么，如果经过上述流程，发现并没有找到期望的知识，该怎么办？第一，深入分析课题目标，调整领域和检索词，再次检索并获取信息源，看看是否能够找到所期望的知识。第二，如果发现目标内容还是难以找到，原因很可能是所检索的目标成果还没有公开，甚至还没有人开始相关研究，这时候建议调整检索目标。当然，此时也是我们开展创新研究的好时机。

对于新手而言，建议由简单到专业逐步地进行文献检索与下载、阅读与整理。一个课题经过多次循环后，方可获得较为全面的课题信息。当然，在进行创新设计并开展创新实践以后，根据研究结果，还需进行针对性检索，对已有的知识总结进行完善，为撰写论文或专利奠定基础。

9.1.2　检索目标内容（找什么）的分类

对于初次进行科技信息检索与利用的本科生、研究生来说，大部分情况下，只需要快速、准确地找到正确的知识，并不需要检索那些系统而详细的相关知识。因此，为了便于检索，需要将查找的知识做一个简单分类。我们可以将课题检索目标简单分为四大类，重点或优先使用相应的科技信息源，就能事半功倍地获得相关知识。这四类分别如下。

① 基本概念与基础知识：主要包括物质的名词含义、制备原理、反应与变化的机理等，是理解最新科技成果的基础。

② 方法工艺与测试技术：指材料与化合物的合成方法、结构表征、性能测试技术，对开发新材料、新技术具有重要借鉴作用。

③ 产品与材料的性能参数：主要指材料、化合物及产品的熔点、沸点、结晶温度、拉伸强度、相转变温度等物理和性能参数，不同类型产品与材料的物理和性能参数会有所差异。

④ 前沿与发展趋势：任何一种材料或技术在研发中都会涉及其最新的用途、合成技术以及发展方向。

对于一些成熟或被广泛应用的材料与技术，上述四大类知识也比较成熟，甚至会专门介绍科技专著、标准或产品资料，但对于一些正在开发或尚不成熟的新型材料与技术（如隐形材料），部分知识尚未被发现或公开，因此，只能找不到完整的科技信息源。

9.1.3　科技信息源（哪里找）的类型特点与检索途径（怎么找）

科技信息有科技图书、科技论文、专利信息、标准信息与产品资料、机构组织科技信息、数据库6大类，基于互联网技术的发展，前五类信息逐步用数据库形式呈现。因此，文献数据库是以上述文献源为主，还有一些科技信息源。表9-1罗列了这6类科技信息源的主要类型、特点及用途。

表 9-1　科技信息源的主要类型特点（检索用途）及检索与原文获取途径

章序	信息源	主要内容与特点[检索用途]	检索与原文获取途径
2	科技图书	包括教科书、科技著作、参考工具书等，包含大量基础、系统的知识[了解背景，获得经典方法]	传统与在线图书馆；馆际互借；免费在线图书网站；网购
3	科技论文	包括期刊论文、会议论文、学位论文，包含科技前沿成果，但系统性与成熟度较低[获取科学研究前沿成果]	传统与网络检索标题、作者、摘要等信息；通过本地或在线数据库获得全文
4	专利信息	主要指专利说明书，包含具体的技术成果，但系统性与精确度较差[获得创新、实用的技术]	通过各国专利局网站或检索工具，免费检索或下载全文
5	标准信息与产品资料	技术标准、规范和法规；产品样本和产品说明书。包含了权威检验方法、参数指标；产品的组成与使用方法[获得权威、实用的方法参数]	绝大部分标准信息可通过网络检索与下载。购买试剂、仪器附带产品，也可通过生产商（经销商或用户）网站获得具体信息

续表

章序	信息源	主要内容与特点[检索用途]	检索与原文获取途径
6	机构组织科技信息	主要包括科技报告、技术档案、政府文件，各类机构组织公开的基本信息、动态信息及开发信息，种类繁多、内容广泛、分散[了解社会需求与政府导向；发现新领域、启发创新灵感]	通过政府或检索工具可获得已经解密的科技报告摘要或全文。政府网站免费公开相关文件。各类机构组织的网页公开其基本信息、动态信息与开发信息
7	数据库	从用户的角度，把现有的信息进行有规律地储存，并提供方便快捷的检索工具。包含所有科技信息[获得详细、准确的信息]	免费的 Internet 信息；本单位购买的数据库；部分付费网站

其中，科技图书包括教科书、科技著作、参考工具书等；科技论文包括期刊论文、会议论文、学位论文 3 种，共同特点是具有相同的论文格式，区别则是用途及内容详实度有较大差异；机构组织科技信息中既包括科技报告、技术档案、政府文件（政府出版物）等传统的科技文献（大部分文献也能够从互联网获得），也包括人们常说的互联网信息，也就是各类机构组织的网页信息，其中又可以分为机构组织公开的基本信息、动态信息及开发信息（"互联网＋"信息）3 大类。

显然，从科技图书中可以了解背景，获得经典方法；从科技论文中可以获取科学研究前沿成果；从专利信息中可以获得创新、实用的技术；从标准信息里获得权威检验方法、参数指标；从产品资料中获得产品的组成与使用方法；从机构组织科技信息了解前沿动态、社会需求与政府导向，甚至可重复的技术方案；在线数据库则不但包含了上述所有信息，还有其他更多信息，并提供检索工具。

9.1.4　根据目标选择科技信息源

科技信息检索首先是为了获得相应的知识。在上述的 6 大科技信息源中，所储存知识的特点各有不同。如前所述，科技图书中包含了基础知识，基本原理以及成熟的方法、技术与参数，科技论文则报道了最新的科技成果，专利信息公开了最新的方法与技术，标准信息与产品资料中有成熟的方法工艺与测试技术，机构组织科技信息则包含了一些前沿成果，数据库是以电子文件形式有规律地存储前面的科技信息以及更多的成果。

如果想要获得准确的科技信息知识，必须明确它与信息源之间的关系。科技信息目标知识与信息源之间的关系如图 9-2 所示。①基本概念与基础知识，可以从教科书、科技著作等

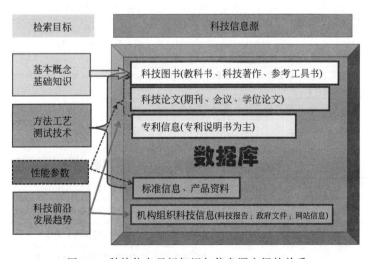

图 9-2　科技信息目标知识与信息源之间的关系

科技图书中获得。②方法工艺与测试技术：不但可以从科技图书中获得，还可以从最新出版的期刊论文或最新公开的专利中查到最新的方法与技术。当然，要获得成熟的方法，还是标准信息与产品资料中的知识最可靠。③产品与材料的性能参数，可以从参考工具书中获得，也可以从标准信息与产品资料中获得。④科技前沿与发展趋势，最先在科技论文中发表或以专利形式公开，在机构组织科技信息（如动态信息）中也会发现前沿成果。

显然，如果能将所需要查找的知识进行简单分类，那么就知道应该重点使用哪一种科技信息源来具体进行查询。也就是说，我们需要根据检索目标要求的知识，重点选择相应的科技信息源，进行实际的检索过程。

不难看到，如果需要检索的科技信息目标知识涉及某一种材料的性能参数，我们既可以从标准信息与产品资料中找到，也可以从科技图书、科技论文、专利及相关数据库中查找。

对于即将入门的科技人员而言，要想获得最可靠的知识，建议选择标准信息与产品资料，因为标准信息与产品资料中的方法工艺与测试技术最为成熟，但并不一定是最新的。

【例 9-1】 如果想了解防腐剂的基本概念与基础知识，既可以查"百科全书""手册"等图书，也可以从"百度百科""维基百科"等在线数据库检索获得，但是最为成熟的"防腐剂"知识最好参考标准与产品资料来获得，而有关防腐剂的发展前沿，则可以从最近出版的科技论文或最新公开的专利中查找。

9.1.5 在线检索工具与数据库的有效利用

6 类科技信息源，所承载的知识是相互交叉重复的。初学者可使用某一类数据库或检索工具，针对性地检索所需的知识类型。表 9-2 罗列了一些重要网站（数据库）与检索工具的特点与用途。这些全文数据库与检索工具的检索方式已经在前面相关章节中进行了详细介绍，请读者自行查阅。目前，国内许多单位购买了全文数据库（表 9-3），我们应该充分利用，检索和下载所需文献。

表 9-2　重要在线检索工具与数据库（网站）的特点与用途

检索目标	数据库名称：特点【免费层次】	知识章节
基础知识	百度、Google、政府网站、学术搜索、百科：可找到与主题相关的部分论文或图书【免费】	7
高水平前沿成果	WoS 与 EV：高水平期刊论文摘要及被引用情况【部分单位订购】	2；7
国内研究情况	中国知网（www.cnki.net）：获得国内最全面的期刊论文【摘要免费】	3
专业详细信息	SciFinder：收录全世界 98％以上的 6 类化学文献的摘要【部分单位订购】；Pubmed（www.ncbi.nlm.nih.gov/pubmed）：医学相关数据库【免费】；从国际知名出版社数据库可获得论文全文【摘要免费】	7
中英文图书	数字图书逐步把较早图书入库【大部分高校】；Bookfi、Genesis 中有大量英文图书的 PDF 版【免费】	2
获取专利技术	各国专利网：可检索到各国专利全文【免费】	4
查阅原材料参数	Sigma-Aldrich 公司：全球最大试剂、仪器网站【免费】	5

表 9-3　重要全文数据库的特点与用途

数据库/网站	特点/用途（网址）【用户群】
ACS	美国化学会（pubs.acs.org）出版国际最高水平的与化学相关的期刊【部分订购】
RSC	英国皇家化学学会（pubs.rsc.org）出版高水平的化学类期刊【部分订购】
Sciencedirect	Elsevier（www.sciencedirect.com）是目前国际上最大的出版社【部分订购】

续表

数据库/网站	特点/用途（网址）【用户群】
Springerlink	世界知名出版商 link. springer. com【部分订购】
Wiley	世界第三大学术期刊出版商（onlinelibrary. wiley. com）【部分订购】
Nature	顶级期刊（www. nature. com/index. html）【摘要免费】
Science	顶级期刊（www. sciencemag. org/content/current）【摘要免费】
PDB	Protein Data Bank（蛋白质数据银行）（www. wwpdb. org）收录了生物大分子（包括蛋白质、核酸及复合组装体）的三维结构信息【免费】

如果想要检索自然科学领域的英文文献，首推 WoS、EV 检索工具数据库，以及 Elsevier、Springer 等出版机构发行的全文数据库，中国科学院或高等院校已购买了上述部分数据库的使用权。其中，我们可以通过 WoS 检索到高水平期刊论文摘要及被引用情况，其网页提供了全文链接，还可以直接下载全文。因此，首先需要了解本单位可以免费使用的数据库，然后再结合多种搜索途径以获得自己感兴趣的科技信息。

9.1.6　免费资源的充分利用

图书馆是查找科技文献的重要场所，普通用户使用借书证（例如，个人借书证、单位借书证、馆际借书证）就可以借阅图书馆馆藏文献。当前，绝大多数图书馆都提供电子资源，包括数据库和检索工具，这些资源对本单位用户是免费的。除此之外，Internet 也提供大量的科技信息，包括完全免费与部分付费的数据库与检索工具。因此，普通用户要了解所处环境中的信息源，并充分利用不同层次的免费资源。

科技信息有三个"免费"层次及范围（表 9-4）。①完全免费：从任何地方都能免费浏览与下载。②单位内部免费：本单位付费征订的文献或数据库，单位内人员可以免费借阅或下载。③其他免费方法：可称为"主动搜索网络，免费获取原文"。

表 9-4　科技信息检索与获取的免费层次及范围

①完全免费	②单位内部免费	③其他免费方法
科技图书：目录免费	全文免费（订购部分）	主动搜索 免费获取原文
科技论文：摘要免费；部分全文免费	全文免费（订购部分）	
数据库：搜索引擎；在线词典	专业数据库（订购）	✓搜索作者信息
专利信息：全文免费下载，提供检索工具		✓向作者 Email 索取
标准信息与产品资料：全文免费下载		✓网络求助
机构组织科技信息：政府文件与网站信息（全文免费） 科技报告（部分摘要免费）；技术档案（极少免费）		✓利用合法网络技术

在检索与收集文献时，我们应首先考虑充分利用本单位、本地区可以利用的专业数据库或搜索引擎检索和下载所需文献。对于近期期刊论文，可以考虑向作者免费索取。其次，可以通过付费方式下载或邮购所需文献资料。最后才考虑本人前往或委托朋友去相关图书馆或信息中心复印或下载。

（1）"完全免费"使用的科技信息源与检索工具　包括专利、标准、产品资料、公开的政府文件，以及机构组织网页信息。表 9-5 提供了部分可免费获得全文的网站。

为了让读者能熟练使用这些免费科技信息源，根据检索目标来分类说明一些重要的免费检索工具与数据库以及它们的优缺点。如果想要获得入门知识、背景资料，可通过百度、

Google、Bing 等搜索引擎，百科、学术搜索、词典等，免费获得相关知识。可以通过中国知网查阅国内研究成果摘要；可以从 Elsevier 等出版社查阅期刊论文摘要来获得国际研究概况，也可以从 Pubmed 查阅生物医学相关论文摘要，或从 PDB（蛋白质数据银行）获得蛋白质的结构信息。通过各国专利局网站，可以获得专利技术。通过国际国内标准网站，可以获得规范的方法与参数，而通过 Sigma-Aldrich 等试剂、仪器公司网站可以获得原材料参数。另外，通过国家自然科学基金委、科技部、科技厅网站，也可以了解国家需求与政策导向。

表 9-5 检索科技信息的免费在线检索工具与数据库

网站名称	特点、用途（网址）
学术搜索	百度学术、Google 学术、Academic Search（微软学术搜索）、Bing 学术等学术搜索。其中有个人资料、会议征文、学科趋势等
DOAJ	开放访问期刊目录（doaj. org），有 15000 多种开放期刊，全文免费
OALib	开放访问图书馆（www.oalib.com）提供免费的开源论文超过 500 万篇
ResearchGate	科研人员可分享研究成果、学术著作，信息交流（www. researchgate. net）
Pubmed	医学相关检索工具数据库（www. ncbi. nlm. nih. gov/pubmed）
PDB	Protein Data Bank（蛋白质数据银行）收录了生物大分子（包括蛋白质、核酸及复合组装体）的三维结构信息（www. wwpdb. org）
NIST	免费检索已知物质与材料的谱图与数据（webbook. nist. gov）
期刊界	中、英文论文数据库（www. alljournals. cn）
读秀	读秀学术搜索（www. duxiu. com）
JournalSeek	可免费搜索期刊数据库信息（journalseek. net）
爱学术	专业学术文献分享平台，部分可免费下载（www. ixueshu. com）
Sigma-Aldrich	全球最大的试剂、仪器网站。免费检索产品信息（www. sigmaaldrich. com）

近年来，免费搜索引擎及数据库都在不断增加，对于普通用户而言，充分利用这些信息源就可以获得大部分有用信息。但是，完全免费使用的检索工具与数据库的缺点是内容不完整、可持续性较差，有漏检现象，无法获得完整的目标信息。因此，我们难以根据免费数据库的检索结果来判断自己的创新思想是否是首创。要想准确判断自己的创新思想是否是首创，在拟开展科学研究阶段的科技信息检索与原文下载时，必须通过使用专业数据库，来获取完整的目标信息。

（2）单位内部免费使用的检索工具与数据库 是指单位购买的供单位内人员使用的检索工具、数据库及图书期刊资料。这一类"内部免费"资源如下。

① 通过数字图书馆，可以在线阅读、下载国内图书全文；通过中国知网，可以下载国内研究成果，尤其是科技论文。

② 如果想全面了解国际科技领域的研究进展，首选 WoS，以获得科学领域国际高水平论文成果；其次是 EV，以获得工程领域高水平论文成果。

③ 如果想全面了解本学科领域的研究进展，可以查阅学科专业检索工具。例如，SciFinder，其包含大量与化学相关的科技信息源（信息源包括期刊、专利、图书等 6 大类），是全世界最大、最全面的化学相关科学领域的学术信息数据库。详细信息请参见第 8 章。

（3）主动搜索，免费获取原文 通过检索工具可以获得"题录＋摘要"，阅读内容后就能判断是否需要阅读原文。如果发现内容很重要，需要下载与阅读原文，首先要利用本单位的"免费"科技信息源,其次,可以用如下几种方式获得原文。

① 给作者发 Email 索取全文。大部分作者愿意免费提供自己已发表的论文,这有利于传播他自己的学术思想。当然,如果作者能够提供全文,出于礼貌,请不要忘记回信致谢。

② 搜索作者信息。用文章的作者姓名或标题在搜索引擎(Google 或百度)中搜索。许多作者喜欢将自己已发表论文的电子版直接在个人网页上公开,以使其他研究者了解自己的学术领域。因此,通过这一途径有机会免费下载到所需文献的全文,甚至可以下载到该作者的其他文章。如果文献由多个作者撰写,若查不到第一作者个人主页,可查通讯联系人或第二、第三作者,以此类推。此外,也可以使用文章标题(Title)进行搜索以免费得到文献。例如,有些国外大学的图书馆会把本校一年或近几年学术成果的全部出版物(Publications)以 PDF 格式在其网站或相应的 ftp 上公开,此时就可以通过这些途径获得感兴趣的文献。

③ 网络求助。我们可以在一些学术交流站点(例如,小木虫、博研联盟)上发帖求助。

④ 利用合法网络技术。例如,利用 Google 学术搜索等进行搜索时,一般都会检索到所需文献,在 Google 学术搜索中通常会出现"每组几个"等字样,进入后依次点击链接,就有可能下载到某个全文。注意,Google 学术搜索一般能检索到所需 30%～60% 的文献,并非所有全文都能打开。

需要提醒的是,我们首先要充分了解与利用本地图书馆资源,因为往往有如下情况,在网上费心费力地搜索文献,结果突然发现所在单位图书馆就提供文献传递服务,图书馆管理员可以根据用户需求从其他单位图书馆进行文献传递,从而轻松获得文献原文。这说明我们并没有对已有资源进行充分深入的了解。如果已经对本地图书馆资源十分熟悉,就会发现有时文献"得来全不费工夫"。

例如,除了本地图书馆提供的文献传递服务之外,还可以通过读秀(www.duxiu.com)、百链等获得全文。中国国家图书馆、中国科学院图书馆有读者服务部,可以通过求助复印和传递全文,虽然需要付服务费,但代价不大。

言而总之,通过上述方法,就可获得绝大多数文献原文,获取的内容也足够我们撰写相应的论文。

9.2 科技信息源的记录与引用

不同科技信息源的内容与外表特征各有特点。作为科技工作者,在阅读科技信息时,不但要记录重要的知识内容(摘要),还应该记录题录信息。

9.2.1 科技信息的题录与引用关系

开展科研工作的新手,在阅读科技论文(第 3 章)时,就会发现科技论文与以前阅读的一般文章并不一样,最显著的特点之一就是科技论文的支撑部分(后置部分)中都有参考文献。这是因为科研人员是在信息检索与利用的基础上开展自己的科学研究的,其研究成果一般通过论文或专利公开(图 9-3)。科研人员在撰写论文的时候,不但要展示自己的研究结果,还要提供参考文献作为"工作基础与参考方法",这就是"言之有据",而参考文献内容则来源于前期查找的科技信息源。

为了让读者快速准确地找到所引用的参考文献,科技信息源需要进行规范的记录与引用。接下来,主要介绍几类最常见的科技信息源(图书、期刊论文、专利)以及网络信息的记录与引用格式,以方便读者使用。

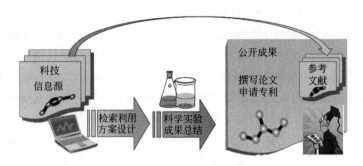

图 9-3　科技信息源阅读利用及引用

9.2.2　科技图书的著录格式

在记录科技图书内容出处的时候，需要记录著者、书名、版本、出版地、出版者、出版年月，所阅读与应用内容的页面，即"pp 起-止页码"。对于丛书，还要标出是哪一卷。

【例 9-2】　科技图书典型著录格式实例

［1］　王荣民，《化学化工信息及网络资源的检索与利用》（第 4 版），北京：化学工业出版社，2016，pp 68-69.

［2］　Peters T，"All about Albumin：Biochemistry，Genetics and Medical Applications". San Diego：*AcademicPress*，1996. pp1-5.

9.2.3　科技论文的著录格式

期刊论文是科技论文中最常见的一种论文形式。在记录期刊论文出处的时候，需要记录作者、论文标题、期刊名称、年、卷（期）、起-止页码。需要注意的是，有多个作者时，至少记录 6 个以上作者姓名。另外，根据论文内容的重要性，可以考虑记录通讯作者单位和Email，以便日后联系与讨论。

【例 9-3】　科技论文典型著录格式实例

［1］　尤长城，张雯，刘育，"超分子体系中的分子识别研究"，化学学报，2000，**58**（3）：338-342.

［2］　Dilgimen AS，Mustafaeva Z，Demchenko M，Kaneko T，Osada Y，Mustafaev M，"Water-soluble covalent conjugates of bovine serum albumin with anionic poly（N-isopropyl-acrylamide）and their immunogenicity"，*Biomater*.，2001，**22**，2383-2392.

会议论文、学位论文的著录格式与期刊论文有所不同。会议论文著录时，需要写明作者、论文标题、会议名称、会议召开的地点与时间、起-止页码；学位论文著录时，需要写明作者、论文标题、获得学位的单位（学位级别）、时间、起-止页码。

9.2.4　专利的著录格式

在记录专利说明书的时候，需要记录专利发明人、专利题名、专利国别、专利申请号或公开号、申请或公开日期等信息。

【例 9-4】　专利典型著录格式实例

［1］　冀志江，张连松，王静，王继梅，王晓燕，吕荣超，"具空气净化、抗菌、调湿功能的内墙粉末装饰涂料". 中国发明专利：CN1632010A，2005-6-25.

［2］　Yakabe H，"Manufacture of moisture-absorption-desorption materials". JP：2004216217A，20040805.

9.2.5　网络科技信息的著录格式

目前，我们可以查询到大量网络科技信息，部分属于图书、期刊、专利等文献源，部分是机构、组织或个人网站公开的内容。因此，在记录网络科技信息时，如果判断是图书、期刊、专利等传统文献源中的一种，可以用其原有的格式著录。如果无法判断，可采用如下格式著录：作者、标题、网站名称（公开时间或浏览时间）［网址］。需要注意的是，网站中不一定出现所有信息，因此，记录"标题与［网址］"最为关键。

【例 9-5】　网络科技信息典型著录格式实例

[1]　　方晓玲，"缓释、控释药用高分子材料的研究和应用"，医源世界（2021.02.08）　　　　［http：//www.39kf.com/medicine/pro/zy/yaoji/2005-04-20-58726.shtml］

以上介绍了几种最重要科技信息源的记录与引用格式，其他科技信息源的记录与引用格式有相似之处。具体格式可查阅国家标准。

在我们明确自己需要检索的科技信息目标知识属于哪一类科技信息源后，需要了解相应的信息检索和收集策略，以实践具体的检索过程。

9.3　文件管理与重要信息的筛选

在科技信息的检索和原文收集过程中，文件的管理十分重要。当我们收集或下载了大量（百篇以上）电子文档后，若无行之有效的管理方式，就会发现想要从自己的下载文件夹中找到所需电子文档比再次从网上下载更加困难。因此，需要对所收集的信息进行有效管理。换言之，对于下载的文件，要依其内容建立类别，分类放置，例如，哪些需要仔细阅读并保存，哪些用处不大待删除，哪些需要阅读却尚未阅读，按照这样的类别分类之后，如果以后想再阅读还能及时找到相应的信息。

文件管理的目的是高效利用知识，其方法因学科、研究方向甚至个人习惯而有所差异，不同课题组都有自己传统的文件分类方法。接下来仅介绍一些简单的方法供读者参考、选择。

9.3.1　文件的分类与命名

将所收集的文献进行分类前，要有一个分类标准。对初学者而言，一种简捷的办法就是参考别人的分类方法，而这可以从相关综述（特别是近几年内发表在高水平期刊上的综述）中获得。通过浏览（注意：不是精读）近几年的综述，可以大致把握课题方向的脉络，通过别人综述中的小标题也就基本了解了该如何对相关文献进行分类。对于一位初学者，文件（电子文档、纸质版）的管理方法如下。

①　下载电子文档（doc、pdf、caj、html 等格式）时，用论文出版年代和文章题目作文件名，注意：文件名不能有特殊符号，要把 \ / : * ? < > |，以及换行符删掉。如果使用"出版年代-信息源名称-标题"作文件名（图 9-4），则可以避免重复下载，而且不容易混乱。我们也可在文件名后加入作者或期刊名称，或进行重要性或关键词标记，方便快速找到所需文件。

②　文件必须分类放置，不同主题的存入不同文件夹。文件夹的名称要体现其关键词及下载时间，文件夹的题目要简短。这样，如果忘记一个文件的具体位置，只要通过上述几种参数中的任何一个，用电脑的"搜索"功能就可以很快找到所需文件或文件夹。

③　看过的文献可以归入子文件夹，也可以在文件名称中加标记（如文件最后加"已读"

或"重要"等字样），以把利用价值高的文件与低的文件分开。重要文献根据重要程度在文件名中进行标记，然后按名称排列图标，这样，最重要的文献就一目了然了。

④ 复印或打印的文献，用打孔器打孔，活页装订，便于根据需要重新组合。

图 9-4 电子文件夹实例

9.3.2 利用软件管理文件

上述介绍的文献管理方法虽然简单易行，但在信息化的今天，这些方法相对低效。目前，有越来越多的专用工具软件，例如 EndNote、Reference Manager、CypEndnote 等，可帮助用户轻松完成参考文献的整理和标注。其中，EndNote 的使用最为广泛，具有文献检索、文献整理、引文标注、文末自动按特定格式生成参考文献列表等强大功能。有关软件的使用请参阅第 11 章。

文献管理软件使用起来虽然方便、快捷，但也有人反映：看完就忘，不易整理，所记录的笔记时间长了就没有了印象。因此，如何综合使用传统的文件分类管理方式和软件管理方式，是需要根据自己的个人习惯进行摸索的。

除了使用文献管理软件，我们也可以利用通用的硬盘搜索软件来辅助管理硬盘中的大量文献，只需稍微设置就可以很快从本机硬盘中查找出所需的文献。典型工具软件如"百度硬盘搜索"，百度硬盘搜索是全球第一款可检索中英文双语的硬盘搜索软件，可以让人们轻松管理自己的硬盘。有关知识请参阅"百度百科"，也可从网上找到免费下载安装的软件。

对于经常在不同地点或不同电脑上进行工作的用户而言，利用网络"云盘"储存与管理文件也变得越来越便捷，其优点是不受电脑与办公地点的限制，在任何有网络的地方都可以使用存储的数据。

9.3.3 重要信息的鉴别与筛选

检索获得大量与课题目标有关的科技信息后，同时会获得诸多内容相似（相近）的科技信息，因此，需要从中筛选出有价值的或重要的信息。这一筛选过程可以采取以下策略。

首先，对信息进行整理，对知识体系进行分类，将相近的知识存放在一起。可从如下四个方面分类：①基本概念、基础知识；②合成方法、制备工艺、测试技术；③性能与应用；④前沿与发展趋势。其次，当把相同类型的知识归类后，就会发现大量相同或相似的知识。这时候，保存正确与准确的知识即可。如果发现哪一类有欠缺，可以针对性地再次进行检索，弥补所欠缺的知识。

但是，对于进入新领域的读者而言，经常会发现差异巨大的描述或者参数，但又难以区分对错，尤其是网络信息良莠不齐。这时候，需要找到相对客观的筛选方法。典型策略如下。

（1）信息源可靠性与成熟度的判断   从信息的来源区分内容的成熟度与可信度。5 种文献源（图书、论文、专利、标准与产品资料、机构组织科技信息）中，科技信息成熟度的顺序是：专利、论文＜机构组织科技信息（政府文件、科技报告、技术档案）＜图书＜产品资料、标准。在线数据库内容种类繁多，主要来源于前面所说的 5 种文献源，其中的成熟度也可以依据前面的次序进行筛选。

　　文献的可靠性主要表现在其真实性，通常可从如下几个方面来判断。①从类型来判断：科技图书、科技报告、专利文献、技术标准、技术档案比其他类型文献的可靠性大；最终报告比进展报告的可靠性大（图 9-5）。②从密级程度来判断：密级、秘密和内部资料比公开资料的可靠性大。③从内容来判断：对报道科研成果的文献，要注意逻辑推理是否严谨，有无实验数据为依据；对有关应用技术的文献，要注意它是处于实验室研究阶段，还是生产应用阶段。④从来源的渠道来判断：官方来源文献比私人来源的可靠性大；从专业研究机构来的文献比一般社团来的可靠。⑤从出版单位来判断：著名大学、著名科研单位、著名出版社出版的文献可靠性大；一些著名学会及协会创办、出版的期刊论文也比较可靠。⑥从作者的身份来判断：国内外知名学者、专家、教授、工程师撰写文章所提供的情况比较可靠。⑦从引用率高低来判断：引用率高的文献可靠性大。

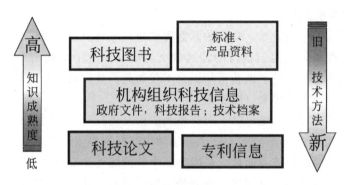

图 9-5　不同来源科技信息的差异

　　（2）从期刊影响因子判断创新性　对于科技论文而言，如果遇到研究内容类似的研究论文或综述论文，通过第 3 章里学习过的期刊 IF（影响因子）就可以大致判断论文的可靠性，比较它们的创新性。IF 越高，论文质量整体就高。这里要特别说明的是：期刊发表的论文中也会出现错误，因此，不能迷信论文。

　　另外，一些文献管理软件，例如 EndNote，具有快速筛选核心文献的功能，它的基本原理就是利用期刊的 IF 进行筛选。

　　（3）从发表时间判断先进性　先进性指在科学技术上有某种创造或突破。通过前面所说的办法将所获得的知识分类后，如果发现同类型的文献还是比较多，这时候可以用年代排序。发表时间最新的文献，其方法、技术整体最先进。除此之外，还可以从文献资料的来源、经济效果、有关评论进行判断。

　　（4）"慧眼识珠"也是一种能力　按照前面的方法，我们一般都可以很快从众多文献中找到重要的文献。当然，经历学习、实验、总结的训练后，也要学会"慧眼识珠"，也就是从看似一般的科技信息源中发现重要的发展方向，这是一种更高的境界。

　　文献情报对于用户有有关与无关之别，代表性与一般性之分，欲要利用，就离不开对文献的鉴别与筛选。文献资料的鉴别，主要是分析判断文献的可靠性、先进性和适用性。其中，适用性是指原始信息对于信息接收者可资利用的程度。

　　筛选则是在鉴别的基础上，对文献资料及其情报内容进行取舍，将陈旧的、重复的、无关的资料与部分内容剔除，保留或提炼有价值的文献和知识内容。以上两者紧密关联，往往是在对文献进行鉴别的同时，又对文献进行筛选，二者几乎同步进行。

通过鉴别、筛选，就能从看似凌乱的信息中获得真正需要的文献，从而有效利用。

9.4　化学化工信息的阅读与利用

我们之所以检索并获得科技信息，其目的是为了利用，把信息变为知识，并让知识转化为生产力。

文献（信息）经过分类、阅读、吸收，才能转化为自己的知识。科研训练的一个重要组成部分就是科研论文的阅读。广泛阅读文献是提高综合能力及水平、优化知识结构、转换思维方式、拓展研究视野的必由之路。

在科学技术日益发达的今天，不看文献要做好科研，可以说一点可能都没有。只有广看文献、深入学习，才能厚积薄发，做出高水平的成果、撰写出高质量的论文。

9.4.1　科技信息的利用过程

对学生而言，从小学到大学，知识的掌握程度是从考卷上反映出来的。对于科技人员而言，信息的掌握程度则是从他们撰写的综述论文与研究论文中反映出来的。作为一个大学生，通过科技信息检索可以自主地获得知识。不仅如此，其还需要学会利用科技信息，一步步地把它们变为知识、产出成果（图9-6）。

（1）知识的分类整理与归纳总结　对收集到的信息进行分类、阅读后，将获得的知识进行归纳、总结，整理成"知识总结"，这个总结的内容框架要依据课题结构特点进行搭建。

对于第一次学习总结的读者而言，可以参照类似的综述论文或科技著作的知识结构，看看他们论文中的小标题是如何排列的，内容是如何描述的，从而模仿进行总结。

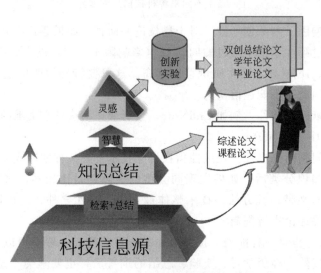

图9-6　科技信息的阅读与利用过程

（2）综合也需要创新　在知识总结基础上，对知识内容进行分析总结，进一步提出自己的观点与看法。这种创新也是素养与能力的体现。就像作文考试一样，同样的素材能写出不同的作文。如果我们经常练习，就有可能拥有更奇妙的想法！例如，进行知识总结后，把知识总结按照综述论文格式编排，就能写出一篇"课程论文"，如果再一次检索类似的综述，没有发现相同的论文，那么撰写的这篇课程论文就能发表。

（3）开展创新研究　在知识总结过程中，要运用自己或小组的智慧，"慧眼识珠"，进行创新思维，获得灵感，设计研究思路与研究方法；然后，开展创新研究、科学实验，从而开发新产品，探索新方法。

当然，在开展创新实验中，我们要仔细观察，如果发现：虽然没有得到预期的现象或者产品，但是得到了预想不到的现象或产品，建议分析总结，重复实验；然后，再深入分析总结，这时候就有机会发现新方法、获得新产品。化学学科中的许多新反应、新化合物就经历了这样的发现过程。例如，辉瑞公司的西药"伟哥"。在起初研发的时候，研发团队本想开发一种能促使心脏血液流动加快的新药，但结果适得其反，研发人员为此结果感到惊奇，便进行进一步的调查分析，没想到这一调查分析的结果竟然是开发了"伟哥"，它为辉瑞公司带来百亿美元的收入。

（4）撰写论文——体现对知识的利用能力　我们通过试验就能验证自己的创新想法是否正确，验证是否发现了新方法，或者是否获得了新产品。如果已经达到上述预期目的，就可以总结成果，撰写学年论文、毕业论文，或者创新创业总结论文。

此时，前面进行知识总结获得的综述，既可以单独发表，也可以在适当修改后，作为学年论文、毕业论文或双创论文的前言或者综述部分。

事实上，人们常说的"学以致用""科技是第一生产力"，侧重点都是"科技信息的利用"，而撰写论文就能体现人们对知识的利用能力。

9.4.2　期刊论文的阅读策略与步骤

我们在科技信息源知识的阅读过程中，一定要与自己预定的课题目标、研究方向或研究思路、实验结果相结合，针对自己的研究方向，寻找相近的论文进行阅读，从中了解文章都回答了什么问题，通过哪些技术手段进行了证明，有哪些结论。要从所阅读的这些文章中了解研究思路、逻辑推论，学习技术方法。对于重要的论文，不但要学习其中的知识，还应该学习其撰写风格。

以期刊研究论文为例，介绍阅读重要文献的策略与步骤（表 9-6）。注意：并不是所有文献都需要按此方法阅读，只有阅读与本人研究工作密切相关的文献时才采用该方法，一般文献根据需要，阅读其中的不同部分。

表 9-6　阅读期刊研究论文的策略与步骤

读什么	读论文哪部分	读的策略：找问题答案
①论文主题是什么？研究背景？	标题	
②论文要解决什么问题？其重要性在哪里？	前言	回答问题②
③a通过图表，获得什么信息？ ③b作者用图说明了什么问题？用什么方法？ ③c会画出此类图并用自己的语言表达吗？	图表	看图片回答问题③ 图和结论相结合回答⑥
④a作者采用什么方法来解决问题？理论或文献依据？ ④b方法的必要性？你认为此方法能得到怎样的结果？ ④c是否会得到更好结果或更简单的方法？	前言 实验部分 结果	阅读摘要和结果回答④和⑤
⑤a论文中的方法能否满足需要？方法与分析有什么缺陷？ ⑤b实验步骤之间的逻辑关系？每项实验的意义？必要性？ ⑤c从这些结果中会得到什么结论？是否能得到更好的结论？	结论	

续表

读什么	读论文哪部分	读的策略：找问题答案
⑥a文章的结论是什么？和你想的差异在哪里？ ⑥b结论可靠性如何？ ⑥c相关讨论是如何从已知的知识得到结论的？	结果与讨论	看结论和摘要回答⑥a
⑦a方案设计、方法的逻辑关系？实验结果是否支持文章结论？ ⑦b还有哪些不确定的地方？能否进一步确定？ ⑦c文章如何描述结果、解析图表趋势？论据如何组合？如何表达自己的观点？	讨论	比较结果和结论回答⑦ 比较文献回答⑥b和⑨
⑧和同类文献相比，方法和结果有什么共同点和不同点？	参考文献	比较同类文献回答⑧
⑨与以前的文献相比，作者在思路与方法上有什么变化，下一步是什么？能否有进一步的改进办法？		
⑩还有哪些地方没做？要是"我"接着此方向继续做，哪些是在本人工作条件下可以做的，哪些必须要做？	结论参考文献	回答⑦b和⑩ 最后全部问题过一遍

一般情况下，论文阅读顺序为：①摘要、引言，引用的主要信息、研究背景；②图表，了解主要数据和解释；③讨论和结论，将图表和结论联系起来，根据图表判断结论是否恰当；④结果，详细阅读结果，看数据是如何得到的，又是如何分析的；⑤材料和方法，详细阅读材料和实验方法，看实验是如何进行的；⑥讨论和结果，深入了解研究结果。注意讨论是如何从已知的知识和研究解释本文获得的结果的。另外，对于论文中大量的图表，如果我们能够重新画出这张图，并且能用自己的语言解说，就表明确实已经读懂了该文献。

一篇论文中最重要的部分依次是：图表、讨论、结果、方法。高水平期刊对图表的要求都很高，我们必须做到仅通过阅读图表及其说明文字即能把握文章的方法、结果，再结合自己的原有知识，就大概知道其意义。这符合现代人必须在最短时间内把握最必要信息的要求。因此，在某个领域工作一段时间之后，定期查新得到的文章时只须看摘要、图表即可，个别涉及新方法或突破性结果的文章，可再看讨论、结果和方法。这也提示我们在写外文文章时，必须注重图表及其说明文字，要做到形象化、信息最大化。

作者的水平体现在讨论部分：如果时间充裕，建议研读和模仿高水平论文的讨论部分。不同的人对同样的数据可能有不同的看法和分析方式。图表的趋势解析、论据的组合，反映出作者的科研基本功。不同作者使用相同的数据所撰写出来的论文，水平可以差别很大，其关键在于讨论。

要理解讨论中的精髓：这是体现作者想法（Idea）的创新性以及与已有实验结果比较的关键部分，从中可以看出作者设计此实验的思路，比较以后，将对自己的课题有很大启发。

因此，人们要认真阅读重要的文献，并且看完一篇文献后，要认真总结，考虑如果用自己的数据或观点，又该如何解释其中的推测或现象，从而不断进步，最终撰写出可以发表的论文。

9.4.3 不同类型文献的利用

科技信息源的主要类型、特点及重点利用价值见表9-1。简单来说：①从科技图书、学位论文获得基础知识、基本方法、背景资料；②通过期刊论文、会议资料了解学科前沿；③通过专利文献、标准文献、科技报告、产品资料、网络等等获得技术发明、具体方法、检验方法等。

对于新手，或者刚进入某个领域的研究人员，最主要的还是文献阅读的积累，一般要多读文献，建议文献研读的顺序是："学术专著（入门）——→期刊研究论文、（博、硕士）学位论文——→期刊综述论文——→高水平期刊论文与专利文献"。通过学术专著了解学科前沿与相关理论基础，通过阅读近期研究论文了解最新研究成果。读综述，可以快速全面地了解将要从事的课题，大致了解已经做出什么，自己要做什么。这样做的好处是，通过中文综述可以了解学科的基本名词，基本参量和常用的制备、表征方法。这样会比一开始直接看外文文献理解快得多。博（硕）士论文则会更加详细地介绍该领域的背景以及相关理论知识，通过阅读可以更清楚地理清一个脉络。而国外的综述多由相关研究领域的权威人士撰写，信息量大，论述精辟，读后不但有助于掌握相关研究的重点和热点内容，而且能帮助我们掌握研究领域的大方向和框架，了解哪些人、哪个大学或研究所、在哪个方向比较强等。

9.4.4　广泛浏览与专业精读

对于准备在学科或专业领域快速入门的学子，以及希望具备持久创新能力的青年学者而言，学科信息的收集、消化、利用策略十分重要。

众所周知，想要在铺天盖地的信息海洋中高效获取有价值的信息，方法很重要。科技信息阅读一般采用金字塔形策略（图 9-7）。

【例 9-6】　试从环境友好高分子材料领域初学者的角度来对金字塔形策略进行描述。

第一层（底层）：需要从各种途径获得相关专业与科技前沿知识，包括国内外新闻媒体、朋友聊天，以及在线新闻、在线软件（如科学网、QQ、微信等）。

第二层（中层）：专业领域缩小到化学相关领域，需要经常浏览学科顶级期刊与综述性期刊论

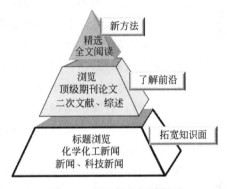

图 9-7　科技信息阅读策略

文，例如，*Nature*、*Science*、*JACS*、*Chem Rev*、科学通报、化学进展。当然，也可以浏览一些摘要性期刊、专业期刊。目前，许多在线期刊通过网络可以直接订阅 RSS，也可以直接阅览目录与摘要，这为浏览专业前沿提供了极大便利。

第三层（顶层）：需要定期浏览与专业十分密切的几种高水平期刊（如 *Advanced Materials*、*Advanced Functional Materials*、高分子学报、功能材料、*Carbohydrate Polymers* 等），采用"天然高分子、环境友好高分子、多糖、蛋白质"等关键词，精选与研究方向一致的论文，同时检索其他刊物中与研究方向一致的论文，下载并阅读，从而获得参考价值极大的信息，以为自己的研究提供可行的方法，为实验结果提供参比。

由此可见，从广泛浏览上升到专业精读，就能获得相关学科信息，对其进行消化和利用，可为自己开展相关科研工作奠定坚实的基础。

9.4.5　充分利用免费在线工具书

我们在阅读文献时总会遇到不认识的英文词汇或不知道的专业知识，当它们不影响对文献的整体认识时可忽略，但对于一些关键或重要的词汇或概念，必须了解其涵义或背景。对于英文词汇，可以使用有道词典、CNKI 翻译助手等进行翻译。此外，通过维基百科、百度百科的免费网站，也可以了解绝大多数的背景知识。相关网站如表 9-7 所示。

表 9-7 科技领域免费工具网站

网站名称	用途与特点
百度百科、维基百科	查阅基础知识；Wikipedia 网站的英文知识更丰富
The Free Dictionary	英文词典与相关知识（www.thefreedictionary.com）
CNKI 翻译助手	专业词汇翻译；可查阅常见词典未收录的专业词汇
Google 翻译；有道词典	词汇、语句翻译；电脑版与手机 APP 版
化工词典	专业词汇翻译；可获得化合物不同名称及 CA 登录号

9.4.6 阅读文献的方式与经验

知名院士、专家曾总结过一些有价值的文献阅读经验，典型有：①文献阅读需要积累；②天天学习、相对集中；③多数文章看摘要，少数文章看全文；④准备引用的文章要亲自看过；⑤注意文章的参考价值；⑥利用 Word 文档做电子笔记：传统的方法是写笔记，常说"好记性不如烂笔头"，随着电脑与网络的普及，出现了新方法"利用 Word 文档做电子笔记"。

目前大部分学生都熟悉电脑的使用，可以在阅读一篇文献（电子版或打印版）时，建立一个 Word 文档电子版笔记本。将阅读文献中精彩和重要的部分，尤其是重要的结构式或机理图，直接复制到 Word 文档里。同时以脚注或尾注形式记录文献的标题和作者等相关信息（完整的参考文献著录格式），将文献分类集中。

这种方法操作简单，对将来查询和反复阅读会有很大帮助。尤其在写文章时，相关文献及其亮点一目了然，将文字与参考文献直接复制到论文中，可减少错误。也可以把一些很经典的英文语句翻译成中文，进行中英文对照放置。这样，在以后写文章时直接利用，不但省事省时，还能锤炼英汉互译能力。

具体来说，先将每篇综述的核心内容总结成几句话，附上其框架结构（可以是该综述中的小标题），而后将自己感兴趣或与目前个人或课题组研究相关的部分加粗或加彩。这样在总结一系列综述论文后，会得到一个综述提纲形式的文档，最后汇总得到立体化的提纲。

这样做的好处有很多：①避免了文献阅读的盲目性，否则没头绪，看了一堆文献而不能根据一个主题将其有机地联系起来，时间一久便会忘掉；②提高了自己建立提纲的能力，一般来说，无论是写论文，还是写开题报告都需要首先建立提纲；③还可以提高自己分类总结的能力，而这正是写文章乃至以后写报告、写总结所必需的。

9.5 论文写作——基于文献的创新

接下来，只从化学信息检索与利用的关系角度讨论综述论文和研究论文的写作。

9.5.1 学习从文献中提炼精华

科技论文一般有较为固定的格式，因为其反映的是客观规律，无须华丽的词汇与语句，否则会喧宾夺主。也有人说："写英文文章就像写八股文"，就是要在文章的每一部分先用经典的句式搭建结构框架，然后灌注内容，注意每段要有中心概括句，直接表明本段话的目的。段与段之间要有承上启下的过渡词，这样文章的主体就清晰明了、结构严谨。对于那些已经通过国家大学英语四级及以上的学生，大多都是英语阅读理解的高手，都知道阅读时找

"中心句""中心段"等，如果把这些快速阅读的"技巧"，应用到自己的英文写作中，触类旁通，举一反三。

需要注意的是，每次读文献时（不管是精读还是泛读），一定要和自己的数据或设想相结合。阅读文献的"分析与讨论"部分时，都要仔细思考，如果这些结果是自己的，那么自己会如何撰写这部分的分析与讨论。再思考一下，如果使用自己的数据，又该如何进行解释。文献阅读完毕后，要认真分析其核心是什么，若不清楚，则需要再从"摘要""结论"里寻找，并从"结果与讨论"里加以确认。

在文献阅读中要养成总结的好习惯，否则读的时候好像什么都明白，一合上就什么都不知道了，相当于白读。这是读文献的大忌，既浪费了时间，也没有形成好的阅读习惯。另外，在平时读英文专著和文献时，要及时留心收集经典句型和短语，建立属于自己的写作数据库，以便写文章时随手套用，这样文章写起来就十分顺畅，不必临时大海捞针，苦苦寻觅合适的词语或句子。当然读文献的主要目的不是为了学英语，而是获取信息，所以要将重要的结论及精巧的实验方案记录下来，供参考和学习，为自己的科研所用。

9.5.2　研究论文写作的题材

① 靠压倒一切的新颖性（First to report）来发文章，由于是基于文献检索（即 To the best of our knowledge，…have never been reported），所以需要先讲清楚自己是通过什么方法制备或合成了一种特殊的、有潜力的材料，然后对其进行所需的常规表征（…was characterized by IR，NMR，XRD，XPS，SEM，etc.），之后选一个典型的反应进行评价，画一张图或者列一个表，表明其有一定的催化效果，最后得出结论：The novel catalytic material…shows promising performance in…。

② 靠改进现有技术，例如，通过优选现有技术进行组合改性或引入 additive＊＊＊ 以后发现效果或性能有所提高之类的文章，可以这样描述：…compared with A，B modified by＊＊＊ exhibits better activity and stability。改进现有技术效果好了，自然效果好的原因是这篇文章强调的对象。To find out the crucial factors leading to better performance…，此时需要精心设计实验方案，全面表征，把所有可能给出合理解释的试验和表征分类列举，加以分析解释。最后写结论：The conclusions can be reasonably summarized as follows：first，…second，…。让审稿人读后，觉得思路清晰、论据充足。

以上两类是基本的文章发表模式，其实万变不离其宗。不管实验怎么设计，文章怎么写，要牢记条理清楚、逻辑性强，明确每个实验和表征的目的〔The aim of the present work is to investigate＊＊＊；In order to determine（examine；investigate；whether…，＊＊＊ characterization was carried out.）〕，这样才能有的放矢、紧扣主题，即使审稿人提出疑问，也大可镇定自若地回答，因为没有人比你更了解你自己的实验工作，只要经过深思熟虑，任何问题都能给出比较合理的解释。

9.5.3　文献追踪与创新思想

在现在这个信息时代，会有你的灵感与别人不谋而合的情况，所以要特别关注自己所研究领域的最新动向。在自己抓紧出成果的同时，随时根据有可能出现的"撞车"进行调整，做到心中有数。一定要勤跟踪和自己课题相关的文章，现在许多课题组（Group）科研做得又快又漂亮，我们在做到心中有数的情况下，可以扬长避短，做出新东西来。了解与自己研究方向有关的机构，密切关注在该研究领域和方向的顶尖课题组所发表的论文。对数据库进行定题、定词定期搜索，才能保证不漏掉每一篇重要的文献。追踪文献要紧密结合自己的研究方向并为科研工作服务。

当科研论文的阅读能力提高到一定程度后，就要学会批判阅读。不要迷信已发表的论文，哪怕其发表在非常好的期刊上。要时刻提醒自己：该论文逻辑是否严谨，数据是否可靠，实验证据是否支持结论，你是否能想出更好的实验，你是否可以在此论文的基础上提出新的重要问题。

古人云："尽信书不如无书。"以追踪当前发展动态为目的阅读文献时，需要发挥自己的判断力，不可盲从，即使是知名科学家和教科书有时也会有错误。在追踪当前发展的重要方向时，切记：你看到的问题别人同样也会看到，越是重要的问题竞争越激烈，在研究条件不如他人时，如果没有创新的研究思想和独到的研究方案是不可能超越他人获得成功的。

创新思想来自何处？虽然灵机一动产生重要创新思想的例子在科学史上确实有所记载，但这毕竟是比较罕见的，而更为常见的是天才出于勤奋，创新出于积累，积累可以是个人积累，也可以是本单位（课题组）的长期积累。

9.6 化学化工信息的检索与利用实例

在前文中已经介绍过检索科技信息的主要步骤。获得所需信息，就可以撰写综述或课程论文，这个综述也可以是毕业论文或学位论文或创新创业论文中的综述部分，并进一步开展相关研究。

9.6.1 选择与确立检索主题的方法

作为一名即将学习某专业的大学生或研究生，科技信息的检索应该与本专业相关。那么，当需要自由选择主题目标时，该如何选择呢？建议如下。①基于生活中的经验或经历，设定与本专业相关的课题。②基于中小学学习过程中遇到的科学问题。③基于新闻报道、朋友聊天中遇到的与本专业相关的问题。综合实践练习题（附表1）罗列了部分可选择的检索主题目标，从中选取一个与本专业相关的课题进行科技信息检索与利用，然后撰写相关综述性论文或知识介绍性论文（2000~8000字）。

9.6.2 检索实例——以日常用品为检索目标

如前所述，科技信息检索主要步骤有：①认清课题目标（找什么）；②选择适当检索工具（怎么找）；③获取"题录＋摘要"、下载重要全文（哪里找）；④知识总结（找到了）；⑤撰写课程论文（综述）。

【例9-7】 以洗涤剂（日常生活中广泛使用的日用化学品）为检索目标，举例说明如何开展科技信息检索。

（1）找什么 鉴于洗涤剂是日常生活中被广泛使用的日用化学品，因此，考虑通过互联网、图书了解大概情况，确定范围（检索主题词）。首先，使用百度免费检索工具检索"洗涤剂"，就会找到"洗涤剂（Detergent）""洗洁精（Cleanser essence）"百度百科（在线工具图书），阅读后就会发现，洗涤剂的种类、形态、应用领域十分广泛，可以从不同角度深入认识。作为化学专业的学生，可以将检索目标缩小到"餐具洗涤剂配方与洗涤原理"。

（2）怎么找 基于缩小后的检索目标，选择检索工具。使用中国知网（CNKI）查找科技论文、专利、标准等；使用数字图书与本校图书馆查找图书信息。拟使用的检索词：洗涤剂、洗洁精、餐具、手洗、配方、原理。

（3）哪里找　首先，进入中国知网，检索词为"餐具＋洗涤剂"，进行跨库（包括学术期刊、博硕、会议、专利、标准库）检索，得到 400 余条结果，从中筛选出期刊论文，以找到有价值的期刊论文，例如，祝丽丽，"手洗餐具洗涤剂的配方研究"，日用化学品科学，2012，35（12），53-55。从中我们可以找到手洗餐具洗涤剂的配方。

这时，我们会发现虽然能够找到专利、标准，但无法下载原文。例如，我们可以找到国家标准：手洗餐具用洗涤剂 GB 9985—2000，但从 CNKI 无法下载全文，此时，可直接用标准号"GB 9985—2000"在百度中进行搜索，可以免费在"食品伙伴网下载中心"下载该标准的全文。

在数字图书中搜索"洗涤剂"，就能找到图书："刘云，《洗涤剂 原理·原料·工艺·配方》，化学工业出版社，北京，1998.09"。本校订购了该数据库，所以该图书能够全文下载。

（4）找到了　阅读获取的原始文献，进行知识总结。我们能从图书中找到洗涤剂结构与洗涤原理；能从论文、专利中找到配方与制备方法；能从标准中找到国家规定的参数，例如，注明"荧光增白剂不得检出"。因此，此时可以得到结论，已经得到了检索目标所需的知识。

基于知识总结，就可以撰写课程论文（综述）。写作格式将在第 10 章予以介绍。

9.6.3　检索实例——前沿领域的检索目标

大部分情况下，作为科技工作者，需要随时了解前沿领域的科技动态。那么，作为科研新手，又该如何进行检索并利用前沿领域的科技动态？

【例 9-8】　试以"智能材料"为例，仍然按照与前文所述的相似步骤介绍前沿领域的检索、利用方法。

（1）找什么　首先，使用在线工具书"百度百科"，查阅"智能材料"。可以了解到，智能材料（Intelligent materials）是继天然材料、合成高分子材料、人工设计材料之后的第四代材料，是一种能感知外部刺激、判断并适当响应的新型功能材料。智能材料又称敏感材料，英文常用：Intelligent/Smart material；Adaptive material and structure。不同学科的入门者可从自己的专业角度进行检索实践。作为化学化工或材料专业的学生，可以检索"智能高分子的制备与应用"，或者更具体一些，从温敏性（Thermosensitive）高分子、pH 响应性（pH responsive）高分子的合成与应用进行检索实践。

（2）怎么找　检索"智能高分子的制备与应用"。由于大部分高水平的成果发表在英文期刊上，所以需准备好英文检索词：Intelligent polymer；Smart polymer；Preparation；Application。作为以基础研究为主的前沿领域，可首先查找科技论文与图书，必要时检索专利，认识合成技术。

其次，在免费检索工具——百度学术（xueshu. baidu. com）或 google 学术中使用"智能高分子"或"Intelligent polymer"或"Smart polymer"进行检索，会找到大量与智能高分子相关的图书、论文、专利信息，检索结果可以用"发表时间""领域""关键词""信息源类型""是否免费"等进行筛选，从而缩小范围。例如，限定在"免费下载"，可以找到论文［王宏喜，熊雨婷，卿光焱，孙涛垒，"生物分子响应性高分子材料"，化学进展，2017，29（4）：348-358］，并免费下载全文。

如果使用英文检索，会找到更多信息。

如果本单位征订了 WoS、EV 等学科综合检索工具，可以查找到高水平前沿成果；也可以使用 SciFinder 等学科专业检索工具，从而减少免费检索工具遗漏检索信息的问题。

（3）哪里找　找到题录＋信息后，中文全文可通过中国知网（CNKI）下载，专利可以从国家知识产权局下载，图书可以从本校图书馆借阅或从数字图书馆阅读。英文可以找相应的全文数据库或通过网络求助获得。

（4）找到了　对阅读获取的题录、摘要、全文，进行知识总结。如果发现内容太多，可缩小范围到某一种对外界条件有响应的高分子材料，例如，温敏性（Thermosensitive）高分子、pH 响应性（pH responsive）高分子、智能涂料。当然，必要时可直接从全文数据库查找更专业的知识内容。

基于知识总结，就可以撰写课程论文（综述）。典型实例请参阅发表在《化学进展》（2008，20（2/3），351-361.）中的综述论文（标题：智能涂料制备方法探索与应用）。

毋庸置疑，对于已经通过专业学习的大学生而言，只要掌握适当方法，就可以快速检索与利用专业信息；若学生已经通过大学英语四级考试并进行了适当的专业英语训练，也能够快速检索英文文献并进行有效利用。

9.7　小结

对于准备从事或刚步入科学研究工作中的大学生或研究生来说，在开展学年论文、毕业论文或学位论文等工作过程中，包含典型专业信息检索与利用过程。如何既快速，又能较为全面地检索与获取所需文献资料显得十分重要。因此，只有学会化学信息检索与利用的策略与技巧，才能事半功倍。

本章基于科技图书、科技论文、专利信息、标准信息与产品资料、机构组织科技信息数据库 6 大类重要科技信息源检索方法，就如何开展科技信息的检索、如何记录这些信息源（题录）、如何快速准确获得所需要的知识、如何整理与阅读吸收及综合创新等进行了讨论。可以简化为找什么、怎么找、哪里找、找到了等"找"的问题。

如果已获得了所需信息，就可以撰写综述或课程论文，这个综述也可以是毕业论文或学位论文或创新创业论文中的综述部分，并进一步开展相关研究。

▶▶ 练 习 题 ◀◀

1. 化学化工 6 类文献源有哪些各自的特点？与传统的 10 类文献有哪些联系？
2. 几种科技信息源中各自有哪些类型的知识？
3. 科技信息检索与利用的主要步骤有哪些？
4. 重要的化学化工信息检索工具有哪些？

▶▶ 实践练习题 ◀◀

1. 根据检索经验，总结本单位（图书馆、资料室）有哪些科技信息源。
2. 通过百度、CNKI、专利网站等工具，检索"无磷洗衣粉"发展状况并进行总结，提出发展趋势。
3. 通过百度学术、Google 学术、Bing 学术、维基百科及国际化学相关搜索引擎检索

"环境友好高分子" 最新研究进展，并提出个人观点。

4. 根据自己的专业特长或兴趣选定一个课题并系统查阅中、外文文献，了解该领域研究现状和存在的问题，总结提纯或表征方法。

5. 根据自己进行信息检索的经历，总结科技信息检索、阅读、利用过程中应该注意的问题。

第 10 章　学术论文撰写与投稿

 导语

　　作为一类重要的学术论文，科技论文的灵魂是创新与应用，主要通过期刊论文、会议论文或学位论文对外公开与相互交流。为了便于研究者之间交流、检索机构收录，各类学术论文都有其相对固定的格式。对大学生而言，需要知道课程论文、学年论文及创新创业总结等形式科技论文的写作方法。通过本章学习：掌握学术论文的一般格式与撰写要求；了解科技期刊论文的投稿方法。

 关键词

　　科技论文；论文格式；撰写经验；在线投稿

　　知识利用是科技信息检索的最重要目的。我们需要将检索获得的知识进行总结，而规范的总结可以论文形式表现。这种总结（论文）既可以作为毕业论文的绪论部分，也能够以综述论文的形式在期刊上公开发表。基于该知识总结，我们可以开展创新设计与科学实验，而当获得有价值的结果后，就可以对创新成果进行深入提炼，撰写科技论文，为发表期刊论文，公开会议论文、学位论文或申请专利做准备。因此，科技论文的撰写是一名科技工作者应具备的基本能力。

　　本章将从作者的视角，认识科技论文的结构组成与写作方法，从而帮助初次开展科学研究探索的读者进一步了解科技论文的撰写过程。

10.1　学术论文与科技论文

学术论文（Academic Paper，Article）是对某一学术问题所取得新成果的科学记录，或对某一类知识创新见解或新进展的科学总结，并用以发表、交流或用作其他用途的书面或电子版文件。科技论文（Scientific paper）则是指科学技术领域的学术论文。

每一篇学术论文都有核心的课题，或是回答一个学术问题。而科技论文是报道自然科学研究成果或技术开发工作成果的论述型文章，更注重于技术与实践。科技论文通常是基于概念、判断、推理、证明等逻辑思维体系，使用实验或理论计算等方法，按照特定的格式来完成的。科技论文的特点参见第 3 章。

10.1.1　学术论文的主要类型

学术论文有多种（表 10-1），用于期刊发表的学术论文属于期刊论文；用于会议交流的学术论文称为会议论文；用于申请学位（Degree）的学术论文称为学位论文（Thesis，Dissertation），包括学士（Bachelor）学位论文、硕士（Master）学位论文、博士（Doctor）学位论文。

表 10-1　学术论文主要类型

分类方式	按用途分类	按内容性质分类		按学科分类	
主要类型	期刊论文 会议论文 学位论文	科学技术论文	研究论文 综述论文	自然科学论文	化学类论文 材料学论文 生物医学论文 ……
		教学研究论文	教学理论研究论文 教学技术研究论文 教学经验论文	社会科学论文	文学、历史学 经济学 ……

按研究的内容可以简单分为综述论文与研究论文，其中研究论文又可以分为基础（理论、实验）研究论文和应用研究论文。理论研究重在对各学科的基本概念、基本原理的研究；应用研究侧重于如何将各学科的知识转化为专业技术和生产技术，直接服务于社会。

按研究的学科，学术论文可分为自然科学论文和社会科学论文。社会科学论文，又可细分为文学、历史、哲学、教育、政治等学科论文。

与科研、教学密切相关的学术论文有如下三大类：①科学技术论文，如实验（理论）研究论文、综述论文；②教学研究论文，包括教学理论研究论文、教学技术研究论文；③学位论文，分博士学位论文、硕士学位论文、学士学位论文。近年来，为了培养本科生的科学研究素养，许多高校要求本科生在大学期间（2～3 年级）介入科学研究，撰写课程论文、学年论文及大学生创新创业论文等。

10.1.2　科学发现与论文发表

当科技工作者在科学技术领域有重大发现时，首先会通过撰写、发表学术论文，公布其研究成果。当代科学与技术（Science and Technology）的发展极大地推动了人类文明的进步。其中，科学侧重于理论、本质的研究，而技术则更多是实际应用的开发（某种程度上类似于理科与工科的区别）。因此，这两个领域出现的新突破和成果，也被分别称为"科学发现"（Scientific Discovery）和"技术发明"（Technological Invention）。当代科技发展过程中，科学发现和技术发明总是相互融合、相互推动的。

科学发现是一个过程性活动，因为发现的类型不同，其中会综合使用猜测、想象、实验、分析、逻辑推理等多种方法（科学发现的一般模式）。而这些猜测、想象、实验设计、结果分析、推理及规律的揭示，反映了科学发现的方法，为进行科学总结、方法（技术）的交流，将科学发现的主要过程、方法、内在逻辑关系撰写成论文。通过科学论文的发表，科学记录了科学发现活动的直接目标——新的科学研究成果或创新见解和知识，或是科学总结了某种已知原理应用于实际取得的新进展，也表明了重要事实或理论的发现是科学进步的主要标志。

对于在科技领域从事研究与开发的人员（科技工作者）来说，取得具有创新性的研究成果后，应该选择论文发表，还是专利申请来公开其成果？这主要取决于研究成果的内容以及成果公开的目的（表 10-2）。一般来说，科技论文发表侧重于科学发现，目的是传播和分享科学知识，而专利申请则是为了公开技术发明，并寻求知识产权的保护。

表 10-2　科技论文与专利公开的对比

成果公开形式	主要内容	公开目的、时序
专利申请	技术发明为主	知识产权保护；专利申请在前
科技论文发表	科学发现与技术发明	知识传播和分享；论文发表在后

一项科技成果既可以申请专利，也能够发表科技论文，其中科技论文的技术核心就是申请专利的核心内容。但是，一定要注意申请专利与发表论文的先后顺序，必须先申请专利，后发表论文，否则专利将难以被授权。

10.2　科技论文的写作

学术论文的写作有别于文艺写作、公文写作和日常应用文写作，它融科学技术的丰富内容和成熟的写作理论技巧于一体，是借助于书面语言，完成知识产品制作的一种行为过程；是熟练运用各种书面表达手段，准确、严谨地表述思维能力的体现。它具有一般写作所具有的目的性、综合性、实践性等特征，同时，又具有其自身的特点：内容的科学性、先进性、创新性、实用性；语言的二重性，即"自然语言"和"人工语言"的有机结合。

在科技刊物上公开发表的文章，即科技期刊论文，都有一定的规范和编写格式要求。我国通过国家标准对科技论文的撰写进行了规范，如：GB/T 7713.1—2006《学位论文编写规则》，GB/T 3179—2009《期刊编排格式》，GB/T 7714—2015《信息与文献　参考文献著录规则》。根据相关标准，表 10-3 列出了科技论文写作的基本格式。

表 10-3　科技论文写作的基本格式

位置	内容	备注
前置部分	题名或副题名、作者名、作者单位、地名、邮政编码、摘要、关键词、中图分类号	内容都要有中、外（通常为英文）两种文字
	作者的简介：出生年月、性别、学位、职称等	国家统计源所需
主体部分	引言、正文（包括图、表）、结论或讨论、致谢（选择项）、参考文献等	

10.2.1　科技论文的"汉堡包"式结构

科技期刊论文可以简单地分为"综述论文""研究论文"两大类，其他不同类型的论文可以看成这两类论文的拓展。为了能形象地理解科技论文写作的基本格式，我们可以用"汉堡包"的构成方式来描述科技论文写作的基本格式，并形象地称之为"汉堡包"写作法（图10-1），即前置部分、正文部分、支撑部分三大块构成科技论文的基本框架。其中，正文部分是论文的主体，前置部分及支撑部分可根据不同文体的需要予以调整。

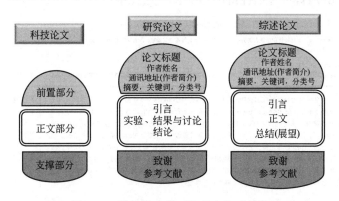

图 10-1　科技论文的"汉堡包"式结构

10.2.2　科技论文的前置部分

科技论文的前置部分一般包括论文标题、作者姓名、作者单位、地址、摘要、关键词、中图分类号等。

（1）论文标题（Title，Topic）　也称题名、文题或篇名，是以最恰当、最简明的词语反映论文中最重要特定内容的逻辑组合。标题是论文内容的高度概括，其既要有概括性，又要醒目，有时还需要副标题。下列 3 种情况，可以用副标题对主标题作进一步具体说明：①标题语意未尽，确有必要补充说明其特定内容；②系列报道文章或是分阶段所得的研究成果；③其他有必要用副标题作为引申或说明者。

（2）作者姓名（Author）　一是为了表明文责自负，二是记录作者的劳动成果，三是便于读者与作者联系及文献检索（作者索引）。署名时可以是个人作者，也可以是合作者或团体作者。作者需用真实姓名，不带头衔或职称。署名原则：①在选定课题和制订研究方案中作出主要贡献的全部或主要研究参加者；②论文的讨论或执笔者；③对论文全部内容具有答辩能力者。论文作者应同时具备以上三个条件。不满足署名条件但确实对研究成果有所贡献者可作为"致谢"中的对象。

（3）作者单位（Address）与联系人信息　包括作者单位、通讯地址、邮编等。若作者并不永久在一个单位工作，应署上作者现在通讯处和永久通讯处。根据国家统计源的需要，有些刊物要求注有通讯作者（一般用＊号标明）的出生年月、性别、学位、职称、研究方向和通讯地址等。此外，如果论文课题研究有资助背景，还应注明资金项目来源（项目编号），实例见图 10-2。

（4）摘要（Abstract）及图文摘要（Graphical Abstract）　摘要又称文摘、概要、内容提要，是文章内容缩略而又准确的表达形式。摘要应具有独立性和自明性，并且拥有与文献同等量的主要信息，即不阅读全文，就能获得必要的信息。摘要分指示性、报道性及综合性三种，在 300 字左右。其基本要素包括研究目的、方法、结果和结论。典型实例见图 10-2。

摘要的主要功能：①让读者尽快了解论文的主要内容；②为科技情报文献检索数据库的建设和维护提供便利。

科学通报　2011 年　第 56 卷　第 17 期：1360 ~ 1366

论文　　www.scichina.com　csb.scichina.com

《中国科学》杂志社
SCIENCE CHINA PRESS

白蛋白锌卟啉结合体光解水产氢性能

朱永峰，何玉凤，王荣民[*]，李岩，宋鹏飞

生态环境相关高分子材料教育部重点实验室，甘肃省高分子材料重点实验室，西北师范大学化学化工学院，兰州 730070
* 联系人，E-mail: wangrm@nwnu.edu.cn

2010-11-01 收稿，2011-01-14 接受
教育部新世纪优秀人才支持计划(NCET-06-0909)、国家自然科学基金(20964002)和甘肃省科技支撑计划(1011GKCA017)资助项目

摘要　将难溶性的锌卟啉(ZnTpHPP)与牛血清白蛋白(BSA)结合，制得一类新型水溶性生物高分子金属卟啉配合物(BSA-ZnTpHPP). 通过紫外可见光谱(UV-Vis)、圆二色谱(CD)及非变性聚丙烯酰胺凝胶电泳(Native-PAGE)对 BSA-ZnTpHPP 的结构进行了表征，发现二者以配位键结合，BSA 与锌卟啉以较低比例结合时蛋白质二级结构保持. 考察了 BSA-ZnTpHPP 的光敏感性，发现 BSA-ZnTpHPP 在光照条件下易变成三重激发态，可以将电子转移给甲基紫精(MV^{2+}). 以三乙醇胺(TEOA)为电子供体，甲基紫精(MV^{2+})为电子中继体，以 BSA-ZnTpHPP/MV^{2+}/TEOA/胶体 Pt 四组分体系考察了 BSA-ZnTpHPP 的光诱导水解产氢性能，结果表明，这类水溶性生物高分子金属卟啉光敏剂具有良好的光解水产氢性能.

关键词
生物高分子
光敏剂
金属卟啉
白蛋白
电子转移反应
产氢

图 10-2　研究论文的前置部分

　　摘要写作的注意事项：①用第三人称；结构严谨、表达简明、语义准确；②使用规范化的名词术语；有些缩略语、略称、代号，首次出现时加以说明；③摘要不分段，不列举例证，不描述研究过程，不作自我评价；④应排除本学科领域已成为常识的内容，不重复题名中已有的信息；⑤一般不用数学公式和化学结构式，不出现插图、表格；不用引文。

　　图文摘要：近数年来，许多国内外期刊的目录，提供图文摘要，使读者在浏览目录时能够快速了解论文的核心内容，或使创新点一目了然。典型实例见图 10-3。

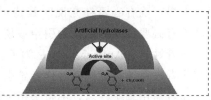

化学进展，2015 年 8 月第 27 卷　第 8 期

基于蛋白质骨架的人工水解酶的理性设计
赵媛，曾金，林英武[*]
2015, 27(8): 1102-1109 | DOI: 10.7536/PC150232

图 10-3　图文摘要示例

　　（5）关键词（Keywords）　那些出现在论文标题、摘要与正文中，能够表达论文主题内容且具有实质意义的规范化的、关键性的，可以作为检索"入口"用的词语。典型实例见图10-2。关键词的作用：①使读者用"扫描"方式阅读，帮助读者节省时间；②使文章"一目了然"；③是文章的重要检索点。读者可以先通过关键词查到文章的线索，再到科技期刊上查找文章。

　　（6）英文标题、作者、单位、摘要、关键词　根据联合国教科文组织规定："全世界公开发表的科技论文，不管用何种文字写成，都必须附一篇短小精悍的英文摘要"。我国现有的"公开发行"或部分"限国内发行"的学术刊物，也都在中文摘要或全文之后，加排英文标题、作者、单位、摘要、关键词。目的是提高档次，扩大对外学术交流。目前，化学化工期刊论文都含有英文标题、作者、单位、摘要、关键词，如图 10-4 所示。

Albumin/zinc porphyrin conjugates for photosensitized reduction of water to hydrogen

ZHU YongFeng, HE YuFeng, WANG RongMin, LI Yan & SONG PengFei

Key Laboratory of Eco-Environment-Related Polymer Materials of Ministry of Education, Key Laboratory of Polymer Materials of Gansu Province, College of Chemistry and Chemical Engineering, Northwest Normal University, Lanzhou 730070, China

A novel water soluble biopolymer metalloporphyrin complex (BSA-ZnTpHPP) was prepared by combination of insoluble meso-tetra(4-hydroxyphenyl) porphyrin zinc complex (ZnTpHPP) and bovine serum albumin (BSA). The complex was characterized by UV-Vis spectroscopy, circular dichroism, and native polyacrylamide gel electrophoresis. The secondary structure of BSA was maintained after coordination of the metalloporphyrin complex at a low ratio. The photosensitivity of BSA-ZnTpHPP was also investigated. Its fluorescence was quenched by methyl viologen (MV^{2+}), which suggests that photo-induced electron transfer occurs from BSA-ZnTpHPP to MV^{2+} in the BSA-ZnTpHPP/MV^{2+}/triethanolamine (TEOA) system. Under light, BSA-ZnTpHPP was easily excited to the triplet state, and then transferred an electron to MV^{2+}. The BSA-ZnTpHPP/MV^{2+}/TEOA/colloidal Pt system was applied to photosensitized reduction of water for preparation of hydrogen. The water-soluble biopolymer metalloporphyrin complex was an excellent biopolymer photosensitizer.

biopolymer photosensitizer, albumin, metalloporphyrins, photoinduced electron transfer reaction, hydrogen production

doi: 10.1360/972010-1508

图 10-4　英文标题、作者、单位、摘要、关键词

（7）分类号　亦称中图分类号，通常是指《中国图书馆分类法》或《中国图书资料分类法》中的分类号。分类号是分类语言的文字表现，功能与主题词一样，同属于情报信息检索语言。如果一篇论文涉及多学科内容，则可以同时给出几个分类号，但主次分类号须按先后顺序排出。部分刊物，无须提供分类号。常用图书分类号见第 2 章。中图分类号一般在摘要和关键词的下一行给出，如图 10-5 所示。

具有模拟SOD功能的大分子*

裴菲　何玉凤　李晓晓　王荣民**　李刚　赵婷婷

（生态环境相关高分子材料教育部重点实验室，西北师范大学化学化工学院，兰州 730070）

摘要：生命活动中用于维持生物体内超氧阴离子自由基动态平衡的超氧化物歧化酶 (Superoxide dismutase, SOD) 是一类金属酶，属于典型的生物大分子金属络合物，因其在生命活动中所起的重要作用而倍受关注。目前，有关……合成高分子模拟SOD的工作主要集中于高分子接枝金属配合物的研究，其中典型的合成高分子有聚乙二醇（Polyethylene glycol, PEG）……和一些嵌段共聚物，其抗氧化活性与金属配体有关，是一类潜在的抗癌药物。

关键词　超氧化物歧化酶　高分子抗氧化剂　大分子　酶模拟

中图分类号：O636; O629; Q51 文献标志码：A 文章编号：1005-281X(2013)02/3-0340-10

图 10-5　分类号实例

10.2.3　科技论文的正文部分

正文部分是科技论文的核心。主要由引言、正文及结论构成。引言的中心内容是提出问题，正文的中心内容是分析问题和解决问题。其主要包括：研究对象、材料（原料）、实验或计算方法、仪器与测试方法、数据处理和分析、结果讨论等。以实验研究性论文为例，其正文部分一般包括实验部分、结果与讨论。

（1）实验部分（Experimental）　包括测试仪器的型号、生产厂名或公司名、测试条件和精度；所用材料、试剂的纯度和纯化方法；所用标准技术和方法；凡已见报道的实验，只需列出参考文献。实验注意事项应予注明。理论计算中采用的计算程序、来源及计算机型号、语言应予注明。

撰写时应注意：①实验方法可重复进行，并能得出同样或近似的结果，这是科学实验的特点之一；②涉及保密和专利的内容不要写进去；③技术上的要害问题应含而不露；④写进报告的数据和方法过程，必须有原始记录，并且任何时候都不得改变。根据论文的具体情况

决定是否需要这部分内容。

（2）结果与讨论（Resultsand Discussion）　对于以实验为研究手段的论文和以调查研究为主的论文，应对所测得数据和所观察到的现象加以有序描述，并将其中的一些内容制成便于分析讨论的图或表，有的还需提供实物、实景照片。撰写时应注意：①选取数据，实事求是；②描述现象要分清主次，抓住本质；③图和表要精心设计、制作，使人一目了然，看出规律。

插图作为一种辅助手段，可以形象、直观地表达技术内容，经常起到文字代替不了的作用。插图有各种曲线图、构造图、示意图或模式图、框图、流程图、照片等。曲线图结构见图10-6。三线表是有线表的一种，一般只有3条横线：顶线、底线和栏目线，因此称为"三线表"。三线表中的顶线和底线通常为粗线，栏目线为细线。三线表克服了传统有线表的缺点，但几乎保留了传统有线表的全部功能，使表格更为简洁。科技期刊一般采用三线表，其构成要素如图10-7所示。

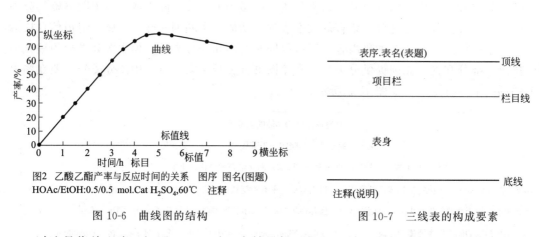

图10-6　曲线图的结构　　　　　　　　　　图10-7　三线表的构成要素

讨论是指从理论（机理）上，对已有结果加以解释，阐明自己的新发现或新见解。分析讨论问题时必须以事实为基础，以理论为依据，不能主观武断。公式推导要严密，假说的产生也要有一定的事实和理论依据，以及要有逻辑性。

撰写讨论时应注意：①与其他文献上的同一问题进行比较；②没有比较的新发现，要强调指出；③对发现问题的实用性、有效性提出自己的见解，提出本研究的不足之处和需要进一步研究的方向与问题；④讨论引用别人的文献时也必须在引用文献后加括号，注明原作者姓名和文章的年代。有些则要求文中用上标标序，文后标注对应参考文献。典型实例见第3章表3-4。

（3）结论（Conclusion；Summary）　是学术论文的收尾部分，是围绕本论文所作的结束语。它是在理论分析和实验结果的基础上，通过严密的逻辑推理而得出的富有创造性、指导性、经验性的结果，是作者认识上的升华。其基本的要点就是总结全文，加深题意。主要内容包括：论文研究结果说明了什么问题，得出了什么规律，解决了什么理论和实际问题。

撰写结论时应注意：对于新发现、创新见解的表达要肯定、准确。

也有很多文章没有单独的结论，有的以文中的小标题呈现，有的与"讨论"放在一起，夹叙夹议的，要区别情况对待。典型实例见第3章表3-4。

10.2.4　科技论文的支撑部分

支撑部分是对论文工作相关事项的说明，主要有致谢、参考文献、附录等，从而对论文内容（尤其是正文部分）起到支撑作用。

（1）致谢（Acknowledgement）　是作者对论文的指导者、协助者，特别是对贡献很大的帮助者以最简单的词句表示感谢。致谢位置不固定，一般单独放在"结论"之后，参考文献之前；部分期刊致谢放在首页的页脚。致谢对象和范围为：①对论文完成给予指导、帮助的人员；②资助研究工作的学会、国家科学基金会、合同单位，以及其他组织或个人。常见句式："感谢……基金资助""本文曾得到×××帮助（赞助、指导、修改），谨此致谢（特此致谢或深表谢意）"。可直书被致谢人姓名，也可写敬称，如×××博士、×××教授等。典型实例见图 10-8。

致谢：国家自然科学基金的资助(No.2024xxxx)。

Acknowledgements: We are thankful to Profs. Wang J.Q. and Zhu W.G. (Northwest Normal University, China) for their help in the NMR spectra measurement.

图 10-8　致谢实例

（2）参考文献（References）　在科技论文中，凡是引用或参考前人的数据、材料和论文等，均应按文中出现的先后顺序给予标明。著录参考文献不仅反映作者的科学态度和求实精神，表示作者对他人成果的尊重，而且反映出作者对本课题历史和现状的了解程度，便于读者衡量论文的水平和可信度。此外，参考文献也体现了论文取材的广度与深度，便于读者了解该领域的情况，是读者进行追溯性检索的有效途径，可以根据所列文献找到原文；也便于评审人员查找原文，认真审稿。

参考文献的来源一般是图书（专著）、期刊论文、会议论文、学位论文、专利、标准、科技报告、档案资料等，未正式发表的资料一般不列入。近年来，网页信息也可以作为参考文献被予以引用。参考文献一般以题录的著录格式，按如下次序列出。

专著（图书）：作者. 书名 ［M］. 版本（第一版不必标注）. 出版地：出版者，出版年：页码.

连续出版物（期刊论文）：作者. 题名 ［J］. 刊物名，出版年，卷（期）：页码。

实例如表 10-4 所示。提醒注意的是，在初次撰写论文时要写清楚所有作者和标题。因不同刊物具体要求不完全一致，投稿时根据具体投稿的期刊投稿须知缩减即可。

表 10-4　参考文献的题录著录格式实例及信息源

［1］R. -M. Wang, Z. -F. Duan, Y. -F. He, Z. -Q. Lei. Heterogeneous catalytic aerobic oxidation behavior of Co-Na heterodinuclear polymeric complex of Salen-crown ether. *J. Mol. Catal. A；Chem.*, 2006, 260：280-287.（期刊论文）

［2］谢昕，李鑫，王荣民. 高取向聚对苯二甲酸乙二酯纤维的热收缩应力[J]. 高分子学报，2006，(3)：536-540.（期刊论文）

［3］王荣民. 化学化工信息及网络资源的检索与利用[M].北京：化学工业出版社，2003：199.（专著）

［4］R. Guglielmetti. Photochromism, Molecules and Systems, Ed. by H. Durr & H. Bouas-Laurent, Elsevier, Amsterdam, 1990, 314-316.（专著）

［5］J. A. Christopher. Progress in Zeolite and Microporous Materials, Studies in Science and Catalysis. Vol. 105, Ed. by H. Chon, S. K. Ihm, Y. S. Uh. Amsterdam-Lausanne-New York-Oxford-Shannon-Tokyo. Elsevier, 1997：1667.（专著）

［6］A. Benninhoven（Ed.）. Ion Formation from Organic Solids. Proceedings of the 2nd International Conference. Berlin：Springer-Verlag, 1983：234.（会议录）

［7］朱利国.浙江大学博士论文.杭州，1995.（学位论文）

（3）附录　包括其他对正文有补充说明功能，但不便列入正文部分的资料以及图表。如中间体的表征谱图、调研论文的调查问卷、研究生工作期间的论文成果等。近年来，国内外高水平期刊都提供免费的补充资料 SI（Supporting Information；Supplementary Information；Supplementary Materials）。

10.2.5　科技论文撰写知识网站

科技论文有多种，相关内容可在百度百科（baike. baidu. com）中输入"科技论文""论文写作""论文范文""参考文献""综述论文"等查阅相关信息。

不同领域或研究方向的学术期刊，对论文撰写的要求各不一样，如各部分排列顺序、参考文献著录格式等。目前，Internet 有许多介绍各种学术论文背景知识与撰写方法的中英文网站，如中国知网知识空间，就有一些论文写作知识与经验。如：①论文的写作要求、流程与写作技巧（www. cnki. com. cn/delivery/lunwen-ruhexielunwen-0. htm）；②科技论文格式和写作技巧（www. cnki. com. cn/delivery/lunwen-kejilunwen-2. htm）；③教学论文的三种类型及其写作方法（www. cnki. com. cn/delivery/lunwen-jiaoxuelunwen-6. htm）。

也有一些介绍论文撰写经验的网站，如：MedSci（www. medsci. cn/sci）。有关英文论文的撰写请参阅网页：Writing the Chemistry Paper（www. dartmouth. edu/～rwit/）；Writing Guide for Chemistry（sites. science. oregonstate. edu/chemistry/writing/Writing-Guide2000. htm）。也可从（http：//chemistry. kenyon. edu/getzler/08F-CourseFiles/BriefGuideWritingChemistry. pdf）下载电子版 A Brief Guide to Writing in Chemistry。

10.3　综述论文与课程论文的写作

综述论文，在纵的方向上，能全面、系统地反映研究对象的历史、现状和发展趋势；在横的方向上，则能全面系统地反映主要国家、主要科研机构或主要科学家、生产单位现阶段的实际研究水平。

课程论文（设计）是目前高校普遍采用的一种课程（尤其是选修课）考核方式，也是高校某些课程以论文形式呈现的课程作业，也常常作为本科毕业论文前科研与写作训练的重要项目。

10.3.1　综述论文的写作

综述论文也是作者的一种研究成果，它不是资料的简单罗列，而是把相关文献经过综合论述后的一种再创造。科技述评也叫科技评述、科技评论。述评是对一特定课题，全面搜集国内外有关文献，经过加工、整理、鉴别、分析、综合，然后根据国家科技政策和学科理论，进行描述和评论的一种信息研究成果的文体写作。述评的特点是有述、有评。述评性论文一般由在本行业有多年研究经历的专家撰写。

综述论文的组成结构包括：论文标题、作者、单位、地址、摘要、关键词、引言、正文、结束语、致谢、参考文献等。综述论文常用标题："××进展""××概况""××动态""××现状""××发展动向"。结束语部分包括本课题的重要意义、存在的主要问题及展望。

综述论文的撰写实例见第 3 章表 3-5。

10.3.2　课程论文的写作

课程论文（设计）是学生在任课教师的指导下，进行文献查阅（综述）、调查研究、科学实验或工程设计等活动，然后对所获得知识（成果、结果）进行科学表述。在课程论文（设计）的撰写过程中，学生要独立思考，完成从主题选择、研究设计、篇章布局到分析叙述的一系列工作，在潜移默化中使得自身的学术基本功更加扎实。

教师通过课程论文的写作，考查学生分析问题和运用基本理论解决问题的能力，引导学生关注该课程前沿理论和热点问题，锻炼同学们的写作能力，提高学生的理论素养和水平。课程论文不仅能够提高学生的学习主动性——让学生可以在某个领域内根据自身的学术兴趣和知识基础来相对自由、相对灵活地选择写作主题，还有助于夯实学生的学术功底，为毕业论文与学术论文的撰写打好基础。

绝大部分课程论文的结构组成与综述论文相似。其结构组成见表 10-5。课程论文（设计）的基本要求如下。

① 题目可以是教师指定或限定写作的内容范围，也可以由学生自拟，围绕课程主题，自主选择论文内容的写作范围。

【例 10-1】　以"精细化学品化学"这门课为例，学生就可以从日常生活常见的精细化学品（如表面活性剂、香水、消毒剂、染料、涂料等）中，选择其中一种或一类，从来源、结构、合成方法、检测方法、实用配方及应用领域等方面进行总结。

② 课程论文（设计）写作字数有多有少。要求语言精练、通顺，内容新颖，层次清楚，结构完整。

③ 课程论文有较为规范的格式，要求提交电子版或打印版。课程论文的正文部分与综述论文相似，封面有一定的差异。常见封面主要内容包括学校名称、学生信息（学院、专业、年级、姓名、学号）、指导教师信息（姓名、职称）、论文标题、课程名称、完成时间等，以及教师评分与评语栏等。

表 10-5　课程论文（设计）写作的基本格式

位置	内容	备注
前置部分	封面（课程名称、论文标题、学校名称、学生姓名、教师姓名、成绩等） 目录（选择项） 摘要、关键词等	各学校要求不尽相同
正文部分	引言、正文（包括图、表）、结论或讨论	类似科技论文要求
支撑部分	参考文献 致谢、附录（选择项）	参考文献按照期刊论文的要求进行著录

10.4　研究论文与创新创业总结论文的写作

研究论文与创新创业总结论文都是对创新性研究成果的科学总结，因此要反映成果的创新性或实用性。

10.4.1　研究论文的写作

研究论文（Research Paper）是对在科学实验过程中获得结果的总结，报道学术价值显著，实验数据完整，具有创新性或社会（经济）效益大的研究成果。撰写要求：①要有尊重事实、坚持实事求是的科学态度；②要注意论点鲜明，结构严谨；③采用国家统一的规范化名词和专业术语；④在内容和文字方面力求简明。

在科技期刊上发表的科学研究论文，从研究内容角度可以分为实验性研究论文和理论性研究论文；从形式（内容长短）角度可分为原始研究论文（全文）和研究快报（简报、通讯）。其中，研究论文（全文）报道学术价值显著、实验数据完整、具有原始性和创造性的研究成果，全文内容翔实，讨论充分。研究快报（简报、通讯）迅速报道学术价值显著的最新进展或阶段性成果，全文有字数或幅面限制，因此实验部分与结果讨论部分的界限不明显。以快报形式发表的文章，待进一步深入研究工作结束后，仍可以研究论文形式重新发表。

实验性研究论文组成结构实例见第 3 章表 3-4。理论性研究论文基本组成和实验性研究论文的基本相同，没有实验部分，一般说明理论方法。

10.4.2 创新创业实践活动与双创总结论文的写作

科技的发展促进了人类社会的进步，科技水平则是大国竞争力的重要表现。我国政府十分重视科技创新，相继提出"科技是第一生产力""大众创新、万众创业"的发展理念与方针。具有一定创新创业（简称"双创"）意识与能力是近年来国家对高校学生培养提出的明确要求。

为了适应时代需求，各高校不断改善条件，鼓励在校学生开展创新创业活动，提升毕业生创新能力，增长社会实战经验，从而实现个人理想。各学校设立了各级各类的创新科研项目及创业计划项目、相关创新创业大赛等，也积极引入了创新创业教学实践，引入了创新创业课程或在相关课程引入了创新创业的理念与设计，学生参加这些"双创"活动，尤其是完成相关活动或项目结题时，涉及撰写的结题报告或活动总结，也就是"双创"总结论文。

创新创业实践活动是大学生完成研究论文的良好基础。在"双创"项目开展过程中，为了完成项目，学生需要查阅大量科技信息，进行课题研究，最后进行分析总结。事实上，创新创业总结的核心就是创新的成果，该总结完全可以按照研究论文格式撰写，也就是创新创业总结论文，这会为成果汇报、申请专利、发表期刊论文奠定坚实的基础。

开展创新创业活动、撰写研究论文，对当代大学生而言：①锻炼动手能力、提升创新意识；②为开展学年论文、学位论文工作奠定基础；③研究论文的发表可以体现自己的科研能力，从而在考研、就业时更有优势。

因此，学生很有必要学会研究论文的写作格式，从而轻松地搞定"双创"总结论文的撰写。

【例 10-2】 以麻敏瑞等同学（化学、材料专业）组成的研究团队开展的创新创业活动为例，介绍进行科技信息检索、开展创新实践，以及完成创新创业总结论文写作的典型过程。

首先，选择主题目标与检索相关信息。创新创业团队在指导教师帮助下，针对新闻报道的"甲醛超标引发儿童白血病"有关问题，提出利用专业知识，研制一种能有效吸附甲醛气体的新型材料，从而降低或彻底去除居室环境中甲醛对人体的危害。

主题目标确定后，研究团队利用本课程中的科技信息检索方法与策略，开展相关专业信息的检索、筛选。知识总结与分析后发现：使用具备吸附甲醛功能的涂料是降低家装居室中甲醛含量的有效方法。

其次，提出创新方案、开展创新研究。在知识总结过程中，团队成员创新性地提出：可以选取具有甘肃特色的张掖天然彩土作为颜色填料，以环境友好型双亲性聚合物乳液为成膜剂，制备环境友好型多功能有色涂料，并制订了实验方案。经申请，该研究课题获得了学校本科生创新创业项目的资助。接下来，在指导老师的帮助下，团队开始按方案进行实验，经过一年时间的努力，取得了预期的研究成果。

最后，撰写创新创业总结论文。当获得创新成果之后，团队需要将成果通过专利或论文公开，同时，还要提交不同形式的结题材料。因此，除了保存好制备的材料外，还需要准备成果总结，即撰写创新创业总结论文。在此基础上学生就很容易完成不同类型的结题材料。

所完成的创新创业总结论文的主要内容列于表 10-6（有省略），其构成与研究论文一样。另外，将一些实验研究过程中拍摄的照片，作为附录放在后面（作为支撑材料），便于答辩时使用。

表 10-6　创新创业总结论文的写作实例

各部分	内容
前置部分	**环境友好型多功能画作制备及甲醛去除性能研究** 麻敏瑞　武志贞　王沛力　张旭燕　钱立忠　刘永春　成宣睿 西北师范大学化学化工学院 2014 级 摘要：选取本省不同地区的天然彩土作为有色填料，以双亲性聚合物乳液为成膜剂，制备一系列不同颜色的新型功能涂料。在亚麻布覆盖的复合板画框中，用所制备的新型涂料进行涂覆、作画，得到环境友好型功能画作，将该画作用于吸附甲醛等有害气体。实验结果表明，该画作具有较强的甲醛去除性能，可以重复使用，抗晒性能良好，而且可以调节室内湿度，消除异味，起到净化室内空气的作用。 关键词：双亲性聚合物乳液；涂料；多功能画作；吸附甲醛；天然彩土
正文部分	**1　引言** 甲醛（HCHO）污染问题主要集中于居室、纺织品和食品中。2002 年颁布的国家《室内空气质量标准》中规定甲醛的标准为 $0.1mg/m^3$（小时均值）。居室装饰材料和家具中的胶合板、纤维板、刨花板等人造板材中含有大量以甲醛为主的脲醛树脂，各类油漆、涂料中都含有甲醛。另外，……（有省略）。为了清除甲醛对人们的危害及消除室内异味，国内外科学工作者做了大量研究。随着人们对生活质量的重视，也有许多的清除甲醛的产品应运而生。现有的甲醛处理方法有很多种，如：植物吸收法、通风排出法、吸附法、净化器处理法、化学制剂净化法、光触媒净化法等。它们各有优缺点。 本项目的主要目的是制作环境友好型多功能画作。该画作表面上是用于室内装饰，但隐藏的更重要的作用是其在室内对空气改善的实用价值。实用价值主要是对装饰材料中挥发的甲醛等有害气体的吸附、固定和降解；对室内空气湿度的调节；可重复利用等。 **2　实验部分** **2.1　原材料与仪器** 各色彩土名称（编号）及取土地点分别为：灰白土（S1w）、灰白浅绿土（S2w）、砖红土（S5w）取自于临泽县丹霞国家地质公园附近；灰白浅黄（S3l）取自于天水市秦州区；灰白浅黄（S4z）、棕褐土（S6m）取自于平凉市庄浪县二郎山。有色硅藻土（北京家和万达科技有限公司）；颜色种类：和平黄、嫩叶绿、温馨粉、魅力棕、简约灰、天空蓝、冰晶蓝；甲醛溶液（37％～40％，分析纯，天津市百世化工有限公司）；EF-AAC 乳液，利用实验室发明专利技术（乳液型两亲聚合物树脂及其制备和在制备涂料中的应用）自制；消泡剂（广东中联邦精细化工有限公司）；纳米 TiO_2、ADH（己二酰肼）、硅藻土 CD02、CD05 及其他颜填料、壳聚糖、氯化钙等均为化工产品。 氮气袋，分析天平，电热套，三颈烧瓶，烧杯，玻璃棒，细毛刷，橡胶管，止水夹，胶带，离心管，坩埚，药匙，滴管，画框，剪刀。油画布（大孔、中孔、小孔）。 搅拌分散砂磨多用机（广州标格达实验室仪器用品有限公司）；高速多功能粉碎机（上海菲力博实业公司）；有机玻璃箱（自制，$0.132m^3$）用于甲醛吸收的检测；甲醛检测仪（高精密型）用于甲醛含量的检测；甲醛检测盒可快速检测甲醛。 **2.2　功能涂料的制备** **2.2.1　黄土与细沙的分离** 称取 10g 黄土研磨，用 100 目筛子过滤后，分散在 50mL 水中，在磁力搅拌器上搅拌 1.5h 后取下静置十分钟后，另取几个干净的烧杯，倾倒出上层的土层溶液，然后循环上面的步骤，直到倾倒出的上层溶液中不含沙子为止，然后将制得的土溶液通过离心，干燥得到纯土（即不含沙子的土）。 **2.2.2　原色涂料的制备** 涂料 1 号按照如下方法制备：称取配方量的树脂乳液、颜填料（典型配方：树脂乳液 24g；硅藻土 36g；滑石粉 8g；膨润土 4g；蒙脱土 4g；高岭土 4g；钛白粉 12g；水 144mL）分散于 144mL 水中。然后，按配方量添加乳液和交联剂。搅拌均匀，高速分散机对混合液进行搅拌，转速 1000 转/分钟，分散 30min。将转速调至 200 转/min，分散 10min，继续加消泡剂 1.6g，分散 20min。得到涂料 1 号产品。 采用相同工艺，分别添加不同类型的颜填料，如壳聚糖、黄土、冰晶蓝颜料，分别得到涂料 2 号产品、3 号产品、4 号产品。 **2.2.3　彩色涂料的制备** 分别用不同来源地的六种不同色彩土（灰白、灰白浅绿、砖红、灰白浅黄、棕褐等颜色）作为填料，按照需求进行添加；在添加黄土实验中（用黄土取代钛白粉）发现，黄土的量不超过 10g 时，不会影响涂刷后的成膜性，且气泡较少。

续表

各部分	内容
正文部分	在功能涂料制备后,根据画的所需颜色添加不同类型彩色硅藻泥。 **2.3 多功能画作的制备** 　基材的选择:采用大孔、中孔、小孔的油画布作为涂料的附着物,根据需求选用不同规格大小的画框。 　作画方式:当制备好功能涂料后,将其用细毛刷刷于一定大小的油画布,待画布上的涂料自然晾干之后,用毛笔蘸取天然颜料(土)作画。 **2.4 画板涂层功能检测** 　脱除甲醛性能:将涂料涂刷于基材上后,将甲醛检测箱(长宽高为 $37.8\times36.8\times37.9$cm)放置于通风橱中,使用甲醛检测试剂盒法来检测制作的画布具有脱除甲醛的性能。空白实验:检测箱中,放入五个甲醛检测盒和干净的表面皿,然后取 60μL 甲醛溶液于表面皿中,密封,2个小时之后挥发完全,检测空气中甲醛初始浓度。 　样品脱除性能:取长宽为 45×40cm 的画布,涂刷一定量的涂料,自然晾干。将制好的画布裁成不同大小,分别固定在纸板上。然后,放进已经挥发有甲醛的测试箱中,静置一段时间后测定空气中甲醛浓度。 **3　结果与讨论** **3.1　无皂两亲丙烯酸乳液调湿涂料(EF-AAC-C)设计思路与流程** 　采用不同的原理,使用 Scheme1 所示的方法,分别得到涂料2号产品、3号产品、4号产品。 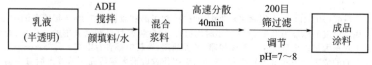 Scheme 1 **3.2　画作效果** 　利用不同编号的涂料、添加不同颜色的土后作画,结果如图1。可以看成,画作具有很好的装饰效果。    　1号装饰画　　　　2号装饰画　　　　3号装饰画 图1　环境友好型多功能画作外形 **3.3　脱除甲醛性能检测实验结果** 　分别将涂料1号、2号、3号、4号制成的画作,进行甲醛脱除试验,结果如表1所示。结果表明,吸附甲醛效果明显,可以使空气中的甲醛浓度达到国家控制标准,即小于 0.1mg/m³。对比实验结果,添加壳聚糖的涂料吸附甲醛效果更好。这是由于壳聚糖大分子中有活泼的羟基和氨基,它们具有较强的化学反应能力,故效果较好。 **表1　功能画作的脱除甲醛性能** 表格： 考察了涂料重复利用性能,将已经吸附过甲醛的画布放入 55℃ 烘箱中烘2小时,取出后再次放入检测箱进行吸附。重复4次,结果表明:每次活化后,都可以使测试箱的甲醛浓度从 0.65mg/m³ 降低到 0.1mg/m³。说明制作的画作确具有重复利用性,可以通过加热活化后再继续使用。这是因为由于涂料中含有硅藻土等多孔性物质,对甲醛分子的吸附作用是通过氢键、范德华力等非共价键实现的。当吸附饱和后,可以通过加热、暴晒等物理方法破坏这些弱的作用力,使甲醛分子脱附,画布又恢复吸附活性。 　当然,制作的环境友好型多功能画作不但具有重复利用性,而且容易移动,使用方便。

表1　功能画作的脱除甲醛性能

No	样品名称	甲醛浓度(mg/m³)	备注
1	空白实验	1.5	释放 6hr 检测
2	涂料1号	0.2	脱除 6hr 检测
3	涂料2号	0.1	同上
4	涂料3号	0.2	同上
5	涂料4号	0.09	同上
6	涂料4号+壳聚糖	0.08	同上

续表

各部分	内容
正文部分	**3.4　涂料吸水性测试** 　　原涂料采用实验室自制的乳液型两亲聚合物树脂，且已经获得国家发明专利，其具有良好的吸水性。 **3.5　涂料抗晒性能** 　　在阳光下，将画作置于空旷处连续晒 48 小时，观察到并未有脱皮、干裂等现象。说明抗晒性能良好。 **3.6　脱除臭味性能** 　　由于涂料中含有大量的硅藻土，孔隙度大、吸收性强，可以脱除臭味，净化空气。 **4　结论** 　　成功制备了功能涂料、制作了环境友好型多功能画作。将本身只具有简单装饰粉刷墙壁的涂料赋予一种吸附甲醛的新功能，并用画作的形式体现出来，使其在具有装饰的作用外可以有效地吸附甲醛。该画作可以重复利用。吸附有害气体后，可以将画作移至室外，通过暴晒脱除有害气体，可再次使用。 　　总之，制备的环境友好型多功能画作，不但具有脱除甲醛功效，还具有除臭、净化空气、装饰房间的作用，同时该画作可以重复利用，容易移动，方便制作
支撑部分	**参考文献** [1]　Wang R.M，Lv W.H，He Y.F，Wang Y，Guo J.F. An emulsifier-free core-shell polyacrylate/diacetone acrylamide emulsion with nano-SiO₂ for room temperature curable waterborne coatings[J]. Polymer Advanced Technology，2010，21：128-134. [2]　吕维华，王荣民，何玉凤，张慧芳，智能涂料制备方法探索与应用[J]. 化学进展，2008，20(2)：351-361. [3]　马云飞，陈宗家，泡沫镍负载改性 TiO₂ 降解甲醛[J].环境工程学报，2014，8(5)：2040-2044. [4]　Wang R.M，Wang J.F，Wang X.W，He Y.F，Zhu Y.F，Jiang M.L. Preparation of acrylatebased copolymer emulsion and its humidity controlling mechanism in interior wall coatings[J]. Progress in Organic Coatings，2011，71(4)：369-375. [5]　Somjate P，Virote B，Preparation and characterization of amine-functionalized SiO₂/TiO₂ films for formaldehyde degradation[J]. Applied Surface Science，2009，255(23)：9311-9315. [6]　Sha L. Z，Zhao H. F，Xiao G. N. Photocatalytic degradation of formaldehyde by silk mask paper loading nanometer titanium dioxide[J]. Fibers and Polymers，2013，14(6)：976-981. **附录**

注：原文有 20 页，为了节省版面，内容经过大幅度压缩。

　　与上述内容相关的成果已申请国家发明专利，通过信息检索获利专利说明书，并与上述总结进行对比。

　　总之，创新创业实践活动是近年来高校教育教学的新要求。将专业知识与国家、社会需要相结合，进行创新设计，通过实践获得的成果，可以通过双创总结论文形式进行总结。其结构组成与研究论文相同，也可按"汉堡包"式撰写。

10.5　学位论文与学年论文的写作

对于一名本科生或研究生来说，完成毕业论文或设计是完成学业的重要环节，目的在于总结专业学习的成果，培养综合运用所学知识解决实际问题的能力。为了获得学士学位而提交的毕业论文称为学士学位论文。因此，学位论文（Thesis，Dissertation）或毕业设计的撰写及答辩是学生取得毕业文凭的重要环节之一，也是衡量毕业生是否达到本专业学历水平的重要依据之一。大部分高校的毕业论文工作是在毕业前的最后学期。

为了让本科生及早了解科学研究工作，许多高校在低年级学生中开展学年论文的训练活动。可以说学年论文是毕业论文的低级阶段，二者结构相同。学年论文不是所有专业教学课程设置体系的必设环节，有的学校根据需要以学年为单位设置，一般其选题范围较毕业论文小，相当于一门不限定写作内容的考核课程，要求与毕业论文相似，可以看作是毕业论文前的综合练习。

10.5.1　学位论文（毕业设计）的写作特点

学位论文是表明作者从事科学研究取得了创造性的成果或有了新的见解，并以此为内容撰写而成，作为提出申请授予相应学位评审用的学术论文。学位论文有学士学位（Bachelor Degree）、硕士学位（Master Degree）、博士学位（Doctor Degree）论文，不同级别学位论文对论文水平的判定与相关要求见表10-7。其中，学士学位论文应能表明作者的确已较好地掌握了本门学科的基础理论、专门知识和基本技能，并具有从事科学研究工作或专门技术工作的初步能力。

表 10-7　学位论文各层次的要求对比

项目	学士(Bachelor)学位论文	硕士(Master)学位论文	博士(Doctor)学位论文
本门学科的基础理论	较好地掌握	掌握坚实	掌握坚实、宽广
本门学科的专门知识、基本技能	较好地掌握	系统地掌握(并对所研究课题有新的见解)	系统深入地掌握
科学研究工作的能力	初步能力	从事	独立从事
专门技术工作	初步能力	独立担负能力	在科学或专门技术上做出了创造性的成果

学位论文的构成与研究论文相似（第3章），本科毕业论文（学士学位论文）主要内容参见表10-8。各部分可按"汉堡包"结构撰写。论文印制规格及要求因学校而异。其装订格式的一般排列顺序是：封面、目录、论文详细摘要（中、英文摘要）、正文部分、附录部分、封底。

学位论文或学年论文作为单行本提交时需要封面。封面一般包括以下内容：①分类号；②密级，按国家保密条例分机密、秘密、公开和内部四级（公开发行的可以不标注密级）；③题名和副题名；④申请学位级别，如博士、硕士、学士；⑤作者署名；⑥专业名称，主修专业名称；⑦工作完成时间，包括报告、论文提交日期，学位论文答辩日期，学位授予日期等。

学位论文或学年论文的正文部分可分为不同章节，每章可以是独立的一篇学术论文（博硕论文）。支撑部分主要由致谢、参考文献及附录组成。附录部分主要包括原始数据、调查问卷、图、表、缩写符号、攻读学位（主要指博、硕）期间发表的论文、个人简历、索引等。

表 10-8　本科毕业论文（学士学位论文）的主要内容

各部分	细目	内容（说明）
前置部分	封面	校（院）名称,论文题名,分类号,学生姓名、专业、年级、学号,指导教师姓名、职称,时间等
	目录	按章节编写目录（选择项）（一般按三级大纲编目）
	摘要	摘要、关键词（要求中、英文对照）
正文部分	前言	研究背景与研究意义（引言,可以看成高度浓缩的综述）
	正文	实验材料与方法、结果与讨论（包括图、表）
	结论	总结与展望（要求简明扼要）
支撑部分	参考文献	与课题相关的工作进展与参考方法
	附录	补充说明（选择项）
	致谢	（选择项）

毕业设计是针对工科院校毕业生接受毕业考核而言的。与其他学位论文一样,都要在有经验的教师指导下进行选题、设计（制作）和写作。重点在于解决的问题要具体,能解决生产中的某些关键问题。注意理论联系实际,尽量在前人研究的基础上提出一些新的见解。

毕业设计基本框架与毕业论文一样,其中,前置部分主要包含封面、目录、摘要、关键词等,类似于毕业论文。

毕业设计的正文部分有自己的特点,主要包含概论、设计方案说明、设计计算说明、设计技术条件等。①设计方案说明:指设计方案论证;设计思想说明及实验验证。②设计计算说明:包括各种重要参数的计算过程和计算结果;列出零部件规格。③使用技术条件:包括使用条例及说明;维护条例及说明。毕业设计的正文部分依设计对象的结果顺序展开,先描述设计对象的结构和几何形状,然后交待主要尺寸和技术指标。关键部分详细说明过程、设计思想和理论依据,并指出本设计的优点所在。结尾可以写点感想,也可以舍去不要。

毕业设计的支撑部分主要由参考文献、致谢及附录组成。附录包括附表、附图及相关计算机程序等。

10.5.2　完成毕业论文（学年论文）工作的五步骤

毕业论文（学年论文）的结构可以看成综述论文（1篇）＋研究论文（数篇）,较短的学年论文中,其前言就是综述。相对而言,毕业论文工作的重点或难点是选题、创新设计与实验,这些更离不开科技信息的检索。只要获得预期的研究成果,采用"汉堡包"写作法就能顺利完成一篇毕业论文。

开展、完成毕业（学年）论文的流程可以归纳为以下5个步骤。

（1）选方向、定题目（选题）　选好研究方向、定好研究题目是完成一篇毕业论文的前提。这就像制作"汉堡包"前必须要确定好其品种及口味,才能购买所需的原材料。在教师的指导与协助下进行选题,然后查阅相关科技信息源,确定或调整具体方向和题目。"万事开头难",只要开了头,接下来的工作就容易进行下去。

（2）搜资料、找灵感（科技信息检索）　选题确定后,需要花很大精力进行信息检索、知识总结,这样才能做到"手中有粮、心中不慌"。想要快速准确地找到有用、可靠的资料,可使用在第9章学到的检索方法与策略。如果觉得已经寻找到预期目标的知识,就可以详细阅读、深入分析,并寻找灵感,设计可行的实验方案,为毕业论文的体系和大纲奠定坚实的基础。

（3）做实验、得结果（实践验证）　基于知识总结获得灵感，设计可行的实验方案，然后准备所用原材料与测试仪器及方法，进入实验阶段。根据实验结果进行判断是否获得了创新成果，如果答案是肯定的，就可以总结成果，准备撰写论文；如果答案是不确定的，那就需要调整方案，再次探索实践，直至达到预期成果。

（4）搭架子、填里子（科技论文写作）　以科技信息检索结果、知识总结、创新实验成果为素材，就可以撰写毕业论文。首先是"搭架子"，就是根据论文的写作格式及要求，拟定一个撰稿提纲，作为论文的骨架。其次是"填里子"，就是根据写好的大纲，不断充实文字材料。

与前面所说的科技论文一样，毕业论文（学位论文）也是由前置、正文和支撑部分三大块组成的，也可以看成"综述＋研究论文"。当然，毕业论文（学位论文）也有其自身特点：首先，毕业论文（学位论文）有封面，包含论文标题、作者与指导教师名称、提交时间等信息；其次，有目录与详细的中英文摘要，正文内容很详细；最后，后置部分不但包含参考文献、获得的经费资助情况，还会列出撰写人的相关成果（如发表的论文、申请的专利以及获奖情况等）、部分必要的原始数据，并在致谢中对在论文工作中提供过帮助的单位与个人（如指导教师）表达感谢之意。

（5）反复改、勤打磨（精益求精）　完成初稿后，要反复修改、不断打磨。这是因为，对于初次开展科学研究的新人而言，论文中不可避免地会出现错别字、语法错误、逻辑混乱，甚至概念与原理错误。所以写好初稿后，应该暂时搁置一段时间，以进行思索，然后再进行修改，避免上述问题，这样才能完成一篇较高水平的毕业论文（学年论文）。要对论文中的主要背景、基本原理、实验方法、相关知识点等做到心中有数，重要数据的真实性与处理的科学性，结论及其支撑依据的科学性、可靠性等均应有所解释，还要做好与论文工作相关的实验材料、样品的处理、实验条件等方面的准备工作，并进行查重审核。

总之，只要我们掌握了上面所说的五步骤，就会很容易做出一个"诱人"的"汉堡包"论文。

最后是准备学位论文答辩及提交。大部分高校要求学位论文经论文查重系统审核合格后（一般不多于3次），方可进入初次答辩。在答辩通过后，学生根据答辩意见再行修改论文，最终经指导教师审核提交论文，这也标志着论文工作的结束。

10.6　教学论文的写作

教学论文是教师教学经验和教学研究成果在写作上的表现，简单说，就是教师将平时教学中的一些经验或研究进行总结，并综合运用基础与专业理论知识进行分析和讨论。一般情况下，教学论文的基本框架与学术论文一致。但是，教学论文没有固定的结构格式，这是由教学及研究的课题、研究过程和方法、逻辑推理，以及研究成果有所不同造成的，因此，教学论文的写作形式也不尽相同。

10.6.1　教学研究论文类型

由于教学论文本身的内容和性质不同，研究领域、对象、方法、表现方式不同，教学论文有不同的分类方法，通常有以下几种。①教育理论研究：如"科学教育研究""教学研究"等。②教学方法与教学技术研究：如"实验与创新思维""实验教学与教具研制""计算机辅助教学""教学设计""教学研究与改革"等。③教学经验与知识介绍：如"国外化学教育"

"化学史与化学史教育""化学与生活""国内外信息""今日化学"等。④课程与教材体系：如"教师论坛""课程与教材研讨"等。⑤应试：如"化学奥林匹克""高考改革""复习指导""问题讨论与思考""自学之友""习题与解题思路""考试研究"等。

10.6.2　教学方法与教学技术研究论文

教学方法与教学技术研究论文的组成结构与学术研究论文有相似之处。一般情况下，该类论文无摘要及关键词（因不同期刊而定）；主要在结果讨论中展开论述；参考文献可有可无。

【例 10-3】　教学方法与教学技术研究论文的组成结构与实例（见表 10-9）。

表 10-9　教学方法与教学技术研究论文的组成结构与实例

组成结构	实例［化学教学,1998,(2):11］（有省略）
论文标题	橡皮管在化学实验中的多种用途
作者	王荣民,何玉凤,王云普,刘玉阳
单位、邮编	西北师范大学化学系　兰州　730070
引言	橡皮管是化学实验中必不可少的材料,常常被用作导管,固定温度计,我们在化学实验的教学实践中,利用橡皮管具有易于连接、富有弹性,不易损坏等特点,将橡皮管改造,给实验带来很多方便,拓宽了橡皮管在实验操作中的用途
正文部分	1. 转换接口　有些密闭性要求较高的实验,常需标准口或磨口玻璃仪器,当手头缺少磨口仪器时,可以用橡皮管实现磨口与非磨口仪器的连接,从而增加气密性。如图 1 所示…… 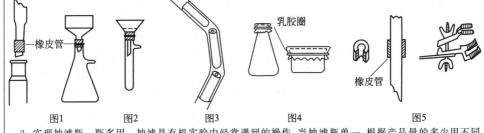 图1　　　　图2　　　　图3　　　　图4　　　　图5 2. 实现抽滤瓶一瓶多用。抽滤是有机实验中经常遇到的操作,当抽滤瓶单一、根据产品量的多少用不同的漏斗进行抽滤时,需根据漏斗下端的粗细配一橡皮塞并打孔,既费时又费力,这时,……,如图 2 所示,当使用标准口抽滤时更为方便 ……如图 5 所示。 6. 固定活塞…… 7. 用作水龙头垫圈……
结束语部分	
参考文献	

10.6.3　知识介绍论文

知识介绍论文与综述论文相似。该类论文一般无摘要及关键词（因不同期刊而定）；参考文献可有可无，论文内容可以是新知识介绍，也可以是有关学科、专业发展动向的叙述和总结。

【例 10-4】　知识介绍论文的组成结构与实例（见表 10-10）。

表 10-10　知识介绍论文的组成结构与实例

组成结构	实例［化学教育，1998，（3）：44］
论文标题	五、六元环结构对有机化学的贡献
作者	王荣民[1,2]，何玉凤[1]，魏邦国[1]，王云普[1]，李树本[2]
单位、邮编	（[1] 西北师范大学化学系，兰州，730070） （[2] 中科院兰州化物所 OSSO 国家重点实验室）
引言	自然界中的万物繁衍生息，在不断的进化过程中，选择并造就了许多美妙的具有五、六边形的几何体作为永恒的造型。譬如老幼皆知的蜂房是由许多六角形的小室构成的[1]，就充分利用了空间和材料。曾在 1985 年，……，其部分结构如图 1 所示。其中，石墨中的碳原子…… 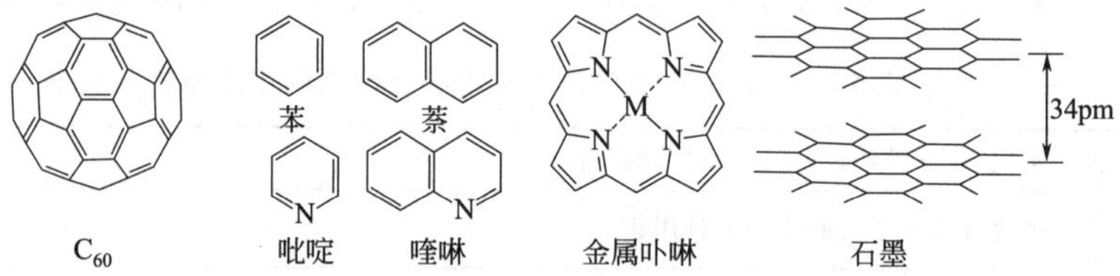 图 1　常见具有五、六元环结构的化合物
正文部分	碳水化合物，即作为生物结构材料的纤维素和能源物质淀粉，更是典型的六元环物质，结构如图 2 所示。现代有机分析已表明，……抛开碳水化合物，再对乙酰乙酸乙酯的结构特点进行分析[5,6]，一般情况下，……，结构如图 3 所示。又如…… 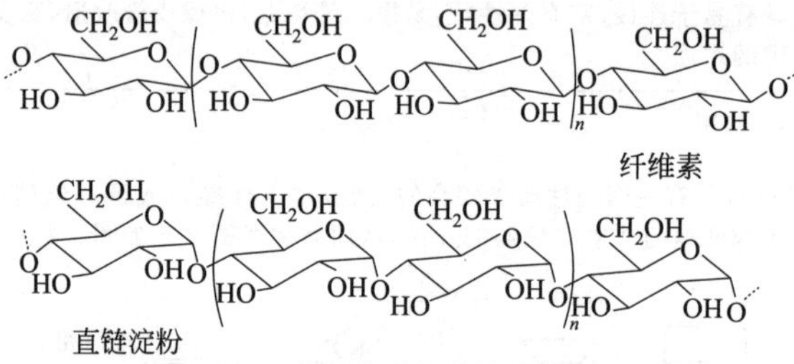 图 2　纤维素直链淀粉的结构 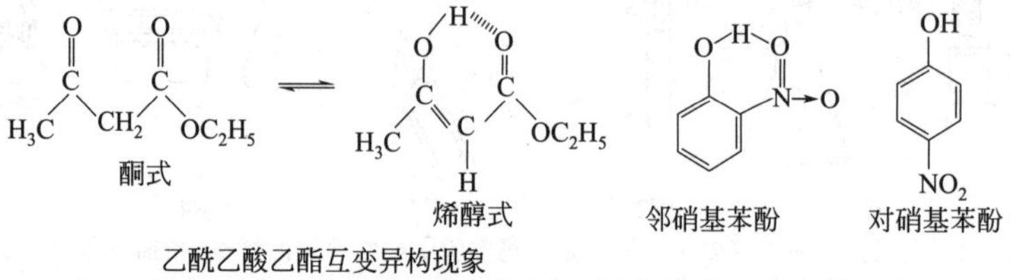 乙酰乙酸乙酯互变异构现象 图 3　氢键参与的六边形结构
结论	总之，由于五、六元环的特殊稳定性，使其在自然界，尤其在有机化合物中普遍存在。……，五、六元环结构对有机化学的贡献还有待于进一步验证
参考文献	1. 叶佩根编. 动物趣闻集锦. 北京：北京工业大学出版社，1991. 2. Kroto，H. W.，Smalley，R. E.，et. al. Nature，1985，318，162. ……

注：有省略，原文请参见［王荣民，何玉凤，魏邦国，王云普，李树本，"五、六元环结构对有机化学的贡献"，化学教育，1998，（3）：44］

10.7　期刊论文的投稿

　　根据论文内容选定刊物，然后根据其具体要求进行投稿。不同刊物对投稿有不同要求，可通过相应出版物或网站查阅该刊具体投稿要求。一般论文的发表过程如下：

投稿→审稿↔退修→用稿通知→办理相关费用→出刊（在线出版）→寄送样刊

根据论文内容和性质选定期刊后，查找拟投稿期刊联系方式（投稿网址），按编辑部的要求准备电子版或打印版文件，在线投稿或邮寄稿件，投稿成功后等待审稿结果。如果论文通过审稿或经修改后录用，则按编辑部的要求缴纳相关费用（包括审稿费、版面费，视不同期刊费用不等）。办理完毕后，论文就会被安排版面给予发表、并邮寄样刊。

10.7.1　期刊论文投稿过程

目前常见的投稿方式主要有线下纸质版和在线网络投稿。而且越来越多的期刊编辑部要求以网上投稿的电子版为主。无论线上线下，论文投稿其实都是一件较为繁琐但又需认真对待的事情，为此作者要熟悉投稿系统和流程，这可以登录相关期刊主页查阅投稿须知，对照期刊编辑部的要求，对论文的体例及文字进行修改后，登录投稿系统，按系统投稿的提示步骤要求完成。

纸质版论文投稿：论文发表过程中，审稿是关键。一般情况下，高水平刊物审稿周期短，最快在 15 日之内，大部分期刊审稿时间为 3 个月，超过 3 个月作者可写信催审。通常论文经初审、复审、终审的审核程序。审核后需要修改的稿件须得在规定时间内修改并返回修改稿，附以修改说明。

论文校对符号：论文修改时要注意修改格式，特别是校对符号的规范使用。校对符号是出版印刷业中文（包括少数民族文字）各类校样校对工作中通用的符号。已有相关国家标准《校对符号及其用法》GB/T 14706—93。表 10-11 列出了一些常用校对符号。

目前，电子文件（如 Word、PDF 等）都有修订与批注模式，使清样校对变得更加方便、快捷。

表 10-11　常用校对符号一览表

校对符号	说明	实例	改正后文字
	改正	伸请专利 申	申请专利
	删除	有机化化学	有机化学
	增补	无 化学 机	无机化学
	改正上下角	$Cu2+$　H_2SO4　$Co(OAc)_{26}2H_2O$	Cu^{2+}　H_2SO_4　$Co(OAc)_2 \cdot 2H_2O$
	对调	要重视文献 化学课	要重视化学文献课
	转移	文献课提高自修 能力要重视	要重视文献课提高自修能力

续表

校对符号	说明	实例	改正后文字
‖	排齐	要重视文 献课提高自修 能力	要重视文 献课提高自修 能力
Y	分开	Polymer Chemistry	Polymer Chemistry
○=	代替	有研究快报、研究简 报、教学研究等 ○=研	有研究快报、研究简报、教学研究等
⊙⊙⊙	说明	化合物 斜体 ⊙⊙⊙	化合物

10.7.2　科技期刊的在线投稿

目前，越来越多的期刊要求网上投稿，许多期刊已经拒绝传统的纸质函件投稿，只接受网上投稿，相关网站地址参见第 3 章。

【例 10-5】　以《化学学报》投稿为例说明如何进行网上投稿。

首先，进入《化学学报》主页（sioc-journal. cn/Jwk ＿ hxxb/CN/0567-7351/home. shtml）（图 10-9），后点击进入"作者中心"，免费下载投稿须知、论文模板、版权转让协议、单位介绍信模版等。作者可按照投稿须知（诸如稿件形式、投稿手续和联系方式、稿件审理过程、稿件准备等详细信息）准备论文内容，并按论文模板撰写论文。

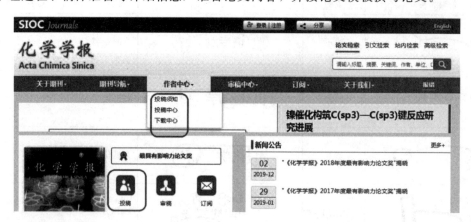

图 10-9　化学学报主页面

其次，在《化学学报》主页（mc03. manuscriptcentral. com/hxxb），免费注册账号后登录作者中心（如图 10-10），按提示逐步进行网上投稿。投稿成功后，按照网站提示在线完成版权转让协议书，确认并提交。需要提醒的是，在投稿过程中可以暂时中断，改日可继续剩余步骤；投稿成功后编辑部会给作者发邮件进行确认。论文审稿期间，作者可以随时登录并查阅审稿进展情况。最后，稿件录用后，缴纳相关费用，等待论文刊出。

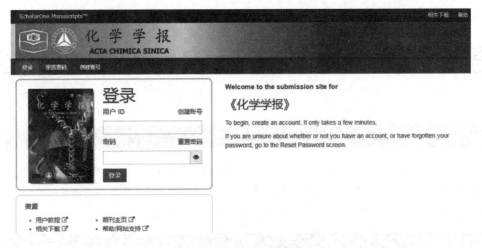

图 10-10　化学学报投稿登录

　　总而言之，"课程论文"相当于"综述论文"，"创新创业总结论文"相当于"研究论文"，"学年论文"和"毕业论文"相当于"综述＋研究论文"。所以，大量阅读不同类型的研究论文、综述论文，剖析它们的构成，就会熟能生巧，自然而然就能学会如何撰写一篇科技论文。

▶▶ 练习题 ◀◀

1. 学术论文有哪些类型？

2. 学术论文的主要组成部分有哪些？

3. 简述摘要的基本要素和主要功能，图文摘要有什么特点？

4. 论文的结论部分主要阐述什么？

5. 研究性论文的撰写要求是什么？

6. 综述论文具有什么特点？如何写好一篇综述论文？

7. 学位论文的基本内容包括哪些方面？本科生毕业论文（设计）如何选题？

8. 教学研究论文分哪几种？它们的写作重点分别是什么？

▶▶ 实践练习题 ◀◀

　　1. 分组尝试：分别选择在国内、国际化学类学术刊物的编辑部网站进行在线注册，了解如何在线投稿。

　　2. 以小组为单位，从综合实践练习题中任选一课题，就如何撰写综述性论文进行讨论，并查阅相关资料进行论文撰写。

第 11 章　化学化工软件与在线课堂

导语

　　用软件绘制的化合物结构式、表征谱图、流程图等，能够让人们形象地认识物质的微观世界，其也是人们自由交流的工具。"互联网+"正在彻底更新人们的教育模式。本章，人们认识化学化工相关软件与网络技术，以走在新技术革命的前沿。

关键词

　　化学化工软件；在线课堂技术；虚拟仿真教学；线上教学

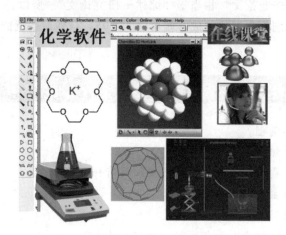

　　作为化学工作者，在进行科研、生产、教学等过程中，往往要进行一些必要的数据处理、结果总结与表达；尤其是在理论计算、论文撰写、课件制作等过程中，经常要书写各类化学方程式、绘制化学结构式，以及进行结构优化与计算等，这些工作需要借助化学化工相关软件，才能有效完成。

　　随着计算机与互联网技术的发展与普及，出现了诸多通用办公软件，如：WPS、Word、Excel、Powerpoint、Origin、Photoshop 等。但这些软件难以适应化学化工的要求，化学软件的出现为人们提供了很大的便利。此外，目前迅速发展的"互联网+"正在改变我们的教与学模式。因此，我们需要认识这些实用且功能强大的化学软件，同时，需要认识与使用"互联网+"技术，才能更好地利用前沿新技术。

　　本章重点介绍化学化工专业软件的使用方法，期望对初入此领域的新手在选择、获取、使用软件等方面有所帮助。为了节省版面，办公通用软件的使用方法可在网上查找，这里不作详细介绍。

11.1　科技软件的发展

计算机为人们认识与描绘世界提供了物质基础。随着计算机硬件、软件系统的发展，人类利用计算机的程度不断深入，其发展历史大致分为五个阶段，如图 11-1 所示。

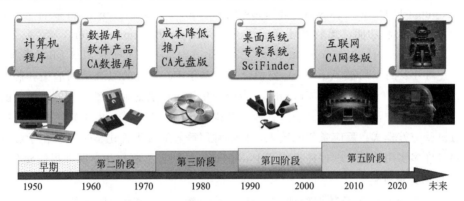

图 11-1　计算机硬件、软件系统的发展历史

早期阶段，人们认为计算机的主要用途是快速计算，不存在什么系统化的方法。第二阶段，在线存储的发展使第一代数据库管理系统产生了。20 世纪 70 年代中期开始的第三阶段，计算机系统的复杂性提高了，微处理器的出现和广泛应用，孕育了一系列智能产品。第四阶段，是强大的桌面系统和计算机网络迅速发展的时期。第五阶段，互联网普及，基于手机的软件迅速普及。

随着信息技术的发展，软件作为一种信息技术的主要载体日益渗透到社会与个人生活的各个方面和各个层次。软件的发展朝着网络化、全球化、服务化的方向发展，正在进入"互联网＋"时代。

11.2　化学化工软件类型与用途

化学化工软件种类较多，分类方式也有多种。目前，软件主要有化学结构绘制软件、数据处理软件、谱图解析软件、理论计算软件、化学实验软件、化学工程软件、文献管理软件、生命化学软件等类型。接下来以各种软件在化学化工研究中的用途分类介绍。

11.2.1　化学结构绘制软件

绘图软件是可以描绘化合物结构式（包括三维结构）、化学反应方程式、化工流程图、简单的实验装置图，进行化学计算等的软件。常见的绘图软件如下。

（1）ChemOffice（www.cambridgesoft.com）　由 CambridgeSoft 开发的化学工作者最常使用的软件。目前被 PerkinElmer（珀金埃尔默）公司（www.perkinelmer.com.cn）收购。

（2）ChemWindow（sciencesolutions.wiley.com）　1989 年由 Softshell Intern. Ltd 推出的首版软件，主要功能是绘出各种结构和形状的化学分子结构式及化学图形，包括 4500 种以普通命名法和商品名称组织的有机物和药物的分子结构，130 种常用实验室玻璃仪器图形和 250 种工艺流程符号。目前归属于 Wiley Science Solutions 公司。

（3）ACD/Chem Sketch（www. acdlabs. com） 免费软件，是通用化学制图与结构绘制软件，该软件包可单独使用或与其他 ACD 软件共同使用。能检查并生成有机结构最常见的异构体。软件提供了数千种常见结构式的命名，而且使用标准的 IUPAC 命名法。利用 ChemSketch 丰富的模板，强大的绘图功能和导入、导出功能，可以制作出各式各样的图形、图像素材，使其具有一定的创作性兼教育性。归属于 ACD/Labs 公司。

（4）Chem4-D Draw（www. cheminnovation. com） ChemInnovation 软件公司的产品。除了化学结构的绘制功能，该软件还集成了 Nam Expert 和 Nomenclater。

（5）3DS Max（www. autodesk. com） 3D Studio Max，简称为 3DS Max 或 MAX，是 Discreet 公司开发的（后被 Autodesk 公司合并）基于 PC 系统的三维动画渲染和制作软件。

（6）化学金排（www. kingedu. net） 专门为化学工作者定制的基于 Word 平台的一套专业软件，实现化学中常用同位素的输入，原子结构示意图、电子式、电子转移标注、有机物结构式、有机反应方程式、反应条件的输入，化学常用符号的输入，化学仪器、化学装置、图片图形调整等许多实用功能。软件还提供了 PowerPoint 模块，为制作化学课件提供便利。

11.2.2 数据处理软件

目前常用的科技绘图及数据处理软件有 Excel、Origin、SigmaPlot 等。

① Excel 是微软 Office 系统软件之一，网上可查到大量相关使用方法与技巧。

② Origin（www. originlab. com）是美国 OriginLab 公司开发的图表制作和数据分析软件。Origin 容易掌握且兼容性好，其主要有两大类功能：图表绘制和数据分析。网页（如：www. docin. com/p-116707491. html）也能找到有关使用方法与技巧的。

③ SigmaPlot 绘制图形的精美程度超过 Excel 与 Origin，操作方便，SigmaPlot 与 Microsoft Office 系列全面兼容，适合于科技工作者。下载试用和技术支持可访问网页（sys-statsoftware. com）。众多国外顶级知名杂志期刊发表论文中的精致、细腻的统计图形大多出自 SigmaPlot。

11.2.3 谱图解析软件

目前，常用表征设备，如红外光谱仪、紫外-可见光谱仪、核磁共振仪、光电子能谱等，自身配备了数据处理软件，可以将数据转化为谱图。人们也可以将数据提取，然后使用通用软件（如 Excel、Origin 等）处理，也可以用如下一些专业软件处理。

（1）核磁数据处理软件（mestrelab. com） 包括 NUTS、MestRe-C、Gifa 等几种软件。NUTS 可以处理一维、二维核磁数据，其包括傅立叶变换、相位校正、差谱、模拟谱、匀场练习等几乎所有核磁仪器操作软件的功能，为付费软件，其演示版可以在相关网站（www. acornnmr. com）下载。MestRe-C 为处理一维核磁数据的免费软件，功能完善。

（2）OMNIC（www. app17. com/c183/company）红外光谱软件 是 Nicolet 公司发行的红外软件，可以读取和处理世界上大多数厂家的红外谱图，功能强大。

（3）ImageJ（imagej. net/Welcome）粒径统计软件 可以进行扫描电镜（SEM）、透射电镜（TEM）照片粒度的统计，它能够处理多种格式的图片，只要将 SEM、TEM 图片变成图片格式（如 tiff、png、gif、jpeg、bmp 等）就可以用 ImageJ 进行处理了。

11.2.4 理论计算软件

计算化学（Computational Chemistry）是理论化学的一个分支，其主要目的是利用有效的数学近似以及电脑程序计算分子的性质（如：总能量、偶极矩、四极矩、振动频率、反应活性等），并用以解释一些具体的化学问题，并提供通过实验无法获得的信息。

（1）Hyperchem（www. hyper. com）　能预测能量、分子结构、频率等。

（2）Gaussian（www. gaussian. com）　使用最广泛的量子化学软件，可用来预测气相和液相条件下，分子和化学反应的许多性质。

（3）MOLCAS（www. molcas. org）　可用于计算分子结构、键能、化学反应的能垒，激发能（包括自旋-轨道耦合）、振动吸收光谱，以及各种分子特性等。

（4）GAMESS-UK（www. cfs. dl. ac. uk）　电子结构从头计算程序，GAMESS-UK 对英国科研用户免费。人们还可以免费申请运行于 Macintosh OSX、Windows 和 Linux 的 GAMESS-UK 演示程序，其包含了全部功能，对原子数和基函数数目有限制。

（5）ADF（www. scm. com）　基于密度泛函理论（DFT），专门进行密度泛函计算的软件。广泛应用于医药化学、材料学等研究及应用领域。还特别应用于同类和异类催化、无机化学、重元素化学、生物化学及多种光谱学。

（6）Crystal（www. crystal. unito. it）　研究晶态固体最流行的程序之一。

（7）MOPAC（openmopac. net）　早先作为免费软件发布，后成为商业软件。其是半经验量化程序，用于研究气体、溶液和固体的化学特性，包括 Gibbs 自由能、活化能、反应路径、偶极矩、非线性光学特性以及红外光谱等。还可以用作结构-特性或活性定量的基础，预测生物学及其他特性，包括致癌性、蒸气压、水溶解性、反应率等。

11.2.5　化学实验软件

广泛涉及化学化工科研、教学和生产等领域的交互式化学实验模拟软件可用于结构检索、结构解析、物性计算，还可以进行合成路线设计。

（1）ChemLab（modelscience. com）　加拿大 Model Science Software 公司开发的一种交互式化学实验模拟软件，可用于结构检索、结构解析、物性计算，是预习实验、演示实验、准备实验、进行危险实验和代替由于时间不能进行实验的理想工具。

（2）LabVIEW（www. ni. com/labview/zhs）　美国国家仪器公司（National Instruments，NI）推出的虚拟仪器开发平台软件，为用户快捷地构筑自己在实际生产中所需要的仪器系统创造了基础条件。

（3）仿真化学实验室（www. pcsoft. com. cn/soft/161355. html）　专门针对中学化学教学而打造的教学平台，也是化学教师的课件制作平台和学生交互式学习的平台。该仿真化学实验室（图 11-2）系列软件由以下三个模块组成：《仿真化学实验室》《化学三维分子模型》《中学化学百科》。

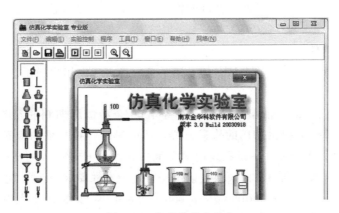

图 11-2　仿真化学实验室

11.2.6　化学工程软件

20 世纪 50 年代中期开始流程模拟软件的研制和开发，到 80 年代，化工过程模拟进入成熟期，模拟软件的开发、研制走向专业化、商业化。gPROMS、PRO/II、ASPEN PLUS、KBC PROFIMATICS 等，被广泛应用于石油化工、电解质、制药、气体处理等相关领域。其可以模拟化工过程，用于过程与设备模拟、分析、设计、优化及开停车指导、动态仿真培训、设计先进控制系统等。

（1）gPROMS（general Process Modeling System，www. psenterprise. com/products/gproms）　英国帝国理工学院（Imperial College）开发的基于联立方程法的流程模拟软件。

（2）PRO/II（www. aveva. com/en/products/pro-ii-simulation）　Simulation Sciences 公司著名的稳态模拟商业化软件。

（3）ASPEN PLUS（www. aspentech. com）　ASPEN 是 Advanced System for Process Engineering（先进过程工程系统）的简称。ASPEN PLUS 是美国 Aspen Tech 公司对 ASPEN 进行升级换代的产品，是著名的稳态模拟商业化软件。

（4）CHEMCAD（www. chemstations. com）是台湾开发的模拟优化软件，可对化工单元操作以及组分简单的化工流程进行模拟计算和流程优化。

（5）ECSS（putech. qust. edu. cn/info/1964/1082. htm）　青岛科技大学计算机与化工研究所于 1987 年正式推出的 ECSS 模拟系统。用于化工过程设计、优化及过程系统改造，并可根据各种模拟要求方便地进行二次开发。

（6）Schlumberger VMG Sim（en. freedownloadmanager. org/Windows-PC/VMGSim. html）　一款功能强大的稳态流程模拟软件，集成了完全交互式流程模拟技术，可以准确建模并预测大多数工艺装置的性能。独有的图形化物性预测系统，特色的图形随意放大功能，先进的高级计算技术，可进行稳态流程模拟。

（7）SPYRO（www. spyrosuite. com）　针对裂解炉辐射段的产率模型，其基础模型是以自由基和分子反应机理描述反应进程的理论机理模型。

（8）KBC PROFIMATICS（kbcnetworks. com）　由世界上仅有的提供炼油厂反应装置工艺流程模拟与优化的两家公司：英国 KBC 与美国 PROFIMATICS 于 1998 年合并而成。其提供炼油反应模拟软件，这一模型是基于炼油化工的基本原理，以严格的动力学与质能平衡理论为基础，加上其炼油反应工艺专家多年的实际经验及现场数据优化确认研制的。

（9）DESIGNII（iibyiv. com）　强大的流程模拟计算工程，可以为大量的管线和单元操作作热量平衡和物料平衡。它简便而精确的模块，使工艺工程师把注意力集中在工程上而不是计算机操作上。

11.2.7　文献管理软件

随着计算机科学的发展，越来越多的专用工具软件可帮助用户轻松完成参考文献的整理和标注。

（1）EndNote（www. endnote. com）　支持 4000 余种国际期刊的参考文献格式，能直接链接上千个数据库，并提供通用的检索方式，从而提高科技文献的检索效率。一般 End-Note 软件主要用在两个方面：一是在线搜索文献并导入到 EndNote 的文献库内，建立个人文献库；二是定制文稿，利用文稿模板直接撰写符合杂志社要求的文章。

（2）NoteExpress（www. inoteexpress. com/aegean/）　安装在个人电脑的一种参考文献管理软件，其核心功能是帮助用户收集整理文献资料，在撰写学术论文、学位论文、专著或报告时，可在正文中的指定位置方便添加文中注释，然后按照不同的期刊格式要求自动生成参考文献索引。

（3）Mendeley（www. mendeley. com）　免费软件，不仅具有上述文献管理软件的绝大部分功能，还有一些突出的优势，如：Mendeley 可自动从 pdf 文件中提取题录、DOI 号等信息。信息不符合时，联网通过 DOI 号，即可自动校正、完善题录信息。Mendeley 数据库将文献条目与 pdf 文件相关联，输入关键词，Mendeley 便会列出包含此关键词的所有文献。如果想看某一作者的论文，只需在 Mendeley 里输入作者名字，搜索后点击对应的 pdf 文件，就可通过 Mendeley 的内置阅读器进行阅读。

（4）CNKIE-learning　中国知网（CNKI）推出的一个数字化学习与研究平台（www. cnki.net/software/xzydq. htm#CNKIe-Learning），主要用于文献管理，是一款免费软件。

11.3　ChemOffice 及其使用实例

ChemOffice 作为一款优秀的化学软件，化学工作者可以使用 ChemOffice 完成自己的设想，与同行交流化学结构、模型和相关信息。在实验室，我们可以使用 E-Notebook 整理化学信息、文件和数据，并从中取得所需结果。

ChemOffice 软件是针对化学专业绘图所设计的，其可以绘制各式各样的化学键、环、轨道等，并可以与软件中的数据库链接；对于不确定的结构组成，可以通过输入适当的搜寻条件，查出可用的结构式；可以将化合物名称直接转为结构图，省去绘图的繁琐；也可以对已知结构的化合物命名，给出正确的化合物名称。ChemOffice 完整的应用系统涉及各个研发领域，从合成路线、化合物设计、药物合成、细胞试验到结果和报告分析。ChemNMR 可预示分子化学结构的 ^{13}C 和 ^1H-NMR 化学位移。

ChemOffice 主要包括 ChemDraw（化学结构绘图）、Chem3D（分子模拟分析绘图）和 ChemFinder（化学信息搜寻整合系统）模块，此外还加入了 E-Notebook、BioAssay Pro、量化软件 MOPAC、Gaussian 和 GAMESS 的界面，ChemSAR、Server Excel、ClogP、BioViz、CombiChem/Excel 等一系列完整的软件。

ChemDraw（化学结构绘图）作为大家常用的化学结构绘图软件，所绘制的结构式格式被许多期刊采纳。该模块包括以下几个组件。①AutoNom：是 Beilsteiny 最强的软件，现已包含于 ChemDraw Ultra 中，它可按照 IUPAC 的标准自动命名化学结构。②ChemNMR：预测 ^{13}C 和 ^1H-NMR 谱图，节省实验费用。③ChemProp：预测沸点（BP）、熔点（MP）、临界温度（T_c）、临界气压（CP）、吉布斯自由能（G）、lgP、折射率（n）、热结构（HF）等性质。④ChemSpec：提示用户输入 JCAMP 及 SPC 频谱数据，以比较 ChemNMR 预测的结果。⑤ClipArt：高质量的实验室玻璃仪器图库，搭配 ChemDraw 使用。⑥Name $\Longleftrightarrow$ Struct：输入 IUPAC 化学名称后可自动生成 ChemDraw 结构。

Chem3D（分子模拟分析绘图）模块提供工作站级的 3D 分子轮廓图及进行分子轨道特性分析，并与数种量子化学软件结合在一起，可计算分子轨道的形状，显示分子表面及分子轨道。Chem3D 可以形象地描绘大分子化合物、蛋白质和核酸，并突出其二级结构。

ChemFinder（化学信息搜寻整合系统）模块可以建立化学数据库、储存数据及搜索化学数据库。ChemFinder 是一个智能型的快速化学搜寻引擎，所提供的 ChemInfo 信息系统是目前世界上最丰富的数据库之一，包括 ChemACX、ChemINDEX、ChemRXN 以及

ChemMSDX，并不断有新的数据库加入。ChemFinder 可以从本机或网上搜寻 Word、Excel、PowerPoint、ChemDraw 和 ISIS 格式的分子结构文件；还可以与微软的 Excel 结合，可链接的关联式数据库包括 Oracle 及 Access，输入的格式包括 ChemDraw、MDL、ISIS、SD 及 RD。

另外，ChemOffice 组件中还包括 ChemOffice WebServer——化学网站服务器数据库管理系统。用户可将 ChemDraw 和 Chem3D 发表在网站上，用户可以使用 ChemDraw Pro Plugin 网页浏览工具在 Web 上查看 ChemDraw 的图形，或使用 Chem3D Std Plugin 网页浏览工具查看 Chem3D 的图形。同时 ChemOffice WebServer 提供 25 万种化学品数据库，包括 Sigma、Aldrich 和 Fisher Acros 等国外著名公司提供的信息。

11.3.1 ChemOffice 在线工具

ChemDraw 的"Online"（在线工具）菜单中含有多个命令，用户可以使用这些命令在数据库中查询有用的信息，接下来分别介绍各个命令。

（1）结构式与 ACX 编号的互查　利用"Find ACX Numbers from Structure"（由结构式查询 ACX 编号）命令，可以直接通过结构式查询 ACX 编号。选择结构式后，单击"Find ACX Numbers from Structure"，在弹出的对话框中即可查询该结构式的 ACX 编号。由 ACX 编号查询结构式（Find Structure from ACX Number）命令的功能与查询 ACX 编号的功能相反，可以直接通过结构式的 ACX 编号绘制出结构式（图 11-3）。

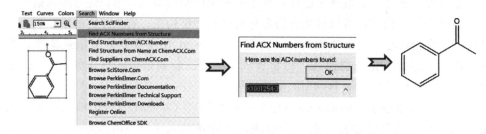

图 11-3　由结构式查询 ACX 编号和由 ACX 编号查询结构式

（2）由名称查询结构式　由"Find Structure from Name at ChemACX.com"（名称查询结构式）的功能与"Find Structure from ACX Number"（由 ACX 编号查询结构式）的功能类似，不同之处在于它可以直接从结构式的化学名称查询出其结构式。单击该命令，在弹出的对话框中输入化合物名称，单击"OK"按钮，即得到该化合物的结构式。

（3）查询供应商　用户可以直接利用"Find Suppliers on ChemACX.com"查询供应商命令从 ChemACX 数据库中查询所绘结构式的供应商。

11.3.2 利用 ChemDraw 绘制结构式与反应历程

作为被广泛使用的化学结构绘制工具，ChemDraw 具有强大的绘制和图形显示功能：①准确处理和描绘有机物、金属配合物、合成高分子与生物高分子（包括氨基酸、肽、DNA 及 RNA 序列等）化学结构及反应式，以及处理立体化学等高级形式；②能够预测化合物属性、光谱数据、IUPAC 命名；③可以处理子结构查询类型（例如，R 基团、环/链大小、原子/键/环类型和通用原子），无论化合物在商用、公共或内部数据库中以何种方式进行存储，均可实现快速检索。

【例 11-1】　通过绘制阿司匹林（乙酰水杨酸）的结构式，认识 ChemDraw 的功能区与绘制方法，具体绘制过程也可观看[演示视频 11-1　ChemDraw 绘制结构式]。

首先，运行 ChemDraw 软件，其界面如图 11-4(a) 所示，顶部有不同的功能区（File、Edit、View、Object、Structure、Colors 等），其中部分功能区可以在界面显示。如在"View"栏中点击"Show Main Toolbar"，就能在左侧显示"Main Toolbar"（主要工具栏），该工具栏中的主要按钮及其功能如图 11-4(b) 所示。点击"Templates"（模板），又能显示 30 多类模板。

11-1　ChemDraw
绘制结构式

其次，准备绘制阿司匹林（乙酰水杨酸）的结构式，点击"Main Toolbar"的苯环按钮（也可点击"Templates"中的苯环按钮），然后将光标定位在界面中间，点击鼠标左键，就会显示一个苯环 1［图 11-4(a)］。相同方法，就可以在苯环 C 上添加实键、双键 2；点击 A（文本），编辑、添加 O、OH，绘制出水杨酸（邻羟基苯甲酸）3。采用相同方法，就能绘制出阿司匹林（乙酰水杨酸）的结构 5。

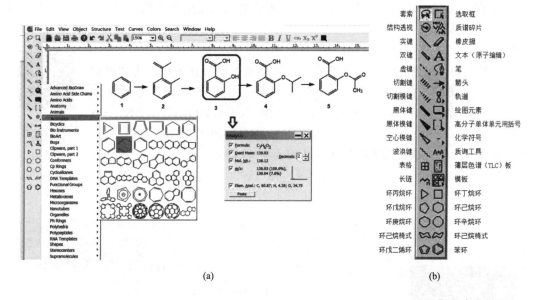

(a)　　　　　　　　　　　　　　　　　　　　　(b)

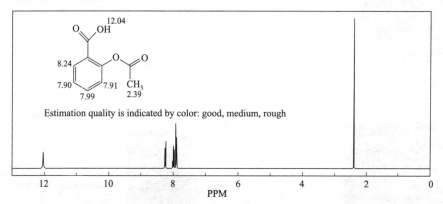

ChemNMR ^{1}H Estimation

Estimation quality is indicated by color: good, medium, rough

Protocol of the H-1 NMR Prediction (Lib=SU Solvent=DMSO 300 MHz):

(c)

图 11-4　ChemDraw 的功能区与阿司匹林结构式的绘制与预测 NMR

当成功绘制结构式后，用"选取框"选择目标化合物，如水杨酸 3，然后点击"Show Analysis Windows"（分析窗口），就能看到该化合物的分子式、分子量、元素比例等信息。

ChemDraw 可以预测所绘制化合物（乙酰水杨酸）的红外、UV-Vis 光谱图、核磁共振谱图，当然，这种功能注册用户方可使用。如用 ChemDraw 预测核磁共振 H 谱（^{1}H-NMR）和 C 谱（^{13}C-NMR），选定结构式以后，选择"Structure"——"Predict H-NMR Shifts"，就能显示预测的核磁共振 H 谱与化学位移［图 11-4(c)］。

图 11-5　ChemDraw 绘制反应历程与电子轨道

当然，利用 ChemDraw 也可以绘制反应历程、电子轨道（图 11-5）等。

11.3.3　利用 Chem3D 优化结构及预测光谱图

作为 ChemOffice 的重要组件，Chem3D 能够用最低能量法优化结构，并预测其红外光谱、UV-Vis 光谱图、核磁共振谱图等。

【例 11-2】　利用 Chem3D 优化结构及预测光谱图。

前面绘制的阿司匹林（乙酰水杨酸）的结构式可以另存为格式为"阿司匹林.cdx"的图片。在运行"Chem3D"软件后，打开该"cdx"格式文件［图 11-6(a)］。该结构不规整，可用 Chem3D 中"Calculations"（计算）——"MM2"——"Minimize Energy"（能量最小化）命令［图 11-6(b)］进行结构优化，并适当旋转，获得优化后的立体结构［图 11-6(c)］。还可以预测该化合物的光谱图（IR、UV-Vis、NMR 等）［图 11-6(d)］。具体过程参见［演示视频 11-2 Chem3D 使用实例］。

11-2　Chem3D 使用实例

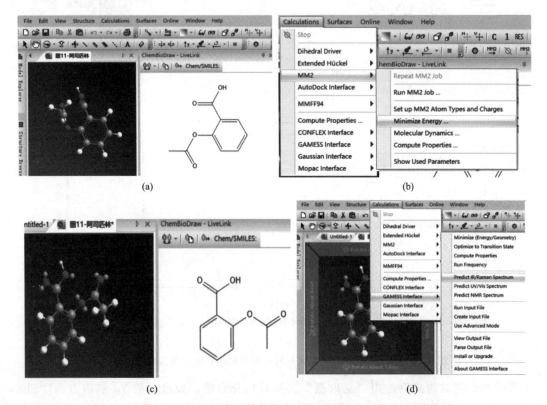

图 11-6　利用 Chem3D 观察立体结构式（乙酰水杨酸）并进行结构优化

11. 3. 4 ChemDraw 使用方法与试用版下载

ChemDraw 中文网（chemdraw. com. cn）提供了 ChemDraw 软件的使用方法。需要绘制具有特殊要求的结构式、模拟谱图信息、化学反应方程、化工流程图、简单的实验装置图等时，可参阅该使用说明。从 ChemDraw 中文网还可以下载 ChemDraw 试用版。

11.4　三维制作软件 3D Max 及其使用实例

3D Studio Max（简称 3D Max 或 3DS Max）是 Discreet 公司开发的（后被 Autodesk 公司合并）基于 PC 系统的三维动画渲染和制作软件。它是集造型、渲染和制作动画于一身的三维制作软件。其功能强大，对硬件系统的要求相对较低，操作简单，和其他相关软件配合流畅。因此，广泛被应用于工业设计、建筑设计、三维动画、多媒体制作、游戏、广告、影视以及工程可视化等领域。

目前，可从 Internet 上轻松查找到 3D Max 的下载、使用方法，及演示视频。

【例 11-3】　以用 3D Max 2014 绘制"胶束纳米球"为例，简单说明 3D Max 使用方法。

11-3　使用 3D Max 绘制立体结构

首先，打开 3D Max 2014，点击新建文件，命名为"胶束纳米球"。依次点击"创建——图形"，选择"螺旋线""几何球体"，设置参数。然后，复合对象、渲染即可得到"胶束纳米球"的渲染图（图 11-7）。最后"保存"，设置相应的"文件名"和"保存类型"，就可以把图片保存成相应的文件格式（例如：JPG、PNG、TIFF 等）。具体过程参见［演示视频 11-3　使用 3DMax 绘制立体结构］。

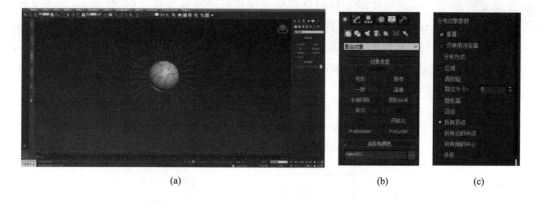

(a)　　　　　　　　　　　(b)　　　　　　(c)

图 11-7　用 3D Max 绘制图像"胶束纳米球"

11.5　文献管理与分析软件 EndNote 及其使用

EndNote 是一款知名文献管理软件，通过将不同来源的文献信息下载到本地，建立本地数据库，从而实现对文献信息的管理和使用，且其与 Microsoft Word 相嵌合，为论文、报告中参考文献的引入提供便利。

11.5.1 EndNote 的主要功能

① 管理文献功能。利用 EndNote 可以在本地建立个人数据库，随时检索收集的文献记录；通过检索结果，调阅所需 PDF 全文、图片、表格、影音，并将数据库与他人共享；对文献进行分组，查重对比和自动获取全文。

② 论文撰写时，可随时调阅、检索相关文献，将其按照期刊要求格式插入文后的参考文献；并可以迅速找到所需图片和表格，将其插入论文相应的位置；在转投其他期刊时，也可迅速完成论文及参考文献格式的转换。

11.5.2 EndNote 的文献导入

EndNote 导入文献时有手动输入法、直接联网下载（在线检索）、数据库检索导入（网站输出）等几种方式。

（1）手动输入法 最原始的一种文献导入 EndNote 的方式。导入时，在菜单中点击 Reference，然后点击 New Reference，或直接按快捷键 Ctrl＋N，最后选择要导入的文献即可完成。

（2）直接联网下载（在线检索） 利用互联网将文献导入 EndNote 的方式。导入时，在 Tools 菜单下选择 Online，点击 Search 打开数据库，或点击"more"打开数据库，输入要查找的关键词，找到文献并导入即可。

（3）数据库检索导入（网站输出） 利用专业数据库查找文献并将文献导入 EndNote 的方式，不同数据库的导入菜单不同，如在 Web of knowledge 中选择文献后，点击 END-NOTE；在 EI 数据库中选择文献后，点击 Download 等。

11.5.3 EndNote 的文献编排

在撰写论文或进行学术活动时，需要对已知文献进行编排、引用，EndNote 在文献编排方面给各类研究人员带来了很大的便利。图 11-8 为 EndNote 软件嵌入 WPS 等办公软件中的工具条详解图。在进行文献编排时只需按照菜单选项操作即可。例如，插入参考文献点击 Insert selected citations；格式选择点击 Format bibliography；插入图片点击 Find figure(s)。在撰写论文时还可以利用 EndNote 模板撰写，在 Tools 菜单下，选择 Manuscript Templates，此时会显示不同期刊的模板，如图 11-9 所示。EndNote 还有更多的功能，读者可以根据需要进行学习。

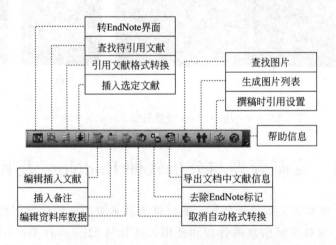

图 11-8 EndNote 软件嵌入 WPS 等办公软件中的工具条详解图

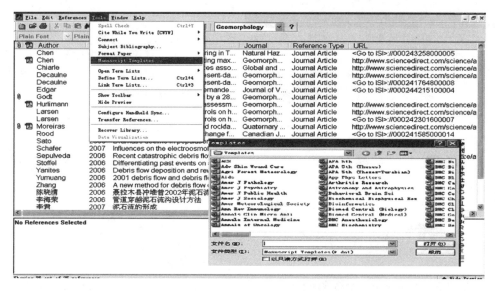

图 11-9 EndNote 软件中不同期刊的模板

11.6 在线教学软件与在线课堂

11.6.1 在线化学软件简介

通过结构式检索数据库时，需要首先绘制化学结构，普通浏览器无此功能。因此需要安装在线化学软件。

（1）InDraw（indrawforweb.integle.com） 由 Integle（鹰谷）公司开发的绘图软件，全称 Integle ChemDraw，专门为化学、医药科学家提供完整、易用的绘图解决方案，其不仅能够快速绘制化学结构及反应式，而且可以提供相应的化学属性数据、系统命名；广泛应用于有机化合物、有机材料、有机金属、聚合材料以及生物聚合物等化学、医药和生物等领域；同时也可用于结构式搜索服务。图 11-10 为 InDraw 在线绘图软件中的结构式编辑器界面。注册后方可使用。

（2）ChemicalBook（www.chemicalbook.com） 属于可免费使用的产品资料网站。人们可利用其结构式搜索，绘制化合物的结构式（图 11-11）。

还有一些原来免费的网站或数据库，被机构收购后变成了付费方可使用。如：Bio-Rad公司开发的化学信息情报处理软件 KnowItAll（www.knowitall.com），其提供了一套用于多种光谱技术和综合分析技术的解决方案，集成和综合了多种光谱技术，如核磁共振、红外、质谱、拉曼和近红外等，提供其独特的光谱数据。ChemFinder 是一个智能型的快速化学搜寻引擎。目前该软件已更名为 ChemBioFinder，隶属于 PerkinElmer 公司。通过搜索引擎可以找到相关使用方法。

11.6.2 在线课堂

在线课堂、云课堂是正在发展的网络软件。在线课堂提供了一个网络交流平台，通过在线课堂，人们可以构建虚拟课堂，营造师生互动的网络环境，比传统教学更为生动活泼，不管是在时间还是形式上都更为灵活，且没有地域限制、效率高、费用低，为用户提供了远程互动式教学、异地学术交流等模式。目前，在线课堂网站较多，如微课、超星课堂、云课

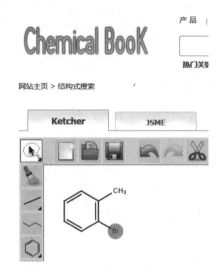

图 11-10　InDraw 在线绘图软件中的
结构式编辑器界面

图 11-11　ChemicalBook 结构式搜索中
化合物结构式绘制界面

堂、慕课课堂（www. moocs. org. cn）等。

（1）MOOC（慕课）——在线课程　Massive Open Online Course（大规模在线开放课程）的缩写为 MOOC（慕课），是一种任何人都能免费注册使用的在线教育模式。MOOC有一套类似于线下课程的作业评估体系和考核方式。每门课程定期开课，整个学习过程包括多个环节：观看视频、参与讨论、提交作业，穿插课程的提问和终极考试。MOOC 中国（www. mooc. cn）的 MOOC 化学课程发展迅速。

近年来，我国的慕课建设迅速，主要的慕课平台有爱课程、智慧树、学堂在线等。

智慧树网（www. zhihuishu. com）是全球最大的学分课程共享平台，智慧树在国内拥有超过 1800 家高等院校会员，覆盖超过 1000 万大学生。智慧树网帮助会员在高校间，实现跨校课程共享和学分互认，完成跨校选课修读。该网站中有大量与化学相关的在线课程，《科技信息检索与论文写作》（coursehome. zhihuishu. com/courseHome/2096546）就是本门课程教学团队制作并运行的（图 11-12），其与本书内容有相同的框架结构。

图 11-12　在线课程《科技信息检索与论文写作》

爱课程网（www.icourse163.org），即中国大学 MOOC，其向大众提供中国知名高校的 MOOC 课程。2014 年北京大学推出了慕课《中级有机化学》，西交大也建立了《有机化学 1》课程（www.icourse163.org/course/xjtu-46017 # /info），大连理工大学建立了《化学与社会》课程（www.icourse163.org/course/dlut-73001 # /info），武汉大学建立了《物理化学》课程（www.icourse163.org/course/whu-216009 # /info），同时复旦、浙大、南开等 42 所高校也相继建立了一些 MOOC 课程。

学堂在线（www.xuetangx.com）是由清华大学研发的中文 MOOC 平台，是教育部在线教育研究中心研究交流和成果应用平台，于 2013 年正式启动，面向全球提供在线课程。提供来自清华、北大、斯坦福、MIT 等知名高校创业、经管、语言、计算机等各类 1000 余门免费课程。

（2）中学在线　　在线课堂发展快速，也引起了中学教育的巨大变革，其所带来的变化是信息技术诞生以来的重大变革之一，将深刻影响未来的高等教育。未来在线课堂将会朝着规模进一步扩大、走向独立、教师教育理念与方法产生巨变、学生的学习方法大为改观、网络技术推动教育的巨大变革、现行教育体制深受冲击等趋势发展，也必将引起整个教育系统的变革。

常见中学在线网上资源有：中学在线、学生网、新学网，以及各中学自己建立的在线学习网，这里不一一列举。

（3）微课　　随着"互联网＋"时代的到来，互联网也进入"微"时代，如微信、微博、微小说、微电影等，如图 11-13 所示。而教育界也开始了微课时代，微课是以阐释某一个知识点或解决某一个问题为目标，以短小的视频为表现形式，以学习或教学应用为基本目的的一种支持多终端的数字化资源。微课是在特定的课堂教学环境中制作完成的，用于虚拟环境的教学或学习，能够支持多平台多终端。将学习目标聚焦在某一个环节上，利用最短时间阐述某一种现象或精讲某一个知识点、教学重点、难点、疑点、考点、作业题、典型例题等。

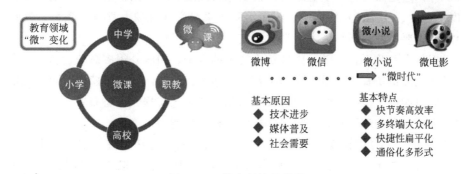

图 11-13　教育领域的微课

微课的特点是微内容、微活动、微过程，做到一事一议，一事一课。将知识碎片化、情景化、可视化。如中学微课网站（www.vko.cn）。

（4）虚拟课堂　　可以从教师和教学环境上改变传统讲授和学习的方式。虚拟课堂使学生和教师之间更具亲近感，使学生更愿意主动学习。而在教学资料方面，虚拟课堂让教学更加有趣，并节约成本，让人们可以体验课本中的场景，让教学不再是照本宣科。美国哈佛大学商学院已经开设了虚拟课堂，它的最新教室没有课桌椅，取而代之的是教授对着延伸好几面墙的数字屏幕教学，上面有从自己计算机登入的多达 60 名学生的同步联机画面。

11.6.3 虚拟仿真教学

虚拟仿真教学也称模拟教学，就是虚拟仿真（Virtual Reality），简称 VR，是用一个系统模仿另一个真实系统的技术。虚拟仿真实际上是一种可创建和体验的虚拟世界。

（1）NB 化学虚拟实验室（www.nobook.com.cn）　NOBOOK 虚拟实验室研发的一款化学仿真实验软件（图 11-14）。通过虚拟仿真、3D 效果、自由交互等方式，呈现出初高中阶段的经典实验。想自由操作化学实验，尽在 NB 化学虚拟实验室。

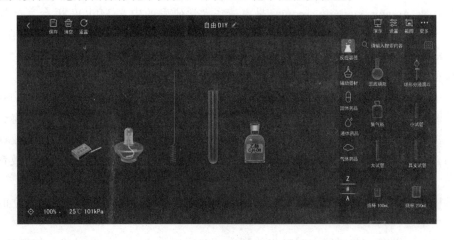

图 11-14　NOBOOK 化学虚拟实验室

虚拟化学实验室的优点是：不受实验室条件限制，且覆盖了中学主流教材中的大部分化学实验，完成了传统实验室无法完成的高危险性、易燃易爆、有毒性、辐射性实验。因此，安全性能高。

总的来说，化学虚拟实验室有诸多优点。然而，化学虚拟实验室无法设定所有可能的环境与实验条件。这是因为化学实验结果不但受原料纯度、实验条件的影响，而且受自然环境（如：温度、湿度、气压等）的影响，因而实验结果与实验现象（性状、颜色、气味）就千差万别。因此，要培养创新型人才，真实的实验操作必不可少。

（2）虚拟仿真实验平台　随着虚拟仿真技术的进步，国内外很多高校、科研院所和企业逐步建设了在线虚拟仿真实验室与实训平台，为学生营造可认知、可感悟、可享受的学习环境。培训的同时能进一步提高学生对实验室与化工厂工艺流程、设备布置、化工生产技术的理解能力，巩固所学的理论知识，加强学生的工程设计能力。

在虚拟化工厂，3D 虚拟现场站与真实工厂布置一致，运用了虚拟现实技术模拟真实的环境和操作过程（图 11-15）。通过"3D 虚拟现场站＋中控室"相结合的模式，学生可以根据自己的需要选择不同岗位进行培训，如值班长、安全员、内操作工、外操作工等，为学生适应不同工作岗位奠定了基础。在这种涵盖虚拟实验、虚拟仿真、虚拟互动的教学实验实训环境中，学生可以通过 3D 仿真系统模拟操作人员、虚拟环境、完成 3D 仿真操作和仿真培训。

同时，虚拟仿真实训平台也是应急预案学习、演练的软件平台和现场操作培训、安全知识学习的软件工具。对学生提升学习效率，加强数据采集、分析、处理能力，减少决策失误，降低风险起到了重要的作用。

总之，随着计算机及网络技术的发展，人们的培养模式正在改变，与发达国家及地区的教育技术差距正在缩短，使欠发达国家与地区也能够享受高端的教育资源。

图 11-15　虚拟现实仿真软件中的仿真实验装置

11.7　化学软件的有效利用

软件不但能够让计算机、手机等工具正常运行，而且能够让我们的工作事半功倍。在化学化工领域，人们已经开发出了各种功能与用途的专业软件。因此，要了解自己学习或工作的领域有哪些最新的软件，并充分地利用它们。

① 从小分子化合物的立体结构、高分子材料空间结构组成到化工仪器设备，都可以通过专用软件绘制与描述。

② 一些常见办公软件中，有些功能特别适合于撰写论文，如：Word 的公式编辑器让人们很方便地绘制公式，尾注功能让人们在引用参考文献时十分便利。当然，如果使用参考文献专用软件（如 EndNote），则更加便捷。

③ 第一次使用软件时，应该阅读一些说明书，尤其是一些免费培训视频，边学边练，就能快速上手。

▶▶ 练习题 ◀◀

1. 与化学化工相关的软件有哪些类型？
2. 举例说明文献管理软件特点和使用方法。
3. 列举 2 个化学实验软件并说明各自的特色。
4. 简述软件 ChemOffice 有哪些功能。
5. 简述化学化工领域知名的"在线课程"有哪些。哪些是你感兴趣的课程？

▶▶ 实践练习题 ◀◀

1. 任选一组数据，利用 Excel 绘制一张曲线图。
2. 从网上查找四大波谱（UV-Vis、IR、NMR、MS）处理软件。
3. 下载并安装 ChemOffice 绘图软件：（a）画 3,5-二叔丁基水杨醛的分子结构；（b）进一步转换为 3D 结构；（c）预测该化合物的 H-NMR 谱图。
4. 以肉桂酸为例，说明利用 ChemWindow 绘制结构式的一般过程。
5. 从网上查找"3DSMax 软件"使用教程，并绘制 3D 结构。

综合实践练习题

从表1建议的主题目标中，选取一个或数个主题目标，或自主选择主题目标（与化学化工相关），进行专业文献（信息）检索，然后整理、总结，并撰写一篇课程论文（综述性或知识介绍性论文）（2000～8000字）。

表1　化学相关领域检索主题目标实例

类型	检索主题目标（英文词汇）	检索侧重点
日用品	化妆品(Cosmetic)；防晒黑与遮光剂(Suntanning and Sunscreen) 洗涤剂(Detergent)；漱口水(Mouth Washes) 牙膏(Dentifrices) 香水(Perfumes)；除臭剂(Deodorants) 树脂眼镜(Resin Glasses) 食品添加剂(Food Additives)；防腐剂(Preservatives)	主要成分结构与功能 发展历史 成分与配方 成分的测定 发展前沿
常用材料	汽车涂料(Automobile Coatings) 纤维素(Cellulose)、壳聚糖(Chitosan)材料 改性淀粉(Modified Starch) 可降解高分子(Biodegradable Polymer) 尼龙-66 的制备与应用(Nylon-66，preparation，application) 聚甲基丙烯酸甲酯的制备与应用(PMMA，preparation，application) 生物质(Biomass)材料	主链结构与官能团 发展历史与趋势 功能特性 最新研究进展 应用领域
新型材料	智能材料与智能高分子(Intelligent/Smart Polymer，Materials) 智能涂料(Smart Coatings) 超疏水表面材料(Superhydrophobic Surface Materials) 隐形材料(Stealth material；Latent material) 树形、超支化聚合物(Dendrimers and Hyperbranched Polymers) 星形聚合物(Star-shaped Polymers) 聚合物纳米管或孔材料(Polymer Nanotube or Pores) 离子液体(Ionic liquid)基功能高分子材料 石墨烯、富勒烯(Fullerene)研究新进展 纳米线与纳米管(Nanowire and Nanotubes) 光导电高分子材料(Photoconductive Polymers) 液晶(Liquid Crystals)材料；光子晶体(PhotonicCrystals)	基本概念 发展历史 典型结构或反应 最新研究进展 应用领域
学科前沿	活性自由基聚合(Living Free Radical Polymerization) 超分子自组装(Supramolecular Self-Assembly) 环境友好技术(Environmentally Friendly Technology) 绿色化学(Green Chemistry)新技术 组合化学(Combinatorial chemistry) 生物碱活性(Alkaloids，Activity) 金属卟啉(Metalloporphyrin)合成与应用；环芳烃(Calixarene) 新兴污染物(Emerging Contaminants，Ecs) 臭氧(Ozone)与氮氧化物(Nitrogen Oxides) 微波辐射(Microwave irradiation)反应 相转移催化(Phase transfer catalysis) 不对称合成(Asymmetric synthesis) 分子电子器件(Molecular electronic device) 催化抗体(Catalytic antibody)	基本概念 发展历史 典型结构或反应 最新研究进展 应用领域

要求1：论文框架（形式）包括：

前置部分	标题(中文、英文) 作者(中文、英文) 单位(中文、英文) 摘要(Abstract) 关键词(Keywords)
正文部分	引言/前言 正文部分 结束语部分
支撑部分	注释(作者简介、致谢) 参考文献

要求 2：参考文献不少于 5 篇，其中英文文献不少于 1 篇：

（1）图书、论文、专利、标准、科技报告等传统文献（信息）源，须按照本书"文献著录格式"要求著录。

（2）除上述传统文献（信息）源之外的 Internet 信息，要注明作者，标题，网站名称（浏览或下载时间）[网址]。

要求 3：内容最好图文并茂，读者阅读后能获得生活知识或了解科技发展前沿。

拓展内容

1. 演示视频目录

章序 标题	演示视频序号、内容	正文页码
第2章 科技图书资源检索与利用	2-1 国家图书馆	33
	2-2 超星数字图书馆	34
	2-3 百度百科	37
	2-4 NIST 化学网络手册	38
第3章 科技论文检索与下载	3-1 中国知网	64
	3-2 WoS 数据库	66
第4章 专利知识与专利信息检索	4-1 中国专利全文打包下载	81
	4-2 中国专利检索与下载	86
	4-3 美国专利检索与下载	87
第5章 标准信息与产品资料	5-1 标准信息检索实例	99
	5-2 标准全文下载实例	99
	5-3 产品资料免费检索	107
第6章 机构组织及 Internet 信息	6-1 中国科技报告	112
	6-2 美国科技报告	114
	6-3 美国技术档案	115
	6-4 美国政府文件	118
	6-5 COD 检索	128
	6-6 药物在线	134
第7章 化学相关在线检索工具与数据库	7-1 百度学术	143
	7-2 WoS 检索方法	147
	7-3 EV 检索实例	149
	7-4 PubMed 检索实例	151
	7-5 SD 全文数据库	159
	7-6 ACS 数据库的使用实例	161
第8章 SciFinder 数据库	8-1 SciFinder 主题检索	176
	8-2 化学结构式检索	180
	8-3 Markush(结构通式)检索	182
	8-4 Reaction(反应)检索	184
第11章 化学化工软件与在线课堂	11-1 ChemDraw 绘制结构式	237
	11-2 Chem3D 使用实例	238
	11-3 使用 3DMax 绘制立体结构	239

2. 在线课程及课件

基于本门课程与教材开发的在线课程"科技信息检索与论文写作",已经在智慧树平台(www. zhihuishu. com)上线运行。在校学生可以采用在线学习的方式观看,并可以获得学分。任课教师也可用 Email 联系作者团队 (wangrm@nwnu. edu. cn) 或化学工业出版社(cipedu@163. com),免费获取授课课件。

附　　录

附录 1　希腊字母

大写	小写	字母名称	化学含义	大写	小写	字母名称	化学含义
A	α	alpha	解离度;线膨胀或体膨胀系数	N	ν	nu	
B	β	beta		Ξ	ξ	xi	
Γ	γ	gamma	表面张力;牛顿引力常数	O	o	omicron	
Δ	δ	delta	扩散系数;双键	Π	π	pi	
E	ε	epsilon	介电常数	P	ρ	rho	
Z	ξ	zeta		Σ	σ 或 ξ	sigma	表面张力
H	η	eta	黏度	T	τ	tau	
Θ	θ	theta		Y	υ	upsilon	
I	ι	iota		Φ	ϕ 或 φ	phi	
K	κ	kappa	电导率	X	χ	chi	
Λ	λ	lambda	波长	Ψ	ψ	psi	
M	μ	mu	微米	Ω	ω	omega	

附录 2　罗马数字表

罗马数字	I	II	III	IV	V	VI	VII	VIII	IX	X
阿拉伯数字	1	2	3	4	5	6	7	8	9	10
罗马数字	XX	XXX	XL	L	LX	LXX	LXXX	XC	IC	C
阿拉伯数字	20	30	40	50	60	70	80	90	99	100
罗马数字	CC	CCC	CD	D	DC	DCC	DCCC	CM	XM	M
阿拉伯数字	200	300	400	500	600	700	800	900	990	1000

附录 3　国际单位制中米制采用的字首

因数	字首	符号	中文(举例)	因数	字首	符号	中文(举例)
10^{-18}	atto	a	渺,阿(托),微微微	10^{-1}	deci	d	分,十分之一
10^{-15}	femto	f	毫微微,Femtosecond,飞秒	10	deca	da	十
10^{-12}	pico	p	微微,皮[可]	10^2	hecto	h	百
10^{-9}	nano	n	毫微,纳	10^3	kilo	k	千
10^{-6}	micro	μ	微	10^6	mega	M	兆,百万
10^{-3}	milli	m	毫	10^9	giga	G	吉,千兆,十亿
10^{-2}	centi	c	厘,百分之一	10^{12}	tera	T	太[拉],兆兆,垓

附录 4　化学名称常用数字字首

数字	字首	数字	字首	数字	字首	数字	字首	数字	字首
$\frac{1}{2}$	hemi-	$1\frac{1}{2}$	sesqui-	$2\frac{1}{2}$	hemipenta-				
		10	deca-	20	eicosa-	30	triaconta-	100	hecta-
1	mono-	11	hendeca-，undeca-	21	heneicosa-	40	tetraconta-	101	henhecta-
2	di-，bi-	12	dodeca-	22	docosa-	50	pentaconta-	102	dohecta-
3	tri-	13	trideca-	23	tricosa-	60	hexaconta-	110	decahecta-
4	tetra-	14	tetradeca-	24	tetracosa-	70	heptaconta-	120	eicosahecta-
5	penta-	15	pentadeca-	25	pentacosa-	80	octaconta-	200	dicta-
6	hexa-	16	hexadeca-	26	hexacosa-	90	nonaconta-		
7	hepta-	17	heptadeca-	27	heptacosa-				
8	octa-	18	octadeca-	28	octacosa-				
9	ennea-，nona	19	nonadeca-	29	nonacosa-				

附录 5　有机物系统命名中常见基团的词头、词尾名称对照表

类别	基团	词头名称	词尾名称
甲基 乙基	—CH$_3$ —CH$_2$CH$_3$	Methyl- Ethyl-	Methane Ethane
正离子		-onio，-onia	-onium
羧酸	—COOH —(C)OOH	Carboxy- —	-carboxylic acid -oic acid
磺酸	—SO$_3$H	Sulfo	-sulfonic acid
盐类	—COOM —(C)OOM	— —	metal carboxylate meta···oate
酯	—COOR —(C)OOR	R-oxycarbonyl —	R-carboxylate R···oate
酰卤	—CO—X —(C)O—X	halo formyl —	-carbonyl halide -oyl halide
酰胺	—CONH$_2$ —(C)ONH$_2$	Carbamoyl —	-carboxamide -amide
脒	—C(=NH)—NH$_2$ —(C)(=NH)—NH$_2$	Amidino —	-carboxamidine -amidine
腈	—CN —(C)N	Cyano —	-carbonitrile -nitrole
醛	—CHO —(C)HO	Formyl oxo	-carbaldehyde -al
烷基 芳基	R— Ar—	Alkyl- Aryl-	Alkane Arene
酮	$\diagdown$(C)=O	oxo	-one

类别	基团	词头名称	词尾名称
醇	—OH	Hydroxy	-ol
酚	—OH	Hydroxy	-ol
硫醇	—SH	Mercapto	-thiol
氢过氧化物	—O—OH	Hydroperoxy	
胺	—NH₂	Amino	-amine
亚胺	=NH	Imino	-imine
醚	—OR	R-oxy	
硫醚	—SR	R-thio	
过氧化物	—O—OR	R-dioxy	

注："（C）"表示用这种命名法对碳原子编号时，此碳原子计入。

参 考 文 献

［1］ 王荣民. 化学化工信息及网络资源的检索与利用. 4 版. 北京：化学工业出版社，2016.
［2］ 王荣民，杨云霞，宋鹏飞. 科技信息检索与论文写作. 北京：科学出版社，2020.

　　《化学化工信息及网络资源的检索与利用》一书的作者为从事化学、化工、材料、生物医学领域的科研人员（包括教授、副教授、博士）。具有长期检索与利用化学化工相关信息的丰富经历，了解快速准确地获得信息的方法；部分作者讲授本科生、研究生的"化学化工信息检索"课程。

　　主编王荣民：西北师范大学教授（二级）、博士生导师；甘肃省教学名师、宝钢优秀教师、甘肃省青年科技奖获得者；入选教育部"新世纪优秀人才支持计划"。日本 Waseda University（早稻田大学）客座教授；澳大利亚 RMIT 大学高级访问学者。长期从事化学、生物、材料相关的科学研究与应用开发工作。主持承担了 10 余项国家自然科学基金项目和省部级重点科研项目。在"J. Am. Chem. Soc."" Angew. Chem."" J. Contr. Rel."等国际、国内核心刊物与会议发表科研论文 300 余篇；申请国家发明专利 80 余件。获省（部）级科技进步奖 3 项；应用成果转让后已经取得数千万元的经济效益。详见"百度百科"中有关"王荣民"的介绍，以及西北师范大学化学化工学院个人主页（chem. nwnu. edu. cn/2012/0420/c373a20139/page. htm）的介绍。